기초선형대수

이선홍 지음

KM 경문사

머리말

인류에 가장 많은 영향을 준 수학은 17세기에 시작된 미분적분학임을 부정할 수는 없다. 미분적분학의 미분연구는 벡터공간과 그들의 사상을 연구하는 선형대수란 새로운 학문을 만들게 된다.

선형대수는 순수수학에서뿐만 아니라 자연과학과 사회과학의 여러 분야에서 매우 중요하게 사용되는 수학이다. 특히 기계학습 중 최근에 각광받고 있는 심층학습에서 선형대수가 매우 핵심적인 도구로 사용되면서 많은 사람들이 선형대수에 관심을 보이고 있다.

이 책은 선형대수 이론의 이해가 필요한 여러 분야의 사람들을 위하여 기본적인 선형대수 이론을 소개하는 데 목적이 있다. 유한 차원의 추상적인 벡터공간의 구조는 유클리드 벡터공간의 구조와 같다. 따라서 이 책에서는 유클리드 벡터공간만을 다룬다.

선형대수는 벡터공간의 이해와 두 벡터공간 사이의 선형사상의 이해를 목표로 한다. 벡터공간에는 벡터합과 실수배라는 연산이 정의되고 또한 벡터의 내적이 정의된다. 선형사상은 행렬을 이용하여 나타내고 행렬을 탐구하여 선형사상을 이해한다. 행렬이론 중에서 가장 먼저 연립일차방정식의 해법을 탐구하고, 또한 행렬식을 탐구하여 벡터공간에서 평행다면체의 부호있는 측도를 이해한다. 또한 적절히 기저를 선택하여 선형사상을 쉽게 파악할 수 있는 행렬의 대각화에 대하여 탐구한다. 마지막으로 벡터의 내적에 대하여 탐구한다.

이 책은 총 여섯 개의 장으로 구성된다.

제1장에서 유클리드 벡터공간을 다룬다. 유클리드 공간과 유클리드 벡터공간은 구별이 필요하다. 유클리드 공간에서는 두 점 사이의 거리가 정의된다. 반면 유클리드 벡터공간에서는 벡터의 덧셈과 실수배가 정의된다. 또한 두 벡터에 대한 표준내적을 정의하여, 표준내적을 이용한 벡터의 크기와 두 벡터 사잇각의 크기를 정의한다. 마지막으로 벡터공간의 기저를 정의하여, 모든 벡터가 기저의 유일한 일차결합으로 나타냄을 확인한다.

제2장에서 선형사상과 행렬에 대하여 다룬다. 선형사상은 두 벡터공간 사이에서 벡터구조를 유지하는 사상이며 행렬은 선형사상을 나타내기 위한 표현이다. 행렬에서 벡터의 합과 실수배가 정의되므로 행렬 자체도 벡터이다. 사상의 쌍대사상을 행렬의 전치행렬로 나타낼 수 있다. 마지막으로 정사각행렬의 여러 형태에 대하여 알아보고 정사각행렬의 가역성에 대하여 탐구한다.

제3장에서 행렬 연산을 이용하여 연립일차방정식을 푸는 방법을 탐구한다. 이를 위하여 행렬에 대한 기본행연산과 기본행렬을 탐구하고, 가우스-조단 소거법을 적용하여 연립일차방정식을 푼다. 이 과정에서 행렬의 LDU 분해를 탐구한다. 마지막으로 행렬의 기본공간을 탐구하고 행렬의 계수-퇴화차수 정리를 탐구한다.

제4장에서 행렬의 행렬식을 탐구한다. 먼저 1차원 벡터의 부호있는 길이, 두 2차원 벡터가 만드는 평행사변체의 부호있는 넓이, 세 3차원 벡터가 만드는 평행육면체의 부호있는 부피에서 공통적인 성질은 다중선형성과 교대성에 대하여 탐구한다. 유한개의 집합에 대한 대칭군에 대하여 알아보고, n개의 n차원 벡터가 만드는 평행다면체의 부호있는 측도에 대하여 탐구한다. 정사각행렬의 행렬식을 열벡터가 만드는 평행다면체의 부호있는 측도로 정의하여 행렬식의 기본성질을 이해한다. 마지막으로 행렬식의 라플라스 전개를 탐구하여 행렬식을 구하는 방법을 알아보고, 이를 이용하여 연립일차방정식의 풀이법인 크래머 공식에 대하여 알아본다.

제5장에서 행렬의 대각화를 탐구한다. 먼저 기저에 대한 선형사상의 행렬표현에 대하여 알아보고 기저 변환에 대한 행렬표현의 변환에 대한 관계에 대하여 알아본다. 행렬표현이 단순하게 되는 기저를 찾기 위하여, 정사각행렬의 고윳값과 고유벡터에 대하여 탐구한다. 이를 위하여 정사각행렬의 특성방정식을 정의하고 이 방정식의 풀이에서 정사각행렬의 고윳값을 구하고 계속하여 고유벡터를 구한다. 마지막으로 대각화 가능한 행렬에 대하여 탐구한다.

제6장에서 유클리드 공간에서 내적에 대하여 탐구한다. 먼저 유클리드 공간에서 내적의 필요성에 대하여 알아보고, 내적을 이용한 벡터의 크기와 두 벡터 사잇각의 크기를 정의한다. 그리고 기저에 대한 내적의 행렬표현을 탐구한다. 두 벡터의 직교를 정의하고 주어진 기저에서 정규직교기저를 구하는 그람-슈미트 직교화 과정을 알아본다. 부분공간에 대한 사영을 탐구하고 부분공간의 직교정사영에 대하여 알아본다. 그리고 해가 존재하지 않는 연립일차방정식의 최소근사해를 구하는 방법에 대하여 알아본다. 직교행렬의 성질을 탐구하고 선형 등거리사상과 직교변환에 대하여 알아본다. 마지막으로 내적을 나타내는 대칭행렬의 양의 정부호성에 대하여 탐구한다.

긴 장마가 끝나고 무더위가 마지막 기승을 부리는 여름이 서서히 끝을 보이고 있다. 이제 새로운 학기의 시작을 준비하면서 머리말을 마친다. 끝으로 이 책의 출판을 쾌히 승낙해주신 경문사에 감사드리며, 독자 여러분의 많은 관심과 조언을 기대한다.

2023년 8월

가좌캠퍼스에서 지은이 씀

차 례

제 1 장

유클리드 벡터공간

이 장에서는 유클리드 공간에 정의된 벡터를 탐구한다.

유클리드 공간에서 두 점 사이의 거리가 정의된다.

유클리드 공간에 정의되는 벡터는 작용점을 시작점으로 하는 화살표로 나타낼 수 있다. 이때 작용점이 같은 벡터들에 대하여 벡터합과 실수배 그리고 벡터의 표준내적이 정의된다. 따라서 작용점이 같은 벡터들만으로 공간을 구성함이 편리한데, 이 공간을 유클리드 벡터공간이라고 한다.

유클리드 벡터공간에 정의된 벡터합과 실수배는 이 공간에 벡터구조를 형성한다. 다시 말하면, 유클리드 벡터공간에 놓인 벡터는 기저의 유일한 일차결합으로 나타낼 수 있다. 따라서 기저를 유클리드 벡터공간을 나타내기 위한 축들의 모임으로 생각할 수 있다. 이때 기저가 정규직교하면 이 기저를 이용하여 나타낸 벡터의 표현이 매우 단순해진다.

1.1 유클리드 공간

1.1.1 실수

모든 실수의 집합을 $\mathbb{R}$로 나타낸다. 실수를 이해하는 좋은 방법은 실수를 수직선에 놓인 점으로 이해하는 것이다. 모든 실수의 집합 $\mathbb{R}$을 **수직선**으로 나타낼 수 있고 이때 수직선에 놓인 점을 **실수**로 이해할 수 있다. 수직선에 놓인 점 중에서 기준이 되는 점을 고정하고 0으로 나타낸다. 0보다 오른쪽에 놓인 점 a는 **양의 실수**이고, 0보다 왼쪽에 놓인 점 b는 **음의 실수**이다.

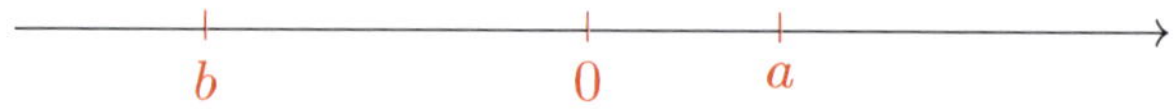

실수의 덧셈에 대한 직관적인 이해 수직선에 놓인 점 a를 아래의 그림과 같이 0에서 a까지의 화살표로 나타낸다.

수직선에 놓인 점 a와 b에 대하여, a와 b의 **합** $a+b$를 아래의 그림과 같이 점 a에서 출발하여 b가 나타내는 화살표만큼 이동한 점으로 정의한다. 이때 연산 $+$를 **덧셈**이라고 한다.

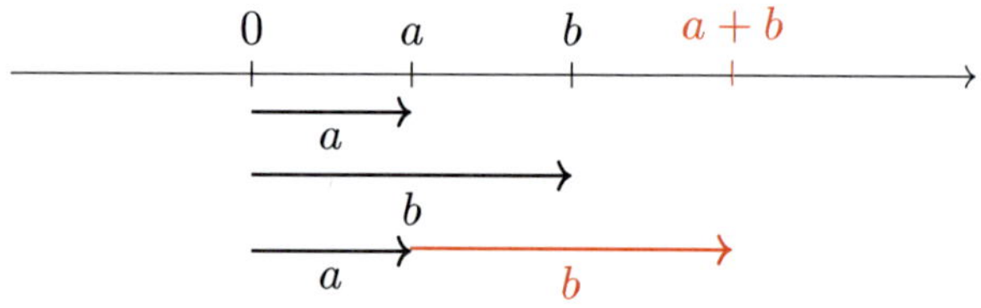

아래의 그림에서 양의 실수 a와 음의 실수 b의 합 $a+b$를 찾는 과정을 확인할 수 있다.

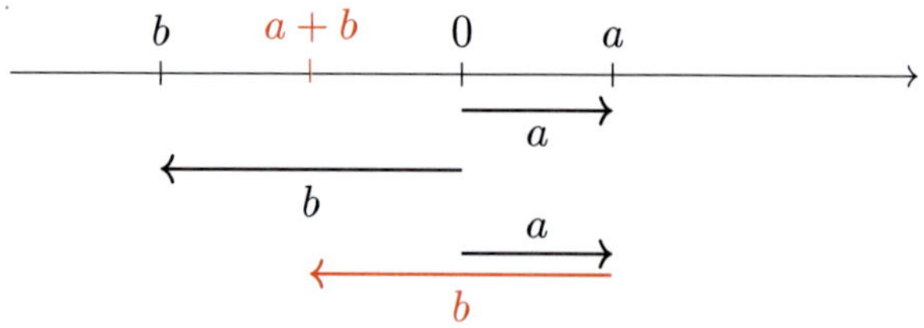

실수의 곱셈에 대한 직관적인 이해 수직선에 놓인 점 a와 b에 대하여, a와 b의 **곱** $a \cdot b$를 아래와 같은 수직선에 놓인 점으로 정의한다. 이때 연산 $\cdot$ 을 **곱셈**이라고 한다.

먼저 기준이 되는 양의 실수 1을 나타낸다. 수직선에 실수 0과 1 그리고 a와 b가 아래의 그림과 같이 놓여 있다.

(가) 점 0에서 수직선에 직교하고 위로 향하는 수선을 그리고, 수선에 1과 b를 표시한다.

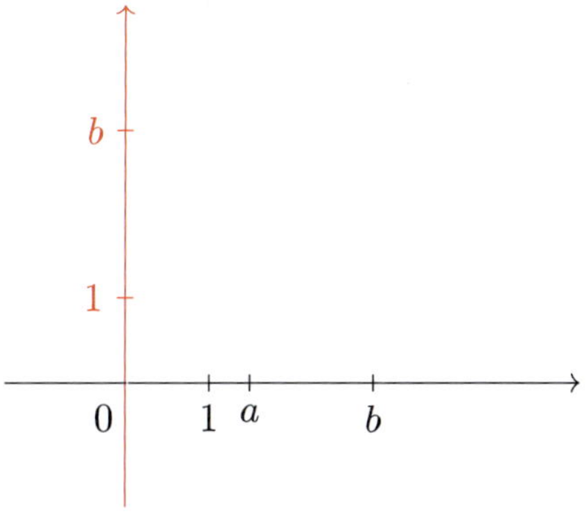

(나) 수선에 놓인 1에서 수직선에 놓인 a까지 선분을 그린다. 수선에 놓인 b를 지나고 앞에서 그린 선분에 평행한 직선을 그린다. 위의 직선과 수직선이 만나는 점을 $a \cdot b$로 정의한다. 만약 $a = 0$이면 $a \cdot b = 0$이고, 만약 $a \neq 0$이면 비례식

$$1 : b = a : a \cdot b$$

에 따라서 위의 정의 $a \cdot b$는 타당하다.

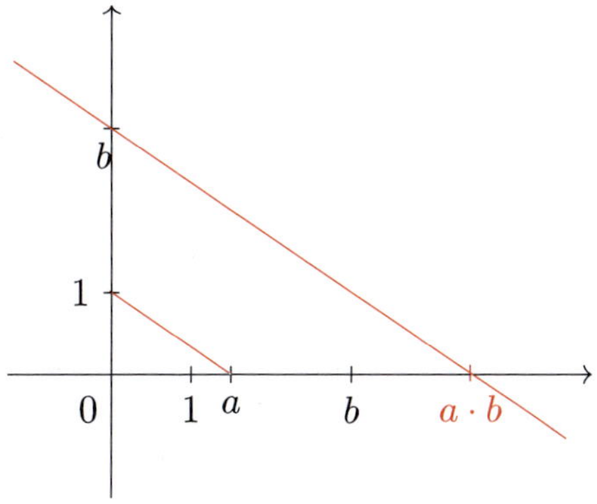

곱 $a \cdot b$를 간단히 ab로 나타내기도 한다.

실수의 덧셈과 곱셈의 성질을 다음과 같이 정리할 수 있다.

정리 1.1: 실수 덧셈과 곱셈의 성질

(가) (**결합법칙**) 실수 $x, y, z \in \mathbb{R}$에 대하여

$$x + (y + z) = (x + y) + z \quad \text{그리고} \quad x(yz) = (xy)z$$

이다.

(나) (**항등원의 존재성**) 실수 $x \in \mathbb{R}$에 대하여 $x + 0 = x = 0 + x$이다. 0이 아닌 실수 $y \in \mathbb{R}$에 대하여 $y \cdot 1 = y = 1 \cdot y$이다.

(다) (**역원의 존재성**) 실수 $x \in \mathbb{R}$에 대하여 $x + y = 0 = y + x$인 실수 $y \in \mathbb{R}$가 존재한다. 이때 y를 $-x$로 나타낸다. 0이 아닌 실수 $x \in \mathbb{R}$에 대하여 $xz = 1 = zx$인 실수 $z \in \mathbb{R}$가 존재한다. 이때 z를 $1/x$ 또는 x^{-1}로 나타낸다.

(라) (**교환법칙**) 실수 $x, y \in \mathbb{R}$에 대하여

$$x + y = y + x \quad \text{그리고} \quad xy = yx$$

이다.

(마) (**분배법칙**) 실수 $x, y, z \in \mathbb{R}$에 대하여

$$x(y + z) = xy + xz \quad \text{그리고} \quad (x + y)z = xz + yz$$

이다.

일반적으로 주어진 집합에서 위의 정리에 나오는 성질들이 모두 성립하는 덧셈과 곱셈이 정의되면 이 집합을 **체**라고 한다. 무한체로는 유리수체 $\mathbb{Q}$, 실수체 $\mathbb{R}$, 복소수체 $\mathbb{C}$ 등이 있다. 실수 x, y에 대하여, **차** $x - y$와 **나눔** x/y를 각각

$$x - y = x + (-y) \quad \text{그리고} \quad \frac{x}{y} = xy^{-1}$$

로 정의하며 이때 사용되는 연산을 각각 실수의 **뺄셈**과 **나눗셈**이라고 한다.

실수 a에 대하여, 0에서 a까지의 거리를 a의 **절댓값**이라고 하고 $|a|$로 나타낸다. 그러면

$$|a| = \begin{cases} a & (a > 0\text{일 때}), \\ -a & (a < 0\text{일 때}) \end{cases}$$

이다.

1.1.2 유클리드 공간

직선에서 모든 실수의 집합 $\mathbb{R}$을 이용하여 직선의 모든 점의 좌표를 실수로 나타낼 수 있다. 평면에서 서로 직교하는 두 축인 x-축과 y-축을 이용하면 평면의 모든 점의 좌표를 집합 $\mathbb{R}^2 = \{(x, y) \,|\, x \in \mathbb{R} \text{ 그리고 } y \in \mathbb{R}\}$의 원소로 나타낼 수 있으며, 공간에서 서로 직교하는 세 축인 x-축, y-축, z-축을 이용하면 공간의 모든 점의 좌표를 집합

$$\mathbb{R}^3 = \{(x, y, z) \,|\, x \in \mathbb{R} \text{ 그리고 } y \in \mathbb{R} \text{ 그리고 } z \in \mathbb{R}\}$$

의 원소로 나타낼 수 있다. 일반적으로 집합

$$\mathbb{R}^n = \{(x_1, x_2, \ldots, x_n) \,|\, 1 \le i \le n\text{인 자연수 } i\text{에 대하여 } x_i \in \mathbb{R}\}$$

의 원소를 좌표로 하는 집합을 **n차원 유클리드 공간**이라고 한다. n차원 유클리드 공간의 원소를 **점**이라고 한다. 좌표가 $(p_1, p_2, \ldots, p_n)$인 점 P를 $P(p_1, p_2, \ldots, p_n)$로 나타낸다.

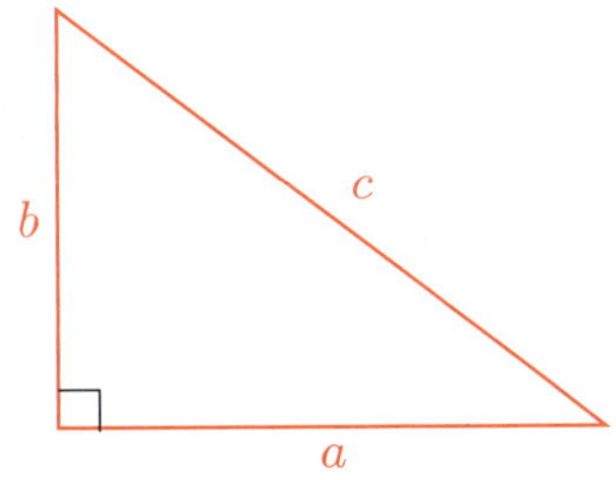

그림 1.1 직각삼각형

그림 1.1에서와 같이 평면에 놓인 빗변의 길이가 c이고 다른 두 변의 길이가 각각 a와 b인 직사각형에 대하여,

$$a^2 + b^2 = c^2$$

가 성립한다. 이를 직각삼각형에 대한 **피타고라스 정리**라고 한다.

2차원 점 $A_2(a_1, a_2)$와 $B_2(b_1, b_2)$에 대하여, 만약 $a_1 = b_1$이면 A_2과 B_2 사이의 거리는

$$d(A_2, B_2) = |b_2 - a_2| = \sqrt{(b_1 - a_1)^2 + (b_2 - a_2)^2}$$

이며 만약 $a_2 = b_2$이면 A_2과 B_2 사이의 거리는

$$d(A_2, B_2) = |b_1 - a_1| = \sqrt{(b_1 - a_1)^2 + (b_2 - a_2)^2}$$

이고 만약 $a_1 \neq b_1$ 그리고 $a_2 \neq b_2$이면 피타고라스의 정리에 따라서

$$d(A_2, B_2) = \sqrt{(b_1 - a_1)^2 + (b_2 - a_2)^2}$$

이다.

일반적으로 n차원 점 $A(a_1, a_2, \ldots, a_n)$와 $B(b_1, b_2, \ldots, b_n)$ 사이의 **거리**를

$$d(A, B) = \sqrt{(b_1 - a_1)^2 + (b_2 - a_2)^2 + \cdots + (b_n - a_n)^2}$$

로 정의한다. 이 정의가 타당함을 수학적 귀납법을 이용하여 살펴보자.

(가) 먼저 직선에 놓인 두 점 $A_1(a)$와 $B_1(b)$ 사이의 거리는

$$d(A_1, B_1) = |b - a| = \sqrt{(b - a)^2}$$

이다.

(나) $(n-1)$차원 점 $A_{n-1}(a_1, a_2, \ldots, a_{n-1})$와 $B_{n-1}(b_1, b_2, \ldots, b_{n-1})$ 사이의 거리가

$$d(A_{n-1}, B_{n-1}) = \sqrt{(b_1 - a_1)^2 + (b_2 - a_2)^2 + \cdots + (b_{n-1} - a_{n-1})^2}$$

라고 가정하자. n차원 점 $A(a_1, a_2, \ldots, a_n)$와 $B(b_1, b_2, \ldots, b_n)$에 대하여, 위의 가정에 따라서 점 $C(a_1, a_2, \ldots, a_{n-1}, 0)$와 $D(b_1, b_2, \ldots, b_{n-1}, 0)$ 사이의 거리는

$$d(C, D) = \sqrt{(b_1 - a_1)^2 + (b_2 - a_2)^2 + \cdots + (b_{n-1} - a_{n-1})^2}$$

이다. 만약 $a_n = b_n$이면

$$d(A, B) = d(C, D) = \sqrt{(b_1 - a_1)^2 + (b_2 - a_2)^2 + \cdots + (b_n - a_n)^2}$$

이고 만약 $a_n \neq b_n$이면 피타고라스의 정리에 따라서

$$d(A,B) = \sqrt{d(C,D)^2 + (b_n - a_n)^2} = \sqrt{(b_1 - a_1)^2 + (b_2 - a_2)^2 + \cdots + (b_n - a_n)^2}$$

이다.

직각삼각형에 대한 피타고라스의 정리를 다음과 같이 일반적인 삼각형에 대한 정리로 확장할 수 있다.

정리 1.2: 삼각형에 대한 제2 코사인법칙

삼각형에 대하여, 세 변의 길이가 각각 a와 b와 c이고 길이가 a와 b인 두 변의 사잇각 크기가 θ이면

$$a^2 + b^2 - 2ab\cos\theta = c^2$$

이다.

증명. 삼각형의 세 변의 길이가 각각 a와 b와 c이고 길이가 a와 b인 두 변의 사잇각 크기가 θ이라고 가정하자. 그러면 주어진 삼각형을 아래와 같이 양의 상수 a와 β와 임의의 상수 α를 이용하여 나타낼 수 있다.

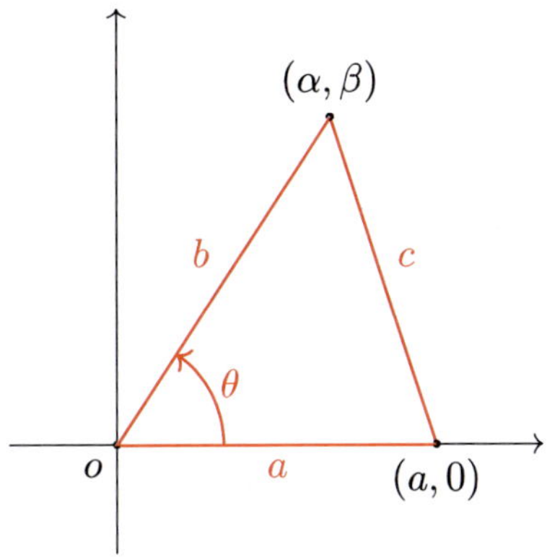

여기서 $b^2 = \alpha^2 + \beta^2$, $c^2 = (a-\alpha)^2 + \beta^2$, $\alpha = b\cos\theta$이므로

$$a^2 + b^2 - 2ab\cos\theta = a^2 + \alpha^2 + \beta^2 - 2a\alpha = (a-\alpha)^2 + \beta^2 = c^2$$

이다. □

연습문제 1.1

1. 실수 덧셈에 대한 항등원이 유일함을 보이라. 다시 말하면 실수 a에 대하여

   $$\text{모든 실수 } x\text{에 대하여 } x + a = x \text{ 그리고 } a + x = x$$

   이면 $a = 0$임을 보이라.

2. 실수 a에 대하여, 덧셈에 대한 a의 역원은 유일함을 보이라. 다시 말하면 실수 b_1과 b_2에 대하여

   $$a + b_1 = 0 \quad \text{그리고} \quad b_1 + a = 0 \quad \text{그리고} \quad a + b_2 = 0 \quad \text{그리고} \quad b_2 + a = 0$$

   이면 $b_1 = b_2$임을 보이라.

3. 방정식 $x + 2 = 5$를

   (1) $x + 2 = 5,$

   (2) $(x + 2) + (-2) = 5 + (-2),$

   (3) $x + (2 + (-2)) = 3,$

   (4) $x + 0 = 3,$

   (5) $x = 3$

   와 같은 과정으로 풀어서 방정식의 근 $x = 3$을 구할 때, 단계 (1)에서 단계 (2)로 가는 과정은 등식의 양변에 같은 수를 더해도 등식이 유지된다는 성질을 적용한다. 다음의 각 단계에서 적용된 덧셈에 대한 성질을 아래에 적어라.

   (가) 단계 (2)에서 단계 (3)으로 가는 과정에 적용된 성질: ( ),

   (나) 단계 (3)에서 단계 (4)으로 가는 과정에 적용된 성질: ( ),

   (다) 단계 (4)에서 단계 (5)으로 가는 과정에 적용된 성질: ( ).

4. 다음 두 점 A와 B 사이의 거리 $d(A, B)$를 구하라.

   (가) $A(1, 3), B(4, -1),$ (나) $A(-2, 5), B(0, -3),$

   (다) $A(4, -3, 2), B(1, 2, 2),$ (라) $A(1, 2, 1), B(5, 3, -2).$

1.2 유클리드 벡터공간

1.2.1 벡터

공간에서 움직이는 물체의 속도나 물체에 작용되는 힘 등을 나타낼 수 있는 수학적 대상체를 다음과 같이 정의한다.

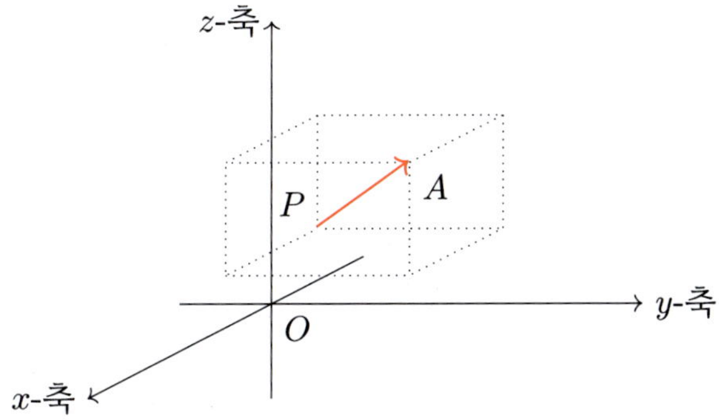

그림 1.2 시작점이 P이고 끝점이 A인 벡터

그림 1.2에서 나타난 점 P에서 점 A까지 유향선분을 **시작점**이 P이고 **끝점**이 A인 **벡터**라고 하고 $\overrightarrow{PA}$로 나타낸다.[1] 시작점이 $P(x_0, y_0, z_0)$이고 끝점이 $A(x_1, y_1, z_1)$인 벡터 $\overrightarrow{PA}$에 대하여, 시작점 P를 벡터 $\overrightarrow{PA}$의 **작용점**이라고 하고 끝점 A의 좌표에서 시작점 P의 좌표의 차인 $\mathbf{v} = (x_1 - x_0, y_1 - y_0, z_1 - z_0)$를 벡터 $\overrightarrow{PA}$의 **벡터부분**이라고 한다. 벡터부분을 보통 $\mathbf{u}, \mathbf{v}$와 같이 진한 글자체로 나타낸다. 뒤에서 살펴볼 벡터의 덧셈과 표준내적 등 여러 벡터연산은 작용점이 같은 벡터들에만 정의된다. 따라서 보통 벡터를 다룰 때는 작용점이 같은 벡터들만 다루므로 벡터 $\overrightarrow{PA}$를

$$\mathbf{v}_P \quad 또는 \quad \mathbf{v}$$

로 나타낸다.

예제 1.1 시작점 P와 끝점 A가 다음과 같은 벡터 $\overrightarrow{PA}$의 벡터부분을 구하라.

(가) $P(2, 0, 1)$, $A = (4, -1, 2)$, (나) $P(3, -1, 2)$, $A = (2, 1, 3)$.

풀이. (가) $\mathbf{v} = (4 - 2, -1 - 0, 2 - 1) = (2, -1, 1)$.
(나) $\mathbf{v} = (2 - 3, 1 - (-1), 3 - 2) = (-1, 2, 1)$. □

[1] 시작점을 **시점**이라고도 하고 끝점을 **종점**이라고도 한다.

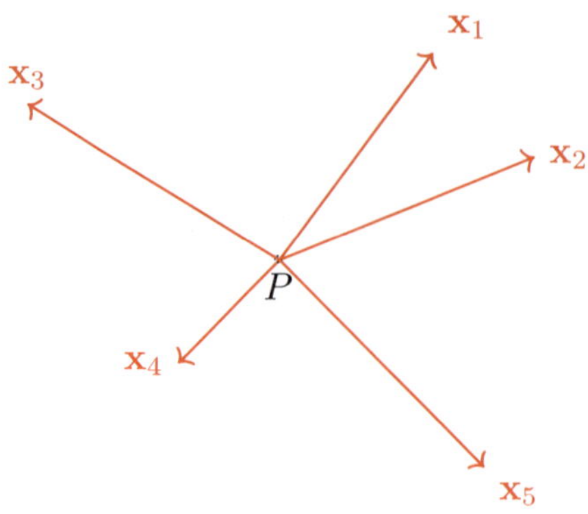

그림 1.3 벡터

그림 1.3에서와 같이 작용점이 고정된 모든 벡터를 정의하기 위하여, 작용점은 고정된 점이라고 가정하고 벡터부분만을 다음과 같이 정의한다.

정의 1.1: 유클리드 벡터공간

집합

$$\{(x_1, x_2, \dots, x_n) \mid 1 \le i \le n\text{인 자연수 } i\text{에 대하여 } x_i \in \mathbb{R}\}$$

을 n**차원 유클리드 벡터공간**이라고 하고 $\mathbb{E}^n$으로 나타낸다. 유클리드 벡터공간 $\mathbb{E}^n$의 원소는 n**차원 벡터** 또는 간단히 **벡터**라고 한다. 벡터 $\mathbf{x} = (x_1, x_2, \dots, x_n)$에 대하여 실수 x_i를 벡터 $\mathbf{x}$의 i번째 **성분**이라고 한다. 모든 성분이 0인 벡터를 **영벡터**라고 하고 $\mathbf{o}$로 나타낸다.

1.2.2 벡터의 크기와 방향

고등학교 과정에서 스칼라는 크기만 있는 값이고, 벡터는 크기와 방향이 있는 값이라고 정의한다. 여기서 벡터의 크기와 방향에 대하여 알아본다.

2차원 벡터 $\mathbf{x} = (x_1, x_2)$와 3차원 벡터 $\mathbf{y} = (y_1, y_2, y_3)$에서 이 벡터들이 나타내는 화살표의 크기는 피타고라스의 정리에 따라서 각각

$$\sqrt{{x_1}^2 + {x_2}^2} \quad \text{그리고} \quad \sqrt{{y_1}^2 + {y_2}^2 + {y_3}^2}$$

이다. 일반적으로 벡터의 크기를 다음과 같이 정의한다.

정의 1.2: 벡터의 크기

벡터 $\mathbf{x} = (x_1, x_2, \dots, x_n)$에 대하여, $\sqrt{x_1{}^2 + x_2{}^2 + \cdots + x_n{}^2}$을 벡터 $\mathbf{x}$의 **크기**라고 하고 $\|\mathbf{x}\|$로 나타낸다.

영벡터의 방향은 존재하지 않는다. 영벡터가 아닌 벡터 $\mathbf{x} = (x_1, x_2, \dots, x_n)$의 방향에 대하여 알아보자. 원점 $\mathbf{o}$에서 방향이란 원점에서 출발하는 반직선이라고 할 수 있다. 이때 반직선에 놓인 영벡터가 아닌 벡터는 그 방향으로의 벡터로서, 이들 벡터들의 방향은 모두 같다. 이들 벡터 중에서 크기가 1인 벡터가 이들 벡터를 대표할 수 있다. 따라서 반직선을 방향으로 정의하지 않고 크기가 1인 벡터를 방향이라고 정의할 수 있다.

정의 1.3: 방향

크기가 1인 벡터는 **방향**이라고 한다.[a]

[a]크기가 1인 벡터는 **단위벡터**라고도 한다

예제 1.2 다음 벡터의 크기와 방향을 구하라.

(가) $\mathbf{x} = (2, 1, -1)$, (나) $\mathbf{x} = (1, 3, -1)$,

(다) $\mathbf{x} = (3, -1, 2)$, (라) $\mathbf{x} = (-1, 2, 2)$.

풀이. (가) 벡터 $\mathbf{x}$의 크기는 $\sqrt{2^2 + 1^2 + 1^2} = \sqrt{6}$이고 방향은 $(2/\sqrt{6}, 1/\sqrt{6}, -1/\sqrt{6})$이다.

(나) 벡터 $\mathbf{x}$의 크기는 $\sqrt{1^2 + 3^2 + 1^2} = \sqrt{11}$이고 방향은 $(1/\sqrt{11}, 3/\sqrt{11}, -1/\sqrt{11})$이다.

(다) 벡터 $\mathbf{x}$의 크기는 $\sqrt{3^2 + 1^2 + 2^2} = \sqrt{14}$이고 방향은 $(3/\sqrt{14}, -1/\sqrt{14}, 2/\sqrt{14})$이다.

(라) 벡터 $\mathbf{x}$의 크기는 $\sqrt{1^2 + 2^2 + 2^2} = 3$이고 방향은 $(-1/3, 2/3, 2/3)$이다. □

1.2.3 벡터의 합과 실수배

이 절에서는 유클리드 벡터공간 $\mathbb{E}^n$에 정의되는 기본적인 연산인 벡터 덧셈과 실수배에 대하여 알아본다.

벡터에 대하여 성분끼리의 합을 이용하여 벡터의 합을 다음과 같이 정의한다.

정의 1.4: 벡터의 합

벡터 $\mathbf{x} = (x_1, x_2, \ldots, x_n), \mathbf{y} = (y_1, y_2, \ldots, y_n) \in \mathbb{E}^n$에 대하여, 벡터

$$(x_1 + y_1, x_2 + y_2, \ldots, x_n + y_n)$$

을 $\mathbf{x}$와 $\mathbf{y}$의 **합**이라고 하고 $\mathbf{x}+\mathbf{y}$로 나타낸다. 이때 연산 $+$를 **벡터의 덧셈**이라고 한다.

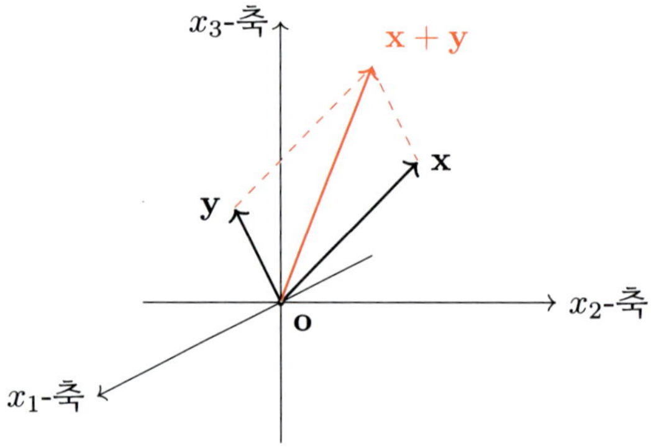

그림 1.4 벡터의 합

그림 1.4에서와 같이 벡터는 원점 $\mathbf{o}$에서 그 점까지 화살표로 나타낼 수 있다. 두 벡터 $\mathbf{x}$와 $\mathbf{y}$의 합에서, 벡터 $\mathbf{x}+\mathbf{y}$와 $\mathbf{y}$ 사이의 차는 벡터 $\mathbf{x}$와 원점 $\mathbf{o}$의 차와 같기 때문에 일반적으로 원점 $\mathbf{o}$와 벡터 $\mathbf{x}$, $\mathbf{y}$, $\mathbf{x}+\mathbf{y}$는 평행사변형을 이룬다.

예제 1.3 다음 두 벡터의 합을 구하라.

(가) $\mathbf{x} = (3,1)$, $\mathbf{y} = (2,4)$, (나) $\mathbf{x} = (-1,4)$, $\mathbf{y} = (2,-2)$.

풀이. (가) $\mathbf{x}+\mathbf{y} = (3,1)+(2,4) = (3+2, 1+4) = (5,5)$.

(나) $\mathbf{x}+\mathbf{y} = (-1,4)+(2,-2) = (-1+2, 4-2) = (1,2)$. □

벡터의 합은 같은 위치의 성분끼리의 합이므로 성분인 실수의 합에 대한 성질로부터 벡터의 합에 대한 성질을 알 수 있다. 벡터의 합에 대한 성질을 다음과 같이 정리할 수 있다.

정리 1.3: 벡터 합의 성질

벡터 $\mathbf{x}_1, \mathbf{x}_2, \mathbf{x}_3 \in \mathbb{E}^n$와 영벡터 $\mathbf{o}$에 대하여,

(가) (**결합법칙**) $\mathbf{x}_1 + (\mathbf{x}_2 + \mathbf{x}_3) = (\mathbf{x}_1 + \mathbf{x}_2) + \mathbf{x}_3$,

(나) (**항등원**) $\mathbf{x}_1 + \mathbf{o} = \mathbf{x}_1, \qquad \mathbf{o} + \mathbf{x}_1 = \mathbf{x}_1$,

(다) (**역원**) $\mathbf{x}_1 + (-\mathbf{x}_1) = \mathbf{o}, \qquad (-\mathbf{x}_1) + \mathbf{x} = \mathbf{o}$,

(라) (**교환법칙**) $\mathbf{x}_1 + \mathbf{x}_2 = \mathbf{x}_2 + \mathbf{x}_1$

이다.

위 정리의 (나)에서 영벡터 $\mathbf{o}$가 벡터 덧셈에 대한 항등원임을 알 수 있다. 또한 (다)에서 $\mathbf{x}_1 = (x_1, x_2, \ldots, x_n)$일 때, 덧셈에 대한 $\mathbf{x}_1$의 역원은

$$-\mathbf{x}_1 = (-x_1, -x_2, \ldots, -x_n)$$

이다.

벡터의 합과 벡터의 크기에 대하여 알아보기 위하여, 다음의 부등식을 살펴보자.

정리 1.4: 코시-슈바르츠 부등식

실수 $x_1, x_2, \ldots, x_n, y_1, y_2, \ldots, y_n$에 대하여,

$$\left(\sum_{k=1}^{n} x_k y_k\right)^2 \le \left(\sum_{k=1}^{n} {x_k}^2\right)\left(\sum_{k=1}^{n} {y_k}^2\right)$$

이다.

증명. 벡터 $\mathbf{x} = (x_1, x_2, \ldots, x_n)$ 또는 $\mathbf{y} = (y_1, y_2, \ldots, y_n)$가 영벡터이면

$$\left(\sum_{k=1}^{n} x_k y_k\right)^2 = 0 = \left(\sum_{k=1}^{n} {x_k}^2\right)\left(\sum_{k=1}^{n} {y_k}^2\right)$$

이다.

크기가 1인 두 벡터 $\mathbf{x} = (x_1, x_2, \ldots, x_n)$와 $\mathbf{y} = (y_1, y_2, \ldots, y_n)$에 대하여,

$$0 \le \sum_{k=1}^{n}(y_k - x_k)^2 = \sum_{k=1}^{n} {x_k}^2 + \sum_{k=1}^{n} {y_k}^2 - 2\sum_{k=1}^{n} x_k y_k = 2 - 2\sum_{k=1}^{n} x_k y_k$$

이므로 $\sum_{k=1}^{n} x_k y_k \le 1$이고

$$0 \le \sum_{k=1}^{n}(y_k + x_k)^2 = \sum_{k=1}^{n} {x_k}^2 + \sum_{k=1}^{n} {y_k}^2 + 2\sum_{k=1}^{n} x_k y_k = 2 + 2\sum_{k=1}^{n} x_k y_k$$

이므로 $-1 \le \sum_{k-1}^{n} x_k y_k$이다. 따라서 $-1 \le \sum_{k-1}^{n} x_k y_k \le 1$이므로

$$\left| \sum_{k=1}^{n} x_k y_k \right| \le 1 \tag{1.1}$$

이다.

영벡터가 아닌 일반적인 크기의 벡터 $\mathbf{x} = (x_1, x_2, \ldots, x_n)$와 $\mathbf{y} = (y_1, y_2, \ldots, y_n)$에 대하여, 벡터

$$\frac{1}{\|\mathbf{x}\|}\mathbf{x} = \left(\frac{x_1}{\|\mathbf{x}\|}, \frac{x_2}{\|\mathbf{x}\|}, \ldots, \frac{x_n}{\|\mathbf{x}\|} \right), \qquad \frac{1}{\|\mathbf{y}\|}\mathbf{y} = \left(\frac{y_1}{\|\mathbf{y}\|}, \frac{y_2}{\|\mathbf{y}\|}, \ldots, \frac{y_n}{\|\mathbf{y}\|} \right)$$

는 크기가 1이므로 식 (1.1)에 따라서

$$\left| \sum_{k=1}^{n} \frac{x_k}{\|\mathbf{x}\|} \frac{y_k}{\|\mathbf{y}\|} \right| \le 1$$

이다. 따라서

$$\left| \sum_{k=1}^{n} x_k y_k \right| \le \|\mathbf{x}\| \, \|\mathbf{y}\| = \left(\sum_{k=1}^{n} {x_k}^2 \right)^{1/2} \left(\sum_{k=1}^{n} {y_k}^2 \right)^{1/2}$$

이다. □

벡터 $\mathbf{x} = (x_1, x_2, \ldots, x_n)$와 $\mathbf{y} = (y_1, y_2, \ldots, y_n)$에 대하여, 코시-슈바르츠 부등식에 따라서 $|x_1 y_1 + x_2 y_2 + \cdots + x_n y_n| \le \|\mathbf{x}\| \, \|\mathbf{y}\|$이다. 따라서 다음 벡터합에 대한 삼각부등식이 성립함을 알 수 있다.

정리 1.5: 벡터 크기에 대한 삼각부등식

벡터 $\mathbf{x}, \mathbf{y} \in \mathbb{E}^n$에 대하여,

$$\|\mathbf{x}+\mathbf{y}\| \leq \|\mathbf{x}\| + \|\mathbf{y}\|$$

이다.

증명. 벡터 $\mathbf{x}$와 $\mathbf{y}$를 각각 $\mathbf{x} = (x_1, x_2, \ldots, x_n)$와 $\mathbf{y} = (y_1, y_2, \ldots, y_n)$로 놓으면, 코시-슈바르츠 부등식에 따라서 $|x_1y_1 + x_2y_2 + \cdots + x_ny_n| \leq \|\mathbf{x}\|\,\|\mathbf{y}\|$이므로

$$\begin{aligned}\|\mathbf{x}+\mathbf{y}\|^2 &= (x_1+y_1)^2 + (x_2+y_2)^2 + \cdots + (x_n+y_n)^2 \\ &= \left({x_1}^2 + {x_2}^2 + \cdots + {x_n}^2\right) + \left({y_1}^2 + {y_2}^2 + \cdots + {y_n}^2\right) \\ &\qquad + 2(x_1y_1 + x_2y_2 + \cdots + x_ny_n) \\ &\leq \|\mathbf{x}\|^2 + \|\mathbf{y}\|^2 + 2\|\mathbf{x}\|\,\|\mathbf{y}\| \\ &= (\|\mathbf{x}\| + \|\mathbf{y}\|)^2\end{aligned}$$

이다. □

벡터의 실수배를 다음과 같이 정의한다.

정의 1.5: 벡터의 실수배

벡터 $\mathbf{x} = (x_1, x_2, \ldots, x_n) \in \mathbb{E}^n$와 실수 $t \in \mathbb{R}$에 대하여, 벡터 $(tx_1, tx_2, \ldots, tx_n)$을 **벡터 $\mathbf{x}$의 t배**라고 하고 $t\mathbf{x}$로 나타낸다. 이때 연산을 **실수배**라고 한다.[a]

[a]실수배를 **스칼라배**라고도 한다.

벡터 $\mathbf{x}$가 영벡터가 아닐 때 그림 1.5에서와 같이 실수배 $t\mathbf{x}$는 영벡터 $\mathbf{o}$와 벡터 $\mathbf{x}$를 지나는 직선에 놓여 있다. 이때 $t > 0$이면 실수배 $t\mathbf{x}$는 직선에서 영벡터를 기준으로 벡터 $\mathbf{x}$ 방향에 놓여 있고, $t < 0$이면 실수배 $t\mathbf{x}$는 직선에서 영벡터를 기준으로 벡터 $\mathbf{x}$와 다른 방향에 놓여 있다.

영벡터가 아닌 벡터 $\mathbf{x} = (x_1, x_2, \ldots, x_n)$의 크기를 $r = \sqrt{{x_1}^2 + {x_2}^2 + \cdots + {x_n}^2}$로 놓으면, 벡터 $\mathbf{x}$의 방향은 $\mathbf{e} = (x_1/r, x_2/r, \ldots, x_n/r)$이다. 따라서 벡터 $\mathbf{x}$는 방향 $\mathbf{e}$의 r배 즉

$$\mathbf{x} = r\left(\frac{x_1}{r}, \frac{x_2}{r}, \ldots, \frac{x_n}{r}\right)$$

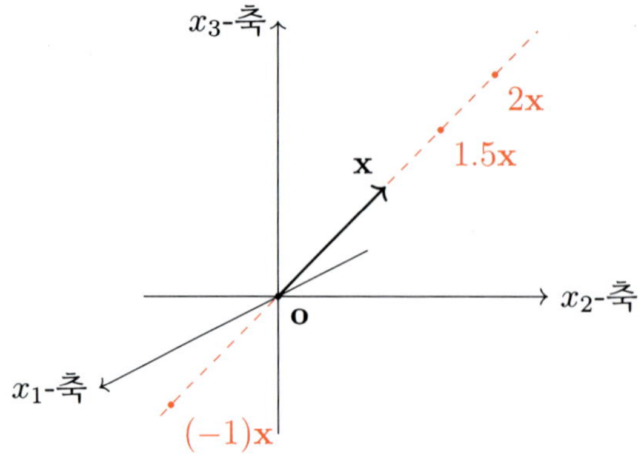

그림 1.5 벡터의 실수배

이다.

예제 1.4 벡터 $\mathbf{x} = (x_1, x_2, \ldots, x_n) \in \mathbb{E}^n$에 대하여, 다음을 보이라.

(가) $(-1)\mathbf{x} = -\mathbf{x}$, (나) $1\mathbf{x} = \mathbf{x}$.

풀이. (가) $(-1)\mathbf{x} = ((-1) \cdot x_1, (-1) \cdot x_2, \ldots, (-1) \cdot x_n) = (-x_1, -x_2, \ldots, -x_n) = -\mathbf{x}$.

(나) $1\mathbf{x} = (1 \cdot x_1, 1 \cdot x_2, \ldots, 1 \cdot x_n) = (x_1, x_2, \ldots, x_n) = \mathbf{x}$. □

예제 1.5 다음 벡터를 구하라.

(가) 크기가 2이고 방향은 $(1/\sqrt{2}, 0, -1/\sqrt{2})$인 벡터,
(나) 크기가 3이고 방향은 $(2/3, 1/3, -2/3)$인 벡터,
(다) 크기가 4이고 방향은 벡터 $(1, 2, 2)$와 같은 벡터,
(라) 크기는 벡터 $(2, 1, 1)$과 같고 방향이 $(1/\sqrt{2}, 1/2, -1/2)$인 벡터.

풀이. (가) $2(1/\sqrt{2}, 0, -1/\sqrt{2}) = (2/\sqrt{2}, 0, -2/\sqrt{2}) = (\sqrt{2}, 0, -\sqrt{2})$.

(나) $3(2/3, 1/3, -2/3) = (2, 1, -2)$.

(다) 벡터 $(1, 2, 2)$의 크기는 $\sqrt{1^2 + 2^2 + 2^2} = 3$이므로 방향은 $(1/3, 2/3, 2/3)$이다. 따라서 구하는 벡터는 $4(1/3, 2/3, 2/3) = (4/3, 8/3, 8/3)$이다.

(라) 벡터 $(2, 1, 1)$의 크기는 $\sqrt{2^2 + 1^2 + 1^2} = \sqrt{6}$이므로, 구하는 벡터는

$$\sqrt{6}\left(\frac{1}{\sqrt{2}}, \frac{1}{2}, -\frac{1}{2}\right) = \left(\sqrt{3}, \frac{\sqrt{6}}{2}, -\frac{\sqrt{6}}{2}\right)$$

이다. □

벡터의 합과 실수배는 성분에 대한 덧셈과 곱셈으로 계산되므로, 벡터의 합과 실수배에 대하여 다음 성질이 성립한다.

정리 1.6: 벡터 실수배의 성질

벡터 $\mathbf{x}_1, \mathbf{x}_2 \in \mathbb{E}^n$와 실수 a, b에 대하여,

(가) $1\mathbf{x}_1 = \mathbf{x}_1$,

(나) $(ab)\mathbf{x}_1 = a(b\mathbf{x}_1)$,

(다) $(a+b)\mathbf{x}_1 = a\mathbf{x}_1 + b\mathbf{x}_1$,

(라) $a(\mathbf{x}_1 + \mathbf{x}_2) = a\mathbf{x}_1 + a\mathbf{x}_2$

이다.

예제 1.6 벡터 $\mathbf{x} = (2, 1, -1)$, $\mathbf{y} = (-2, 0, 3)$에 대하여, 다음 벡터를 구하라.

(가) $3\mathbf{x} - 2\mathbf{y}$, (나) $2\mathbf{x} + \mathbf{y}$.

풀이. (가) $3\mathbf{x}-2\mathbf{y} = 3(2,1,-1)-2(-2,0,3) = (3\cdot2+2\cdot2,\ 3\cdot1-2\cdot0,\ -3\cdot1-2\cdot3) = (10, 3, -9)$.

(나) $2\mathbf{x}+\mathbf{y} = 2(2,1,-1)+(-2,0,3) = (2\cdot2-2,\ 2\cdot1+0,\ -2\cdot1+3) = (2,2,1)$. □

벡터의 실수배와 벡터의 크기에 대한 관계를 다음과 같이 정리할 수 있다.

정리 1.7: 벡터의 실수배에 대한 벡터 크기의 성질

벡터 $\mathbf{x} \in \mathbb{E}^n$와 실수 a에 대하여 $\|a\mathbf{x}\| = |a|\,\|\mathbf{x}\|$ 이다.

증명. $\mathbf{x} = (x_1, x_2, \ldots, x_n)$로 놓으면

$$\begin{aligned}\|a\mathbf{x}\| &= \sqrt{(ax_1)^2 + (ax_2)^2 + \cdots + (ax_n)^2}\\ &= |a|\sqrt{{x_1}^2 + {x_2}^2 + \cdots + {x_n}^2}\\ &= |a|\,\|\mathbf{x}\|\end{aligned}$$

이다. □

1.2.4 유클리드 벡터공간의 기저

유클리드 벡터공간에 놓인 벡터는 기저를 이용하여 쉽게 나타낼 수 있다. 여기서 유클리드 벡터 공간의 기저에 대하여 알아본다.

유클리드 벡터공간 $\mathbb{E}^n$에 대하여, i-번째 성분만 1이고 나머지 성분은 0인 벡터를

$$\mathbf{e}_i = (0, 0, \ldots, 0, 1, 0, \ldots, 0)$$

로 놓자. 순서 다중쌍 $(\mathbf{e}_1, \mathbf{e}_2, \ldots, \mathbf{e}_n)$을 유클리드 벡터공간 $\mathbb{E}^n$의 **표준기저**라고 한다.

표준기저 $(\mathbf{e}_1, \mathbf{e}_2, \ldots, \mathbf{e}_n)$은 벡터를 나타내는 데 매우 중요한 역할을 한다. 벡터 $\mathbf{x} = (x_1, x_2, \ldots, x_n)$에 대하여,

$$\mathbf{x} = x_1\mathbf{e}_1 + x_2\mathbf{e}_2 + \cdots + +x_n\mathbf{e}_n$$

이다. 다시 말하면 임의의 벡터 $\mathbf{x}$가 표준기저 $(\mathbf{e}_1, \mathbf{e}_2, \ldots, \mathbf{e}_n)$의 **일차결합**으로 표현된다. 여기서 기저에 대한 중요한 첫 번째 성질을 정의하자.

정의 1.6: 벡터공간을 생성하는 벡터 순서쌍

유클리드 벡터공간 $\mathbb{E}^n$의 벡터 순서쌍 $(\mathbf{v}_1, \mathbf{v}_2, \ldots, \mathbf{v}_m)$에 대하여,

임의의 벡터 $\mathbf{v} \in \mathbb{E}^n$에 대하여,

$$\mathbf{v} = x_1\mathbf{v}_1 + x_2\mathbf{v}_2 + \cdots + x_m\mathbf{v}_m$$

인 실수 $x_1, x_2, \ldots, x_m$이 존재한다

이면 $(\mathbf{v}_1, \mathbf{v}_2, \ldots, \mathbf{v}_m)$은 유클리드 벡터공간 $\mathbb{E}^n$을 **생성한다**라고 한다.

표준기저 $(\mathbf{e}_1, \mathbf{e}_2, \ldots, \mathbf{e}_n)$은 벡터공간 $\mathbb{E}^n$을 생성한다.

만약 벡터 순서쌍 $(\mathbf{v}_1, \mathbf{v}_2, \ldots, \mathbf{v}_m)$이 유클리드 벡터공간 $\mathbb{E}^n$을 생성하면 $n \leq m$임을 알 수 있다.

벡터 $\mathbf{x}$에 대하여, 표준기저 $(\mathbf{e}_1, \mathbf{e}_2, \ldots, \mathbf{e}_n)$의 일차결합 $\mathbf{x} = x_1\mathbf{e}_1 + x_2\mathbf{e}_2 + \cdots + +x_n\mathbf{e}_n$은 유일하다. 다시 말하면 만약

$$x_1\mathbf{e}_1 + x_2\mathbf{e}_2 + \cdots + x_n\mathbf{e}_n = y_1\mathbf{e}_1 + y_2\mathbf{e}_2 + \cdots + y_n\mathbf{e}_n$$

이면 $x_1 = y_1$, $x_2 = y_2$,..., $x_n = y_n$이다. 이 성질은 기저의 중요한 두 번째 성질이다.

이를 다음과 같이 정의한다.

정의 1.7: 일차독립인 벡터 순서쌍

유클리드 벡터공간 $\mathbb{E}^n$의 벡터 순서쌍 $(\mathbf{v}_1, \mathbf{v}_2, \ldots, \mathbf{v}_m)$에 대하여,

$$x_1\mathbf{v}_1 + x_2\mathbf{v}_2 + \cdots + x_m\mathbf{v}_m = \mathbf{o}\text{이면 } x_1 = x_2 = \cdots = x_m = 0\text{이다}$$

이면 $(\mathbf{v}_1, \mathbf{v}_2, \ldots, \mathbf{v}_m)$은 **일차독립**이라고 한다. 벡터 순서쌍 $(\mathbf{v}_1, \mathbf{v}_2, \ldots, \mathbf{v}_m)$이 일차독립이 아니면 $(\mathbf{v}_1, \mathbf{v}_2, \ldots, \mathbf{v}_m)$은 **일차종속**이라고 한다.

표준기저 $(\mathbf{e}_1, \mathbf{e}_2, \ldots, \mathbf{e}_n)$은 일차독립이다.

만약 유클리드 벡터공간 $\mathbb{E}^n$ 벡터 순서쌍 $(\mathbf{v}_1, \mathbf{v}_2, \ldots, \mathbf{v}_m)$이 일차독립이면 $m \leq n$임을 알 수 있다.

정의 1.8: 벡터공간의 기저

유클리드 벡터공간 $\mathbb{E}^n$의 벡터 순서쌍 $(\mathbf{v}_1, \mathbf{v}_2, \ldots, \mathbf{v}_n)$에 대하여, $(\mathbf{v}_1, \mathbf{v}_2, \ldots, \mathbf{v}_n)$이 유클리드 벡터공간 $\mathbb{E}^n$을 생성하고 또한 일차독립이면 $(\mathbf{v}_1, \mathbf{v}_2, \ldots, \mathbf{v}_n)$은 유클리드 벡터공간 $\mathbb{E}^n$의 **기저**라고 한다.

만약 순서쌍 $(\mathbf{v}_1, \mathbf{v}_2, \ldots, \mathbf{v}_n)$이 유클리드 벡터공간 $\mathbb{E}^n$의 기저이면 벡터 $\mathbf{v} \in \mathbb{E}^n$에 대하여

$$\mathbf{v} = x_1\mathbf{v}_1 + x_2\mathbf{x}_2 + \cdots + x_n\mathbf{x}$$

인 실수 $x_1, x_2, \ldots, x_n$이 유일하게 존재한다.

예제 1.7 벡터 $\mathbf{v}_1 = (1, 0)$, $\mathbf{v}_2 = (1, 1)$에 대하여, $(\mathbf{v}_1, \mathbf{v}_2)$은 벡터공간 $\mathbb{E}^2$의 기저임을 보이라.

풀이. 순서쌍 $(\mathbf{v}_1, \mathbf{v}_2)$가 일차독립임을 보이기 위하여 $x_1\mathbf{v}_1 + x_2\mathbf{v}_2 = \mathbf{o}$라고 가정하자. 등식의 양변의 성분을 비교하면 $x_1 + x_2 = 0$ 그리고 $x_2 = 0$이므로 $x_1 = x_2 = 0$이다. 따라서 $(\mathbf{v}_1, \mathbf{v}_2)$는 일차독립이다.

순서쌍 $(\mathbf{v}_1, \mathbf{v}_2)$가 벡터공간 $\mathbb{E}^2$을 생성함을 보이기 위하여, 임의의 벡터 $\mathbf{y} = (y_1, y_2)$에 대하여 $\mathbf{y} = x_1\mathbf{v}_1 + x_2\mathbf{v}_2$인 실수 x_1, x_2을 찾자. 위의 등식의 성분을 비교하면

$$y_1 = x_1 + x_2, \quad y_2 = x_2$$

이므로 $x_2 = y_2$ 그리고 $x_1 = y_1 - x_2 = y_1 - y_2$이다. 따라서 $(\mathbf{v}_1, \mathbf{v}_2)$가 벡터공간 $\mathbb{E}^2$을 생성한다.

순서쌍 $(\mathbf{v}_1, \mathbf{v}_2)$가 일차독립이고 벡터공간 $\mathbb{E}^2$을 생성하므로 $(\mathbf{v}_1, \mathbf{v}_2)$은 벡터공간 $\mathbb{E}^2$의 기저이다. □

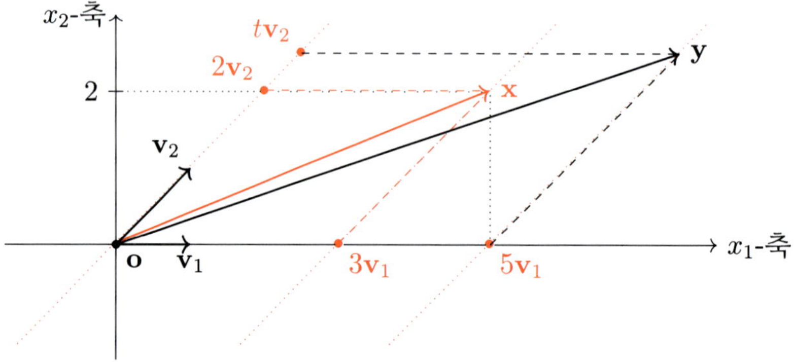

그림 1.6 벡터에 대한 기저의 일차결합

보기 1.1 예제 1.7에서와 같이 $\mathbf{v}_1 = (1, 0)$와 $\mathbf{v}_2 = (1, 1)$일 때 $(\mathbf{v}_1, \mathbf{v}_2)$는 유클리드 벡터공간 $\mathbb{E}^2$의 기저이다. 또한 표준기저 $(\mathbf{e}_1, \mathbf{e}_2)$도 $\mathbb{E}^2$의 기저이다. 벡터 $\mathbf{x} = (5, 2)$에 대하여, $\mathbf{x} = 5\mathbf{e}_1 + 2\mathbf{e}_2$이다. 그런데 $\mathbf{v}_1 = \mathbf{e}_1$이지만 $\mathbf{x} = 3\mathbf{v}_1 + 2\mathbf{v}_2$이다. 그림 1.6에서와 같이 벡터 $5\mathbf{v}_1$을 지나고 $\mathbf{v}_2$에 평행한 직선의 점들은 적당한 실수 t에 대한 벡터 $5\mathbf{v}_1 + t\mathbf{v}_2$로 나타나므로 $\mathbf{x}$는 이런 벡터가 될 수 없다.

예제 1.8 벡터 $\mathbf{v}_1 = (1, 1, 0)$, $\mathbf{v}_2 = (0, 1, 1)$, $\mathbf{v}_3 = (1, 0, 1)$에 대하여, $(\mathbf{v}_1, \mathbf{v}_2, \mathbf{v}_3)$은 벡터공간 $\mathbb{R}^3$의 기저임을 보이라.

풀이. 먼저, $(\mathbf{v}_1, \mathbf{v}_2, \mathbf{v}_3)$이 일차독립임을 보이기 위하여, $x_1\mathbf{v}_1 + x_2\mathbf{v}_2 + x_3\mathbf{v}_3 = \mathbf{o}$라고 가정하자. 위의 등식의 양변의 성분을 비교하면

$$x_1 + x_2 = 0, \quad x_2 + x_3 = 0, \quad x_3 + x_1 = 0$$

이므로 위의 세 식을 더하면 $x_1 + x_2 + x_3 = 0$이다. 마지막 식과 위의 세 식을 각각 비교하면 $x_1 = x_2 = x_3 = 0$이다. 따라서 $(\mathbf{v}_1, \mathbf{v}_2, \mathbf{v}_3)$은 일차독립이다.

벡터 순서쌍 $(\mathbf{v}_1, \mathbf{v}_2, \mathbf{v}_3)$이 벡터공간 $\mathbb{E}^3$을 생성함을 보이기 위하여, 임의의 벡터 $\mathbf{y} = (y_1, y_2, y_3)$에 대하여 $\mathbf{y} = x_1\mathbf{v}_1 + x_2\mathbf{v}_2 + x_3\mathbf{v}_3$인 실수 x_1, x_2, x_3을 찾자. 위의

등식으로부터

$$y_1 = x_3 + x_1, \quad y_2 = x_1 + x_2, \quad y_3 = x_2 + x_3$$

이므로 $y_1 + y_2 + y_3 = 2(x_1 + x_2 + x_3)$이다. 따라서

$$\begin{aligned} x_1 &= \frac{y_1 + y_2 + y_3}{2} - (x_2 + x_3) = \frac{y_1 + y_2 - y_3}{2}, \\ x_2 &= \frac{y_1 + y_2 + y_3}{2} - (x_3 + x_1) = \frac{-y_1 + y_2 + y_3}{2}, \\ x_3 &= \frac{y_1 + y_2 + y_3}{2} - (x_1 + x_2) = \frac{y_1 - y_2 + y_3}{2} \end{aligned}$$

이므로, $(\mathbf{v}_1, \mathbf{v}_2, \mathbf{v}_3)$이 벡터공간 $\mathbb{E}^3$을 생성한다.

순서 삼중쌍 $(\mathbf{v}_1, \mathbf{v}_2, \mathbf{v}_3)$가 일차독립이고 벡터공간 $\mathbb{E}^3$을 생성하므로 $(\mathbf{v}_1, \mathbf{v}_2, \mathbf{v}_3)$은 벡터공간 $\mathbb{E}^3$의 기저이다. □

1.2.5 부분공간

유클리드 벡터공간 $\mathbb{E}^n$에서 벡터의 덧셈과 실수배는 벡터공간의 구조를 구성한다. 유클리드 벡터공간 $\mathbb{E}^n$의 부분집합 V에 대하여, 부분집합 V가 벡터의 덧셈과 실수배에 닫혀 있으면, 즉 모든 벡터 $\mathbf{x}, \mathbf{y} \in V$와 모든 실수 $a \in \mathbb{R}$에 대하여

$$\mathbf{x} + \mathbf{y} \in V \quad \text{그리고} \quad a\mathbf{x} \in V$$

이면 부분집합 V에도 벡터공간의 구조가 구성된다. 따라서 부분집합 V가 벡터의 덧셈과 실수배에 닫혀 있으면 부분집합 V를 유클리드 벡터공간 $\mathbb{E}^n$의 **부분공간**이라고 한다.

예제 1.9 유클리드 벡터공간 $\mathbb{E}^3$에서 부분집합 $V = \{(u, v, w) \in \mathbb{E}^3 \mid u + 2v - 3w = 0\}$ 이 $\mathbb{E}^3$의 부분공간임을 증명하라.

풀이. 벡터 $\mathbf{v} = (u_1, v_1, w_1) \in V$와 $\mathbf{w} = (u_2, v_2, w_2) \in V$에 대하여,

$$(u_1+u_2)+2(v_1+v_2)-3(w_1+w_2) = (u_1+2v_1-3w_1)+(u_2+2v_2-3w_2) = 0+0 = 0$$

이므로 $\mathbf{v} + \mathbf{w} \in V$이다. 따라서 부분집합 V는 벡터의 덧셈에 닫혀있다. 또한 벡터 $\mathbf{v} = (u_1, v_1, w_1) \in V$와 실수 a에 대하여,

$$(au_1) + 2(av_1) - 3(aw_1) = a(u_1 + 2v_1 - 3w_1) = a \cdot 0 = 0$$

이므로 $a\mathbf{v} \in V$이다. 따라서 부분집합 V는 실수배에 닫혀있다.

부분집합 V가 벡터의 덧셈과 실수배에 닫혀있으므로 부분집합 V는 $\mathbb{E}^n$의 부분공간이다. □

정리 1.8: 부분공간 교집합의 부분공간성

유클리드 벡터공간 $\mathbb{E}^n$의 부분공간 W_1과 W_2에 대하여, $W_2 \cap W_2$은 $\mathbb{E}^n$의 부분공간이다.

증명. 벡터 $\mathbf{v}_1, \mathbf{v}_2 \in W_1 \cap W_2$와 실수 $a \in \mathbb{R}$에 대하여, $\mathbf{v}_1, \mathbf{v}_2 \in W_1$이므로 $\mathbf{v}_1 + \mathbf{v}_2 \in W_1$이고 $a\mathbf{v}_1 \in W_1$이다. 또한 $\mathbf{v}_1, \mathbf{v}_2 \in W_2$이므로 $\mathbf{v}_1 + \mathbf{v}_2 \in W_2$이고 $a\mathbf{v}_1 \in W_2$이다. 따라서 $\mathbf{v}_1 + \mathbf{v}_2 \in W_1 \cap W_2$이고 $a\mathbf{v}_1 \in W_1 \cap W_2$이다. □

유클리드 벡터공간 $\mathbb{E}^n$의 부분공간 W_1과 W_2에 대하여,

$$W_1 + W_2 = \{\mathbf{w}_1 + \mathbf{w}_2 \in \mathbb{E}^3 \,|\, \mathbf{w}_1 \in W_1, \mathbf{w}_2 \in W_2\}$$

를 W_1과 W_2의 **합**이라고 한다.

정리 1.9: 부분공간 합의 부분공간성

유클리드 벡터공간 $\mathbb{E}^n$의 부분공간 W_1과 W_2에 대하여, $W_2 + W_2$은 $\mathbb{E}^n$의 부분공간이다.

증명. 벡터 $\mathbf{v}_1, \mathbf{v}_2 \in W_1 + W_2$와 실수 $a \in \mathbb{R}$에 대하여,

$$\mathbf{v}_1 = \mathbf{u}_1 + \mathbf{w}_1, \quad \mathbf{v}_2 = \mathbf{u}_2 + \mathbf{w}_2$$

인 벡터 $\mathbf{u}_1, \mathbf{u}_2 \in W_1$와 $\mathbf{w}_1, \mathbf{w}_2 \in W_2$가 존재하므로

$$\mathbf{v}_1 + \mathbf{v}_2 = (\mathbf{u}_1 + \mathbf{w}_1) + (\mathbf{u}_2 + \mathbf{w}_2) = (\mathbf{u}_1 + \mathbf{u}_2) + (\mathbf{w}_1 + \mathbf{w}_2) \in W_1 + W_2$$

이고

$$a\mathbf{v}_1 = a\mathbf{u}_1 + a\mathbf{w}_1 \in W_1 + W_2$$

이다. □

연습문제 1.2

1. 시작점 P와 끝점 A가 다음과 같은 벡터 $\overrightarrow{PA}$의 벡터부분 $\mathbf{v}$를 구하라.

(가) $P(1,2)$, $A(4,1)$, (나) $P(-1,3)$, $A(2,0)$,
(다) $P(3,0,-1)$, $A(3,2,1)$, (라) $P(-2,2,4)$, $A(1,2,3)$.

2. 다음 벡터를 유클리드 벡터공간에서 화살표로 나타내라.

(가) $\mathbf{v}_1=(2,3)$, (나) $\mathbf{v}_2=(-3,1)$,
(다) $\mathbf{v}_3=(2,1,3)$, (라) $\mathbf{v}_4=(4,0,2)$.

3. 다음 벡터의 크기와 방향을 구하라.

(가) $\mathbf{v}_1=(2,4)$, (나) $\mathbf{v}_2=(-3,1)$,
(다) $\mathbf{v}_3=(2,1,3)$, (라) $\mathbf{v}_4=(1,1,4)$.

4. 벡터 $\mathbf{v}=(1,1,2)$와 같은 방향이면서 크기가 2인 벡터를 벡터 $\mathbf{v}$의 실수배로 나타내라.

5. 벡터 $\mathbf{u}=(2,0,3)$, $\mathbf{v}=(1,-3,2)$, $\mathbf{w}=(2,3,-2)$에 대하여 다음 벡터의 성분을 구하라.

(가) $2\mathbf{u}+\mathbf{v}$, (나) $3\mathbf{u}-2\mathbf{w}$,
(다) $2(3\mathbf{v}-4\mathbf{w})$, (라) $2\mathbf{u}-(\mathbf{v}+3\mathbf{w})$.

6. 벡터 $\mathbf{u}=(2,0,3)$, $\mathbf{v}=(1,-3,2)$, $\mathbf{w}=(2,3,-2)$에 대하여, 다음을 구하라.

(가) $\|\mathbf{u}+\mathbf{v}\|$, (나) $\|\mathbf{u}\|+\|\mathbf{v}\|$,
(다) $\|3\mathbf{v}+\mathbf{w}\|$, (라) $\left\|\frac{1}{\|\mathbf{w}\|}\mathbf{w}\right\|$.

7. 벡터 $\mathbf{u}=(2,0,3)$, $\mathbf{v}=(1,-3,2)$, $\mathbf{w}=(2,3,-2)$에 대하여,

$$a\mathbf{u}+b\mathbf{v}+c\mathbf{w}=(9,9,3)$$

인 실수 a,b,c를 구하라.

1.3 벡터의 표준내적

이 절에서는 벡터의 표준내적의 정의와 그것의 기하적 의미를 알아본다. 또한 영벡터가 아닌 벡터로의 정사영에 대하여 알아보고 정규직교기저를 정의한다.

1.3.1 벡터 표준내적의 정의

벡터의 표준내적을 다음과 같이 정의한다.

정의 1.9: 벡터의 표준내적

벡터 $\mathbf{x} = (x_1, x_2, \ldots, x_n)$와 $\mathbf{y} = (y_1, y_2, \ldots, y_n)$에 대하여,

$$x_1 y_1 + x_2 y_2 + \cdots + x_n y_n$$

을 벡터 $\mathbf{x}$와 $\mathbf{y}$의 **표준내적**이라고 하고 $\mathbf{x} \cdot \mathbf{y}$로 나타낸다.[a]

[a]표준내적을 **점곱**이라고도 한다.

벡터의 표준내적이 같은 위치의 성분끼리의 곱의 합으로 정의되므로, 실수의 덧셈과 곱셈에 대한 기본적인 성질에 따라서 다음을 알 수 있다.

정리 1.10: 벡터 표준내적의 기본적인 성질

(가) (**양의 정부호**) 벡터 $\mathbf{x} \in \mathbb{E}^n$에 대하여, $0 \le \mathbf{x} \cdot \mathbf{x}$이다. 이때 $\mathbf{x} = \mathbf{o}$은 $\mathbf{x} \cdot \mathbf{x} = 0$이기 위한 필요충분조건이다.

(나) (**이중선형성**) 벡터 $\mathbf{x}, \mathbf{y}, \mathbf{z} \in \mathbb{E}^n$와 실수 $a, b \in \mathbb{R}$에 대하여,

$$\mathbf{x} \cdot (a\mathbf{y} + b\mathbf{z}) = a(\mathbf{x} \cdot \mathbf{y}) + b(\mathbf{x} \cdot \mathbf{z}),$$
$$(a\mathbf{y} + b\mathbf{z}) \cdot \mathbf{x} = a(\mathbf{y} \cdot \mathbf{x}) + b(\mathbf{z} \cdot \mathbf{x})$$

이다.

(다) (**교환법칙**) 벡터 $\mathbf{x}, \mathbf{y} \in \mathbb{E}^n$에 대하여, $\mathbf{x} \cdot \mathbf{y} = \mathbf{y} \cdot \mathbf{x}$이다.

벡터의 표준내적은 정의에 따라서 벡터 성분을 이용하면 쉽게 계산됨을 알 수 있다. 벡터의 표준내적에 대한 기하적인 의미는 다음에서 알 수 있다.

정리 1.11: 벡터 표준내적의 기하적 의미

유클리드 벡터공간 $\mathbb{E}^3$에 놓인 벡터 $\mathbf{x}$와 $\mathbf{y}$에 대하여,

$$\mathbf{x} \cdot \mathbf{y} = \|\mathbf{x}\| \, \|\mathbf{y}\| \cos\theta$$

이다. 여기서 θ는 벡터 $\mathbf{v}$와 $\mathbf{w}$의 사잇각 크기이다.

풀이. 벡터 $\mathbf{x} = (x_1, x_2, x_3)$와 $\mathbf{y} = (y_1, y_2, y_3)$에 대하여, 벡터 $\mathbf{u}$를 $\mathbf{u} = \mathbf{y} - \mathbf{x}$로 놓으면, 제2 코사인법칙에 따라서

$$\|\mathbf{x}\|^2 + \|\mathbf{y}\|^2 = \|\mathbf{u}\|^2 + 2\|\mathbf{x}\| \, \|\mathbf{y}\| \cos\theta$$

이므로

$$\begin{aligned}
\|\mathbf{x}\| \, \|\mathbf{y}\| \cos\theta &= \frac{1}{2}\left(\|\mathbf{x}\|^2 + \|\mathbf{y}\|^2 - \|\mathbf{u}\|^2\right) \\
&= \frac{1}{2}\left\{{x_1}^2 + {x_2}^2 + {x_3}^2 + {y_1}^2 + {y_2}^2 + {y_3}^2 \right. \\
&\qquad \left. -(y_1 - x_1)^2 - (y_2 - x_2)^2 - (y_3 - x_3)^2\right\} \\
&= \frac{1}{2}(2x_1 y_1 + 2x_2 y_2 + 2x_3 y_3) \\
&= x_1 y_1 + x_2 y_2 + x_3 y_3 \\
&= \mathbf{v} \cdot \mathbf{w}
\end{aligned}$$

이다. □

보기 1.2 역학에서, 물체가 변위 $\overrightarrow{\mathbf{pq}}$만큼 움직일 때 일정한 힘 $\mathbf{F}$가 작용되면 이때 힘이 한 일의 양은 $\mathbf{F} \cdot \overrightarrow{\mathbf{pq}}$이다.

위의 정리를 일반적인 차원의 유클리드 벡터공간에 적용하면 다음과 같다. 영벡터가 아닌 두 벡터 $\mathbf{x}, \mathbf{y} \in \mathbb{E}^n$에 대하여,

$$\cos^{-1}\left(\frac{\mathbf{x} \cdot \mathbf{y}}{\|\mathbf{x}\| \, \|\mathbf{y}\|}\right)$$

을 두 벡터 $\mathbf{x}$와 $\mathbf{y}$의 **사잇각의 크기**로 정의한다.

그림 1.7은 벡터 $\mathbf{x}$와 $\mathbf{y}$의 표준내적의 의미를 살펴보기 위하여 두 벡터를 포함하는 평면에서 두 벡터를 나타낸 것이다. 이때 벡터 $\mathbf{x}$와 $\mathbf{y}$의 표준내적 $\mathbf{x} \cdot \mathbf{y}$는 벡터 $\mathbf{x}$의 크기 $\|\mathbf{x}\|$에 벡터 $\mathbf{y}$의 벡터 $\mathbf{x}$ 방향의 성분 $\|\mathbf{y}\| \cos\theta$를 곱한 값이다. 다르게 보면, 이것은

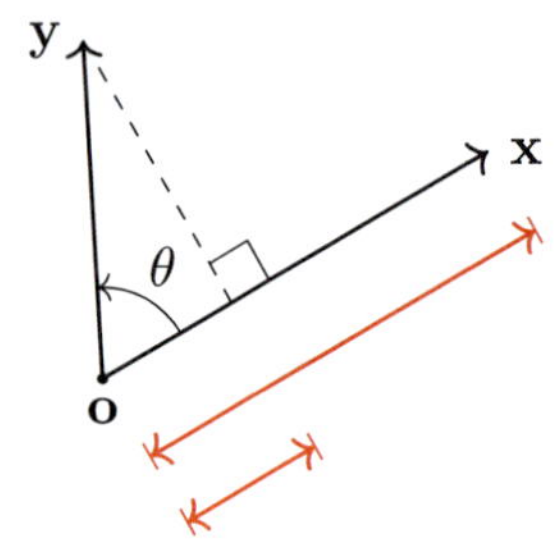

그림 1.7 벡터의 표준내적

벡터 $\mathbf{y}$의 크기 $\|\mathbf{y}\|$에 벡터 $\mathbf{x}$의 벡터 $\mathbf{y}$ 방향의 성분 $\|\mathbf{x}\|\cos\theta$를 곱한 값이다.

표준내적을 이용하여 다음과 같이 벡터의 크기와 두 벡터 사이각의 크기를 나타낼 수 있다. 표준내적의 정의에 따라서 벡터 $\mathbf{x}$에 대하여

$$\|\mathbf{x}\| = \sqrt{\mathbf{x}\cdot\mathbf{x}}$$

이다. 또한 영벡터가 아닌 두 벡터 $\mathbf{x}$와 $\mathbf{y}$의 사잇각 크기를 θ로 놓으면

$$\cos\theta = \frac{\mathbf{x}\cdot\mathbf{y}}{\|\mathbf{x}\|\,\|\mathbf{y}\|}$$

이다.

벡터의 크기를 이용하여 벡터의 표준내적을 다음과 같이 나타낼 수도 있다. 두 벡터 $\mathbf{x}$와 $\mathbf{y}$에 대하여,

$$\begin{aligned}\|\mathbf{x}-\mathbf{y}\|^2 &= (\mathbf{x}-\mathbf{y})\cdot(\mathbf{x}-\mathbf{y})\\ &= \mathbf{x}\cdot\mathbf{x}+\mathbf{y}\cdot\mathbf{y}-2\mathbf{x}\cdot\mathbf{y}\\ &= \|\mathbf{x}\|^2+\|\mathbf{y}\|^2-2\mathbf{x}\cdot\mathbf{y}\end{aligned}$$

이므로

$$\mathbf{x}\cdot\mathbf{y} = \frac{1}{2}\left(\|\mathbf{x}\|^2+\|\mathbf{y}\|^2-\|\mathbf{x}-\mathbf{y}\|^2\right)$$

이다.

벡터 $\mathbf{x} = (x_1, x_2, \ldots, x_n)$와 $\mathbf{y} = (y_1, y_2, \ldots, y_n)$에 대한 코시-슈바르츠 부등식

$$\left(\sum_{k=1}^{n} x_k y_k\right)^2 \le \left(\sum_{k=1}^{n} {x_k}^2\right)\left(\sum_{k=1}^{n} {y_k}^2\right)$$

을

$$|\mathbf{x}\cdot\mathbf{y}| \le \|\mathbf{x}\|\,\|\mathbf{y}\|$$

로 나타낼 수 있다.

예제 1.10 다음 두 벡터의 표준내적을 구하라.

(가) $\mathbf{x} = (1, -2, 2)$, $\mathbf{y} = (0, 1, 3)$, (나) $\mathbf{x} = (2, 0, 3)$, $\mathbf{y} = (1, 4, 2)$.

풀이. (가) $\mathbf{x}\cdot\mathbf{y} = 1\cdot 0 + (-2)\cdot 1 + 2\cdot 3 = 4$.
(나) $\mathbf{x}\cdot\mathbf{y} = 2\cdot 1 + 0\cdot 4 + 3\cdot 2 = 8$. □

영벡터는 모든 벡터와 직교한다고 단정하면 직교하는 두 벡터를 다음과 같이 정의할 수 있다.

정의 1.10: 직교하는 벡터

벡터 $\mathbf{x}, \mathbf{y} \in \mathbb{E}^n$에 대하여, $\mathbf{x}\cdot\mathbf{y} = 0$이면 벡터 $\mathbf{x}$와 $\mathbf{y}$는 **직교한다**고 하고 $\mathbf{x} \perp \mathbf{y}$로 나타낸다.

벡터 $\mathbf{x}, \mathbf{y}$에 대하여, $\mathbf{x}\cdot\mathbf{y} = \|\mathbf{x}\|\,\|\mathbf{y}\|\cos\theta$이므로 벡터 $\mathbf{x}$와 $\mathbf{y}$가 영벡터가 아니면서 $\mathbf{x} \perp \mathbf{y}$이면 $\cos\theta = 0$이다.

예제 1.11 벡터 $\mathbf{x} = (1, 2, 3)$와 $\mathbf{y} = (3, 3, -3)$가 직교함을 보이라.

풀이. 벡터 $\mathbf{x} = (1, 2, 3)$와 $\mathbf{y} = (3, 3, -3)$의 사잇각 크기를 θ로 놓으면

$$\cos\theta = \frac{\mathbf{x}\cdot\mathbf{y}}{\|\mathbf{x}\|\,\|\mathbf{y}\|} = \frac{1\cdot 3 + 2\cdot 3 + 3\cdot(-3)}{\|\mathbf{x}\|\,\|\mathbf{y}\|} = 0$$

이므로 두 벡터는 직교한다. □

정리 1.12: 서로 직교하는 벡터들의 일차독립성

유클리드 벡터공간 $\mathbb{E}^n$에 대하여, 영벡터가 아닌 벡터 순서 다중쌍 $(\mathbf{v}_1, \mathbf{v}_2, \ldots, \mathbf{v}_k)$의 원소들이 서로 직교하면 이 순서쌍은 일차독립이다.

증명. 순서 다중쌍 $(\mathbf{v}_1, \mathbf{v}_2, \ldots, \mathbf{v}_k)$의 원소들이 서로 직교한다고 가정하자. $a_1\mathbf{v}_1 + a_2\mathbf{v}_2 + \cdots + a_k\mathbf{v}_k = \mathbf{0}$인 실수 $a_1, a_2, \ldots, a_k$가 존재한다고 가정하자. 그러면, 각각의 $i = 1, \ldots, k$에 대하여

$$\begin{aligned} 0 &= \mathbf{0} \cdot \mathbf{v}_i \\ &= (a_1\mathbf{v}_1 + a_2\mathbf{v}_2 + \cdots + a_k\mathbf{v}_k) \cdot \mathbf{v}_i \\ &= a_1\mathbf{v}_1 \cdot \mathbf{v}_i + a_2\mathbf{v}_2 \cdot \mathbf{v}_i + \cdots + a_k\mathbf{v}_k \cdot \mathbf{v}_i \\ &= a_i\mathbf{v}_i \cdot \mathbf{v}_i \end{aligned}$$

이고 $\mathbf{v}_i \cdot \mathbf{v}_i > 0$이므로 $a_i = 0$이다. □

1.3.2 벡터의 정사영

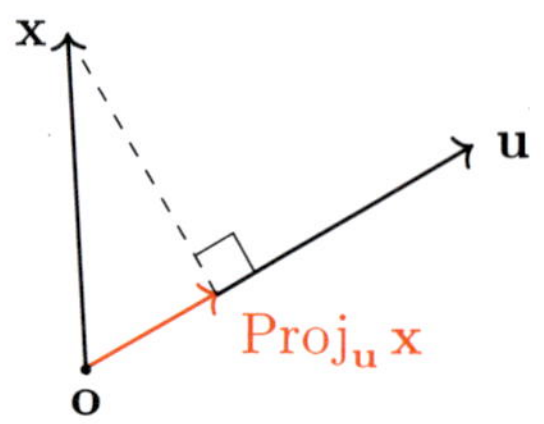

그림 1.8 벡터의 정사영

그림 1.8에서와 같이 영벡터가 아닌 벡터 $\mathbf{u}$로의 벡터 $\mathbf{x}$의 **정사영벡터**를 $\mathrm{Proj}_{\mathbf{u}}\,\mathbf{x}$로 나타내자. 이제 정사영벡터 $\mathrm{Proj}_{\mathbf{u}}\,\mathbf{x}$를 벡터 $\mathbf{x}$와 $\mathbf{u}$로 나타내는 방법을 찾아보자.

정리 1.13: 벡터의 정사영

벡터 $\mathbf{x}$와 영벡터가 아닌 벡터 $\mathbf{u}$에 대하여, 벡터 $\mathbf{u}$로의 벡터 $\mathbf{x}$의 정사영벡터는

$$\mathrm{Proj}_{\mathbf{u}}\,\mathbf{x} = \frac{\mathbf{x} \cdot \mathbf{u}}{\mathbf{u} \cdot \mathbf{u}}\mathbf{u}$$

이다.

증명. 만약 $\mathbf{x} = \mathbf{o}$이면 위의 결과가 성립한다. 이제 벡터 $\mathbf{x}$가 영벡터가 아니라고 가정하고 벡터 $\mathbf{u}$와 $\mathbf{x}$의 사잇각 크기를 θ로 놓자. 그러면 벡터 $\mathbf{u}$의 방향은 $(1/\|\mathbf{u}\|)\mathbf{u}$이고,

정사영벡터 $\text{Proj}_{\mathbf{u}}\,\mathbf{x}$의 크기는 $\|\mathbf{x}\|\cos\theta$이므로,

$$\text{Proj}_{\mathbf{u}}\,\mathbf{x} = \left(\|\mathbf{x}\|\cos\theta\frac{1}{\|\mathbf{u}\|}\right)\mathbf{u} = \frac{\|\mathbf{x}\|\|\mathbf{u}\|\cos\theta}{\|\mathbf{u}\|\,\|\mathbf{u}\|}\mathbf{u} = \frac{\mathbf{x}\cdot\mathbf{u}}{\mathbf{u}\cdot\mathbf{u}}\mathbf{u}$$

이다. □

만약 벡터 $\mathbf{u}$가 단위벡터이면, $\mathbf{u}\cdot\mathbf{u} = 1$이므로

$$\text{Proj}_{\mathbf{u}}\,\mathbf{x} = (\mathbf{x}\cdot\mathbf{u})\mathbf{u}$$

이다.

예제 1.12 벡터 $\mathbf{u} = (2,1,1)$로의 벡터 $\mathbf{x} = (3,4,1)$의 정사영벡터 $\text{Proj}_{\mathbf{u}}\,\mathbf{x}$를 구하라.

풀이. 벡터 $\mathbf{x}$와 $\mathbf{u}$의 표준내적은 $\mathbf{x}\cdot\mathbf{u} = 3\cdot 2 + 4\cdot 1 + 1\cdot 1 = 11$이고 벡터 $\mathbf{u}$와 $\mathbf{u}$의 표준내적은 $\mathbf{u}\cdot\mathbf{u} = 2\cdot 2 + 1\cdot 1 + 1\cdot 1 = 6$이므로 구하는 정사영벡터는

$$\text{Proj}_{\mathbf{u}}\,\mathbf{x} = \frac{\mathbf{x}\cdot\mathbf{u}}{\mathbf{u}\cdot\mathbf{u}}\mathbf{u} = \frac{11}{6}(2,1,1) = \left(\frac{11}{3},\frac{11}{6},\frac{11}{6}\right)$$

이다. □

자연수 i와 j에 대하여,

$$\delta_{ij} = \begin{cases} 1 & i = j\text{일 때,} \\ 0 & i \neq j\text{일 때} \end{cases}$$

로 정의되는 δ_{ij}를 **크로네커 델타**라고 한다. 크로네커 델타를 δ^i_j로 나타내기도 한다. 벡터를 기저의 일차결합으로 나타내기 위하여 다음을 정의하자.

정의 1.11: 정규직교기저

유클리드 벡터공간 $\mathbb{E}^n$에 놓인 벡터 $\mathbf{f}_1, \mathbf{f}_2, \ldots, \mathbf{f}_n$에 대하여,

$$\mathbf{f}_i\cdot\mathbf{f}_j = \delta_{ij}$$

이면 순서 다중쌍 $(\mathbf{f}_1, \mathbf{f}_2, \ldots, \mathbf{f}_n)$은 **정규직교기저**라고 한다.

정의에 따라서 $(\mathbf{f}_1, \mathbf{f}_2, \ldots, \mathbf{f}_n)$이 정규직교기저이면 벡터 $\mathbf{f}_1, \mathbf{f}_2, \ldots, \mathbf{f}_n$은 모두 크기가 1이며 서로 직교한다.

보기 1.3 벡터 $\mathbf{e}_1 = (1, 0, 0)$, $\mathbf{e}_2 = (0, 1, 0)$, $\mathbf{e}_3 = (0, 0, 1)$에 대하여, $(\mathbf{e}_1, \mathbf{e}_2, \mathbf{e}_3)$은 정규직교기저이다.

예제 1.13 벡터

$$\mathbf{f}_1 = (1, 0, 0), \quad \mathbf{f}_2 = \left(0, \frac{1}{\sqrt{2}}, \frac{1}{\sqrt{2}}\right), \quad \mathbf{f}_3 = \left(0, \frac{1}{\sqrt{2}}, -\frac{1}{\sqrt{2}}\right),$$

에 대하여, 순서 삼중쌍 $(\mathbf{f}_1, \mathbf{f}_2, \mathbf{f}_3)$이 정규직교기저인지를 판별하라.

풀이. 벡터 $\mathbf{f}_1, \mathbf{f}_2, \mathbf{f}_3$에 대하여,

$$\begin{aligned}
\mathbf{f}_1 \cdot \mathbf{f}_1 &= 1 \cdot 1 + 0 \cdot 0 + 0 \cdot 0 = 1, \\
\mathbf{f}_1 \cdot \mathbf{f}_2 &= 1 \cdot 0 + 0 \cdot \frac{1}{\sqrt{2}} + 0 \cdot \frac{1}{\sqrt{2}} = 0, \\
\mathbf{f}_1 \cdot \mathbf{f}_3 &= 1 \cdot 0 + 0 \cdot \frac{1}{\sqrt{2}} - 0 \cdot \frac{1}{\sqrt{2}} = 0
\end{aligned}$$

이고

$$\begin{aligned}
\mathbf{f}_2 \cdot \mathbf{f}_2 &= 0 \cdot 0 + \frac{1}{\sqrt{2}} \cdot \frac{1}{\sqrt{2}} + \frac{1}{\sqrt{2}} \cdot \frac{1}{\sqrt{2}} = 0 + \frac{1}{2} + \frac{1}{2} = 1, \\
\mathbf{f}_2 \cdot \mathbf{f}_3 &= 0 \cdot 0 + \frac{1}{\sqrt{2}} \cdot \frac{1}{\sqrt{2}} - \frac{1}{\sqrt{2}} \cdot \frac{1}{\sqrt{2}} = 0 + \frac{1}{2} - \frac{1}{2} = 0, \\
\mathbf{f}_3 \cdot \mathbf{f}_3 &= 0 \cdot 0 + \frac{1}{\sqrt{2}} \cdot \frac{1}{\sqrt{2}} + \frac{1}{\sqrt{2}} \cdot \frac{1}{\sqrt{2}} = 0 + \frac{1}{2} + \frac{1}{2} = 1
\end{aligned}$$

이므로, $(\mathbf{f}_1, \mathbf{f}_2, \mathbf{f}_3)$은 정규직교기저이다. □

벡터 $\mathbf{v}_1 = (v_{11}, v_{21})$와 $\mathbf{v}_2 = (v_{12}, v_{22})$에 대한 순서쌍 $(\mathbf{v}_1, \mathbf{v}_2)$가 벡터공간 $\mathbb{E}^2$의 기저라고 가정하자. 벡터 $\mathbf{y} = (y_1, y_2)$에 대하여,

$$\mathbf{y} = x_1 \mathbf{v}_1 + x_2 \mathbf{v}_2 \tag{1.2}$$

인 실수 x_1, x_2를 구하는 문제를 생각하자. 식 (1.2)의 좌우변을 성분끼리 비교하면 식 (1.2)는 변수 x_1, x_2에 대한 연립일차방정식

$$\begin{cases} y_1 = v_{11} x_1 + v_{12} x_2, \\ y_2 = v_{21} x_1 + v_{22} x_2 \end{cases}$$

와 같다.

일반적으로 기저 $(\mathbf{v}_1, \mathbf{v}_2, \ldots, \mathbf{v}_n)$와 벡터 $\mathbf{y} \in \mathbb{E}^n$에 대하여,

$$\mathbf{y} = x_1\mathbf{v}_1 + x_2\mathbf{v}_2 + \cdots + x_n\mathbf{v}_n$$

인 실수 $x_1, x_2, \ldots, x_n$을 구하는 문제는 연립일차방정식의 해를 구하는 문제와 같다. 그런데 그림 1.9에서와 같이 기저에 포함된 벡터들이 서로 직교하는 경우에는 정리 1.13에 나오는 벡터의 사영을 이용하여 실수 $x_1, x_2, \ldots, x_n$을 쉽게 구할 수 있음을 다음에서 알 수 있다.

정리 1.14: 벡터에 대한 정규직교기저의 일차결합

유클리드 벡터공간 $\mathbb{E}^n$에 대한 정규직교기저 $(\mathbf{f}_1, \mathbf{f}_2, \ldots, \mathbf{f}_n)$와 벡터 $\mathbf{x}$에 대하여,

$$\mathbf{x} = (\mathbf{x} \cdot \mathbf{f}_1)\mathbf{f}_1 + (\mathbf{x} \cdot \mathbf{f}_2)\mathbf{f}_2 + \cdots + (\mathbf{x} \cdot \mathbf{f}_n)\mathbf{f}_n$$

이다.

증명. 정규직교기저 $(\mathbf{f}_1, \mathbf{f}_2, \ldots, \mathbf{f}_n)$에 대하여, $\mathbf{x} = x_1\mathbf{f}_1 + x_2\mathbf{f}_2 + \cdots + x_n\mathbf{f}_n$인 실수 $x_1, x_2, \ldots, x_n$이 유일하게 존재한다. $i = 1, 2, \ldots, n$일 때,

$$\mathbf{x} \cdot \mathbf{f}_i = (x_1\mathbf{f}_1 + x_2\mathbf{f}_2 + \cdots + x_n\mathbf{f}_n) \cdot \mathbf{f}_i = \sum_{j=1}^{n} x_j\delta_{ji} = x_i$$

이다. □

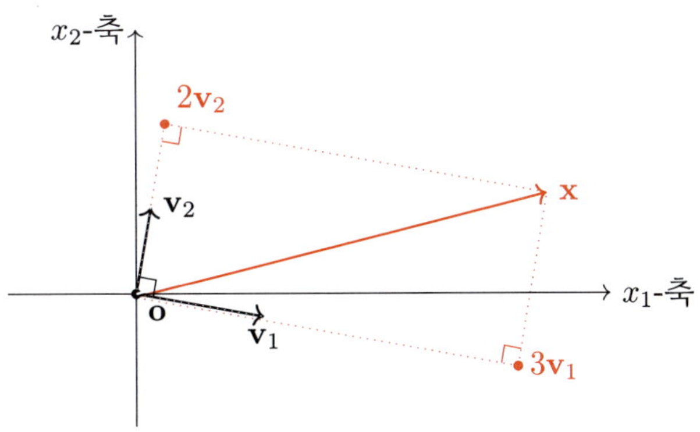

그림 1.9 벡터에 대한 직교기저의 일차결합

예제 1.14 벡터

$$\mathbf{f}_1 = (1, 0, 0)), \quad \mathbf{f}_2 = \left(0, \frac{1}{\sqrt{2}}, \frac{1}{\sqrt{2}}\right), \quad \mathbf{f}_3 = \left(0, \frac{1}{\sqrt{2}}, -\frac{1}{\sqrt{2}}\right)$$

의 정규직교기저 $(\mathbf{f}_1, \mathbf{f}_2, \mathbf{f}_3)$에 대하여, 벡터 $\mathbf{v} = (2, 1, 3)$을 $\mathbf{f}_1, \mathbf{f}_2, \mathbf{f}_3$의 일차결합으로 나타내라.

풀이. 정규직교기저 $(\mathbf{f}_1, \mathbf{f}_2, \mathbf{f}_3)$에 대하여,

$$\begin{aligned}
\mathbf{v} \cdot \mathbf{f}_1 &= 2 \cdot 1 + 1 \cdot 0 + 3 \cdot 0 = 2, \\
\mathbf{v} \cdot \mathbf{f}_2 &= 2 \cdot 0 + 1 \cdot \frac{1}{\sqrt{2}} + 3 \cdot \frac{1}{\sqrt{2}} = \frac{4}{\sqrt{2}} = 2\sqrt{2}, \\
\mathbf{v} \cdot \mathbf{f}_3 &= 2 \cdot 0 + 1 \cdot \frac{1}{\sqrt{2}} - 3 \cdot \frac{1}{\sqrt{2}} = -\frac{2}{\sqrt{2}} = -\sqrt{2}
\end{aligned}$$

이므로, $\mathbf{v} = 2\mathbf{f}_1 + 2\sqrt{2}\mathbf{f}_2 - \sqrt{2}\mathbf{f}_3$이다. □

연습문제 1.3

1. 다음 두 벡터의 표준내적을 구하라.

   (가) $\mathbf{v} = (2, 1)$, $\mathbf{w} = (-1, 3)$, (나) $\mathbf{v} = (3, -1)$, $\mathbf{w} = (-2, 1)$,
   (다) $\mathbf{v} = (1, 1, 2)$, $\mathbf{w} = (2, -1, 4)$, (라) $\mathbf{v} = (-2, 3, 1)$, $\mathbf{w} = (2, 1, 3)$.

2. 벡터 $\mathbf{v} = (4, 2, 4)$와 $\mathbf{w} = (-1, 2, 0)$가 직교함을 보이라.

3. 벡터 $\mathbf{u} = (4, 3, 0)$로의 벡터 $\mathbf{v} = (1, 3, 2)$의 정사영벡터 $\mathrm{Proj}_{\mathbf{u}}\,\mathbf{v}$를 구하라.

4. 유클리드 공간 $\mathbb{E}^n$에 놓인 영벡터가 아닌 벡터 $\mathbf{u}$와 벡터 $\mathbf{v}$에 대하여,

   $$\mathbf{u} \perp (\mathbf{v} - \mathrm{Proj}_{\mathbf{u}}\,\mathbf{v})$$

   임을 보이라.

5. 일차독립인 벡터 $\mathbf{v} = (v_1, v_2,)$와 $\mathbf{w} = (w_1, w_2)$를 이웃하는 두 변으로 하는 평행사변형의 넓이를 구하라.

6. 벡터

   $$\mathbf{f}_1 = \left(\frac{1}{2}, \frac{\sqrt{3}}{2}, 0\right), \quad \mathbf{f}_2 = \left(\frac{\sqrt{3}}{2}, -\frac{1}{2}, 0\right), \quad \mathbf{f}_3 = (0, 0, 1),$$

   에 대하여, 순서 삼중쌍 $(\mathbf{f}_1, \mathbf{f}_2, \mathbf{f}_3)$은 유클리드 벡터공간 $\mathbb{E}^3$의 기저이다. 다음 물음에 답하라.

   (가) 기저 $(\mathbf{f}_1, \mathbf{f}_2, \mathbf{f}_3)$이 정규직교기저인지 판별하라.

   (나) 벡터 $\mathbf{v} = (-3, 1, 1)$을 $\mathbf{f}_1, \mathbf{f}_2, \mathbf{f}_3$의 일차결합으로 나타내라.

7. 유클리드 공간 $\mathbb{E}^n$에 놓인 벡터 $\mathbf{v}$와 $\mathbf{w}$에 대하여,

   $$\mathbf{v} \cdot \mathbf{w} = \frac{\|\mathbf{v} + \mathbf{w}\|^2 - \|\mathbf{v} - \mathbf{w}\|^2}{4}$$

   임을 보이라.

8. 유클리드 공간 $\mathbb{E}^n$에 놓인 벡터 $\mathbf{v}, \mathbf{w}$에 대하여, $(\mathbf{v} + \mathbf{w}) \cdot (\mathbf{v} - \mathbf{w}) = 0$은 $\|\mathbf{v}\| = \|\mathbf{w}\|$이기 위한 필요충분조건임을 보이라.

제 2 장

선형사상과 행렬

이 장에서는 선형사상과 이를 나타내는 행렬에 대하여 탐구한다.

선형사상은 유클리드 벡터공간 사이의 대응관계로서 벡터의 합과 실수배 구조를 유지한다. 사상이 동형일차사상임은 사상이 선형사상이기 위한 필요충분조건이다. 동형일차사상으로서 선형사상을 행렬로 나타낼 수 있다.

행렬의 합과 실수배가 정의되므로 행렬 자체를 벡터로 이해할 수 있다. 선형사상의 합성은 행렬 곱으로 나타낼 수 있다. 선형사상의 쌍대사상은 행렬의 전치행렬로 나타낼 수 있다.

정사각행렬에 대하여 여러 종류의 행렬을 분류한다. 특히 정사각행렬의 가역성에 대하여 탐구한다.

2.1 선형사상

벡터공간에는 벡터합과 실수배라는 연산이 정의된다. 이 절에서는 두 벡터공간을 연결하는 사상 중에서 벡터합과 실수배라는 벡터구조를 유지하는 사상을 정의하고 이 사상이 동형일차사상임을 확인한다.

벡터구조 즉 벡터합과 실수배 구조를 유지하는 사상을 다음과 같이 정의한다.

정의 2.1: 선형사상

사상 $F: \mathbb{E}^n \to \mathbb{E}^m$에 대하여,

(가) 모든 벡터 $\mathbf{x}, \mathbf{y} \in \mathbb{E}^n$에 대하여 $F(\mathbf{x}+\mathbf{y}) = F(\mathbf{x}) + F(\mathbf{y})$이고

(나) 모든 벡터 $\mathbf{x} \in \mathbb{E}^n$와 모든 실수 $t \in \mathbb{E}$에 대하여 $F(t\mathbf{x}) = tF(\mathbf{x})$

이면 사상 F는 **선형사상**이라고 한다. 이때 $n = m$이면 F는 **선형변환**이라고도 한다.

보기 2.1 함수 $f: \mathbb{E} \to \mathbb{E}$에 대하여, f가 선형변환이면 임의의 실수 x는 벡터 1의 x배 즉 $x = x \cdot 1$이므로

$$f(x) = f(x \cdot 1) = xf(1)$$

이다. 여기서 $a = f(1)$로 놓으면 $f(x) = ax$이다.

보기 2.2 2변수 사상 $F: \mathbb{E}^2 \to \mathbb{E}^2$이 선형변환이라고 가정하자. 벡터 $\mathbf{e}_1 = (1,0)$와 $\mathbf{e}_2 = (0,1)$에 대하여, 임의의 벡터 $\mathbf{x} = (x,y)$는

$$\mathbf{x} = x(1,0) + y(0,1) = x\mathbf{e}_1 + y\mathbf{e}_2$$

와 같이 벡터 $\mathbf{e}_1$과 $\mathbf{e}_2$의 일차결합이다. 그런데 F는 선형변환 즉

$$F(\mathbf{x}) = F(x\mathbf{e}_1 + y\mathbf{e}_2) = xF(\mathbf{e}_1) + yF(\mathbf{e}_2)$$

이므로, $(a,c) = F(\mathbf{e}_1)$ 그리고 $(b,d) = F(\mathbf{e}_2)$로 놓으면

$$F(x,y) = x(a,c) + y(b,d) = (ax+by, cx+dy)$$

이다.

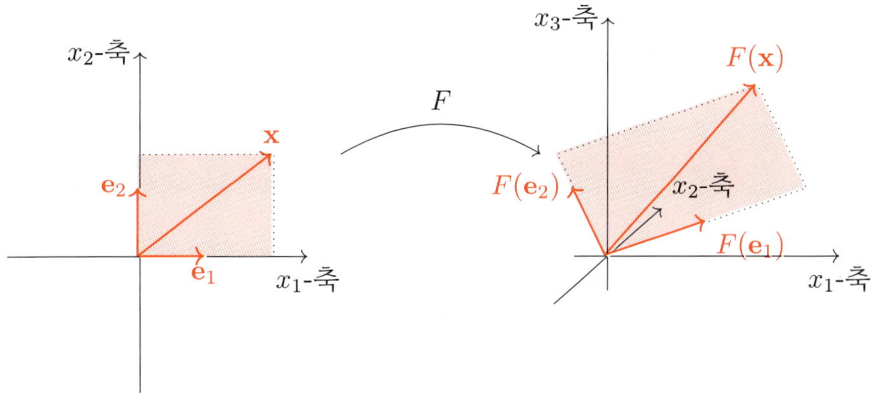

그림 2.1 선형사상

사상 $F\colon \mathbb{E}^n \to \mathbb{E}^m$와 표준기저 $(\mathbf{e}_1, \mathbf{e}_2, \ldots, \mathbf{e}_n)$에 대하여, 그림 2.1에서와 같이 $\mathbf{x} = x_1\mathbf{e}_1 + x_2\mathbf{e}_2 + \cdots + x_n\mathbf{e}_n$이면

$$\begin{aligned} F(\mathbf{x}) &= F(x_1\mathbf{e}_1 + x_2\mathbf{e}_2 + \cdots + x_n\mathbf{e}_n) \\ &= F(x_1\mathbf{e}_1) + F(x_2\mathbf{e}_2) + \cdots + F(x_n\mathbf{e}_n) \\ &= x_1F(\mathbf{e}_1) + x_2F(\mathbf{e}_2) + \cdots + x_nF(\mathbf{e}_n) \end{aligned}$$

이다. 위의 등식에 따라서 선형사상 F를 성분으로 나타내면 그 형태는 매우 간단함을 알 수 있다. 선형사상 F의 성분함수들은 영함수 또는 1차함수들의 합으로 나타난다. 이런 형태의 사상을 다음과 같이 정의한다.

정의 2.2: 동형일차사상

사상 $F\colon \mathbb{E}^n \to \mathbb{E}^m$에 대하여,

$$F(x_1, x_2, \ldots, x_n) = \left(\sum_{k=1}^{n} a_{1k}x_k,\ \sum_{k=1}^{n} a_{2k}x_k,\ \ldots,\ \sum_{k=1}^{n} a_{nk}x_k\right)$$

인 실수 $a_{11}, a_{12}, \ldots, a_{1n}; a_{21}, a_{22}, \ldots a_{2n}; \ldots; a_{n1}, a_{n2}, \ldots, a_{nn}$이 존재하면 사상 F는 **동형일차사상**이라고 한다.

위의 정의에 따라서 동형일차사상 F의 성분함수들은 영함수이거나 상수성분이 없는 일차함수이다.

예제 2.1 다음 사상이 동형일차사상인지 판별하라.

(가) $F(x, y) = (2x + y,\ x + xy,\ 4x + y)$,
(나) $F(x, y) = (x - y, 0, 3y)$,
(다) $F(x, y) = (2 + 3x + 4y, 3x + 4y, 3 + 2y)$,
(라) $F(x, y) = (4x - y, x + y, x - y)$.

풀이. (가) 사상 F의 두 번째 성분함수에서 2차항 xy가 나타나므로 사상 F는 동형일차사상이 아니다.

(나) 사상 F의 첫 번째와 세 번째 성분함수의 항들이 모두 일차항이고 두 번째 성분함수는 영함수이므로 사상 F는 동형일차사상이다.

(다) 사상 F의 첫 번째 성분함수에서 상수항 2가 나타나고 세 번째 성분함수에서 상수항 3이 나타나므로 사상 F는 동형일차사상이 아니다.

(라) 사상 F의 모든 성분함수들의 항들이 모두 일차항이므로 사상 F는 동형일차사상이다. □

동형일차사상의 형태는 매우 간단하다. 그런데 일반적으로 동형일차사상과 선형사상이 같음을 다음에서 확인할 수 있다.

정리 2.1: 동형일차사상과 선형사상

사상 $F: \mathbb{E}^n \to \mathbb{E}^m$에 대하여, F가 동형일차사상임은 F가 선형사상이기 위한 필요충분조건이다.

증명. 사상 F가 선형사상이라고 가정하자. 그러면 벡터 $\mathbf{x} = (x_1, x_2, \ldots, x_n)$에 대하여, $\mathbf{x} = \sum_{i=1}^{n} x_i \mathbf{e}_i$이므로

$$F(\mathbf{x}) = F\left(\sum_{i=1}^{n} x_i \mathbf{e}_i\right) = \sum_{i=1}^{n} x_i F(\mathbf{e}_i)$$

이다. 여기서 $1 \le i \le n$일 때 $(a_{1i}, a_{2i}, \ldots, a_{ni}) = F(\mathbf{e}_i)$로 놓으면

$$F(\mathbf{x}) = \sum_{i=1}^{n} x_i (a_{1i}, a_{2i}, \ldots, a_{ni}) = \left(\sum_{i=1}^{n} a_{1i} x_i,\ \sum_{i=1}^{n} a_{2i} x_i,\ \ldots,\ \sum_{i=1}^{n} a_{ni} x_i\right)$$

이다.

역으로 사상 F가 동형일차사상이라고 가정하자. 그러면

$$F(x_1, x_2, \ldots, x_n) = \left(\sum_{i=1}^{n} a_{1i}x_i, \sum_{i=1}^{n} a_{2i}x_i, \ldots, \sum_{i=1}^{n} a_{mi}x_i\right)$$

인 실수 a_{ij} $(1 \le i \le m,\ 1 \le j \le n)$가 존재한다. 그러면 벡터 $\mathbf{x} = (x_1, x_2, \ldots, x_n)$와 $\mathbf{y} = (y_1, y_2, \ldots, y_n)$에 대하여,

$$\begin{aligned}
F(\mathbf{x}+\mathbf{y}) &= F(x_1+y_1, x_2+y_2, \ldots, x_n+y_n)\\
&= \left(\sum_{i=1}^{n} a_{1i}(x_i+y_i), \sum_{i=1}^{n} a_{2i}(x_i+y_i), \ldots, \sum_{i=1}^{n} a_{mi}(x_i+y_i)\right)\\
&= \left(\sum_{i=1}^{n} a_{1i}x_i, \sum_{i=1}^{n} a_{2i}x_i, \ldots, \sum_{i=1}^{n} a_{mi}x_i\right) + \left(\sum_{i=1}^{n} a_{1i}y_i, \sum_{i=1}^{n} a_{2i}y_i, \ldots, \sum_{i=1}^{n} a_{mi}y_i\right)\\
&= F(\mathbf{x}) + F(\mathbf{y})
\end{aligned}$$

이고

$$\begin{aligned}
F(t\mathbf{x}) &= \left(\sum_{i=1}^{n} a_{1i}tx_i, \sum_{i=1}^{n} a_{2i}tx_i, \ldots, \sum_{i=1}^{n} a_{mi}tx_i\right)\\
&= t\left(\sum_{i=1}^{n} a_{1i}x_i, \sum_{i=1}^{n} a_{2i}x_i, \ldots, \sum_{i=1}^{n} a_{mi}x_i\right)\\
&= tF(\mathbf{x})
\end{aligned}$$

이므로 사상 F는 선형사상이다. □

예제 2.2 다음 사상이 선형사상인지 판별하라.

(가) $L_1(x, y) = (2x - 3y, 2y, -2x + y)$,
(나) $L_2(x, y) = (2x - 3y, 3 + 2y, -x + y)$.

풀이. (가) 사상 $L_1(x, y) = (2x - 3y, 2y, -2x + y)$는 동형일차사상이므로 L_1은 선형사상이다.

(나) 사상 L_2의 두 번째 성분함수에 상수항 3이 포함되므로 L_2는 동형일차사상이 아니다. 따라서 L_2는 선형사상이 아니다. □

연습문제 2.1

1. 다음 사상 $F: \mathbb{E}^2 \to \mathbb{E}^2$가 선형사상인지 판별하라.

(가) $F(v, w) = (v + 2w, 0)$, (나) $F(v, w) = (v^2, w)$,
(다) $F(v, w) = (2v + w + 1, 2w)$, (라) $F(v, w) = (3v - w, v + 2w)$.

2. 다음 사상 $F: \mathbb{E}^3 \to \mathbb{E}^2$가 선형사상인지 판별하라.

(가) $F(u, v, w) = (0, 0)$, (나) $F(u, v, w) = (1, 1)$,
(다) $F(u, v, w) = (v + w, u - w)$, (라) $F(u, v, w) = (u - w, v + 3w)$.

3. 차수가 2 이하인 모든 다항식의 집합

$$P_2(\mathbb{R}) = \{f \in \mathbb{R}[x] \mid \deg f \leq 2 \ \text{또는}\ f = 0\}$$

는 벡터공간이다. 이때 다항식 f와 g의 합과 f의 t배는 각각

$$(f + g)(x) = f(x) + g(x), \qquad (tf)(x) = tf(x)$$

로 정의된다. 이때 다음 사상 $F: P_2(\mathbb{R}) \to P_2(\mathbb{R})$에 대하여, F가 선형사상인지 판별하라.

(가) $F(a_0 + a_1x + a_2x^2) = a_0 + 2a_2 + (a_1 + a_0)x + (3 + a_1 + a_2)x^2$,

(나) $F(a_0 + a_1x + a_2x^2) = a_0 + a_1(x + 2) + a_2(x + 2)^2$,

(다) $F(a_0 + a_1x + a_2x^2) = (a_0 + 1) + (a_1 + 1)x + (a_2 + 1)x^2$,

(라) $F(a_0 + a_1x + a_2x^2) = a_1 + 2a_2x$.

4. 유클리드 벡터공간 $\mathbb{E}^n$의 기저 $(\mathbf{v}_1, \mathbf{v}_2, \ldots, \mathbf{v}_n)$와 선형변환 $F: \mathbb{E}^n \to \mathbb{E}^n$에 대하여, 다음 물음에 답하라.

(가) $F(\mathbf{v}_1) = \mathbf{v}_1, F(\mathbf{v}_2) = \mathbf{v}_2, \ldots, F(\mathbf{v}_n) = \mathbf{v}_n$이면 F는 항등변환임을 보이라.

(나) $F(\mathbf{v}_1) = \mathbf{o}, F(\mathbf{v}_2) = \mathbf{o}, \ldots, F(\mathbf{v}_n) = \mathbf{o}$이면 F는 영변환임을 보이라.

5. 선형사상 $F: \mathbb{E}^n \to \mathbb{E}^m$에 대하여, 모든 벡터 $\mathbf{v} \in \mathbb{E}^n$에 대하여 $F(-\mathbf{v}) = -F(\mathbf{v})$임을 보이라.

2.2 행렬

2.2.1 선형사상과 행렬

유클리드 벡터공간 $\mathbb{E}^n$에서 $\mathbb{E}^m$으로 사상 $L: \mathbb{E}^n \to \mathbb{E}^m$이 동형일차사상임은 L이 선형사상이기 위한 필요충분조건이다. 따라서 선형사상 L을

$$L(x_1, x_2, \dots, x_n) = (a_{11}x_1 + a_{12}x_2 + \cdots + a_{1n}x_n,\\ a_{21}x_1 + a_{22}x_2 + \cdots + a_{2n}x_n, \dots, a_{m1}x_1 + a_{m_2}x_2 + \cdots + a_{mn}x_n)$$

와 같이 나타낼 수 있다. 여기서 $a_{ij}(1 \le i \le m,\ 1 \le j \le n)$는 실수이다.

선형사상을 보다 이해하기 쉽게 표현하는 방법을 알아보자.

정의 2.3: 행렬

자연수 m과 n에 대하여 $m \times n$개의 실수 a_{ij} $(1 \le i \le m,\ 1 \le j \le n)$을

$$\begin{bmatrix} a_{11} & a_{12} & \cdots & a_{1n} \\ a_{21} & a_{22} & \cdots & a_{2n} \\ \vdots & \vdots & \ddots & \vdots \\ a_{m1} & a_{m2} & \cdots & a_{mn} \end{bmatrix}$$

과 같이 나타낸 것을 **크기가 $m \times n$인 행렬**이라고 하며 간단히 $[a_{ij}]_{m\times n}$ 또는 $[a_{ij}]$로 나타낸다. 이때 a_{ij}를 행렬 $[a_{ij}]_{m\times n}$의 **(i, j) 성분**이라고 한다. 모든 성분이 0인 행렬을 **영행렬**이라고 하며 $\mathbf{O}_{m\times n}$ 또는 $\mathbf{O}$으로 나타낸다.

크기가 $m \times n$인 행렬

$$A = \begin{bmatrix} a_{11} & a_{12} & \cdots & a_{1n} \\ a_{21} & a_{22} & \cdots & a_{2n} \\ \vdots & \vdots & \ddots & \vdots \\ a_{m1} & a_{m2} & \cdots & a_{mn} \end{bmatrix}$$

에 대하여,

(가) $1 \le i \le m$일 때 벡터 $\mathbf{r}_i = (a_{i1}, a_{i2}, \dots, a_{in})$를 행렬 A의 **i 번째 행벡터**라고 하고,

(나) $1 \le j \le n$일 때 벡터 $\mathbf{c}_j = (a_{1j}, a_{2j}, \dots, a_{mj})$를 행렬 A의 **j 번째 열벡터**라고 한다.

크기가 $m \times n$인 행렬에는 m개의 행벡터들과 n개의 열벡터들이 있다. 크기가 $1 \times n$인 행렬은 **행행렬**이라고 하고, 크기가 $m \times 1$인 행렬은 **열행렬**이라고 한다.

예제 2.3 행렬

$$A = \begin{bmatrix} 2 & -1 & 4 \\ 3 & 1 & -3 \end{bmatrix}$$

에 대하여 다음 물음에 답하라.

(가) 행렬 A의 크기를 구하라.
(나) 행렬 A의 $(1,3)$ 성분을 구하라.
(다) 행렬 A의 두 번째 행벡터를 구하라.
(라) 행렬 A의 세 번째 열벡터를 구하라.

풀이. (가) 행렬 A의 크기는 2×3이다.
(나) 4. (다) $\mathbf{r}_2 = (3, 1, -3)$. (라) $\mathbf{c}_3 = (4, -3)$. □

벡터 $(x_1, x_2, \ldots, x_n) \in \mathbb{E}^n$과 $(y_1, y_2, \ldots, y_m) \in \mathbb{E}^m$을 각각

$$\begin{bmatrix} x_1 \\ x_2 \\ \vdots \\ x_n \end{bmatrix}, \qquad \begin{bmatrix} y_1 \\ y_2 \\ \vdots \\ y_m \end{bmatrix}$$

로 나타낼 수 있다. 선형사상

$$L(x_1, x_2, \ldots, x_n) = (a_{11}x_1 + a_{12}x_2 + \cdots + a_{1n}x_n,$$
$$a_{21}x_1 + a_{22}x_2 + \cdots + a_{2n}x_n, \ldots, a_{m1}x_1 + a_{m_2}x_2 + \cdots + a_{mn}x_n) \quad (2.1)$$

의 성분함수를 $y_j = a_{j1}x_1 + a_{j2}x_2 + \cdots + a_{jn}x_n$ $(1 \leq j \leq m)$로 놓으면 선형사상 L을 행렬 식

$$\begin{bmatrix} y_1 \\ y_2 \\ \vdots \\ y_m \end{bmatrix} = \begin{bmatrix} a_{11}x_1 + a_{12}x_2 + \cdots + a_{1n}x_n \\ a_{21}x_1 + a_{22}x_2 + \cdots + a_{2n}x_n \\ \vdots \\ a_{m1}x_1 + a_{m2}x_2 + \cdots + a_{mn}x_n \end{bmatrix} \quad (2.2)$$

로 나타낼 수 있다. 위 식에서 우변 행렬의 $(j, 1)$ 성분은 벡터 $\mathbf{a}_j = (a_{j1}, a_{j2}, \ldots, a_{jn})$와 $\mathbf{x} = (x_1, x_2, \ldots, x_n)$의 내적 $\mathbf{a}_j \cdot \mathbf{x} = a_{j1}x_1 + a_{j2}x_2 + \cdots + a_{jn}x_n$이다. 여기서

식 (2.2)의 우변을

$$\begin{bmatrix} a_{11} & a_{12} & \cdots & a_{1n} \\ a_{21} & a_{22} & \cdots & a_{2n} \\ \vdots & \vdots & \ddots & \vdots \\ a_{m1} & a_{m2} & \cdots & a_{mn} \end{bmatrix} \begin{bmatrix} x_1 \\ x_2 \\ \vdots \\ x_n \end{bmatrix} := \begin{bmatrix} a_{11}x_1 + a_{12}x_2 + \cdots + a_{1n}x_n \\ a_{21}x_1 + a_{22}x_2 + \cdots + a_{2n}x_n \\ \vdots \\ a_{m1}x_1 + a_{m2}x_2 + \cdots + a_{mn}x_n \end{bmatrix}$$

로 정의하면 식 (2.1)에서 나타난 선형사상 L을

$$\begin{bmatrix} y_1 \\ y_2 \\ \vdots \\ y_m \end{bmatrix} = \begin{bmatrix} a_{11} & a_{12} & \cdots & a_{1n} \\ a_{21} & a_{22} & \cdots & a_{2n} \\ \vdots & \vdots & \ddots & \vdots \\ a_{m1} & a_{m2} & \cdots & a_{mn} \end{bmatrix} \begin{bmatrix} x_1 \\ x_2 \\ \vdots \\ x_n \end{bmatrix} \tag{2.3}$$

와 같이 나타낼 수 있다. 이때 행렬 $[a_{ij}]_{m\times n}$을 선형사상 L의 **행렬표현**이라고 한다.

예제 2.4 선형사상 $L(x_1, x_2) = (2x_1 - x_2, x_1 + 3x_2, -4x_1 + x_2)$에 대하여 다음 물음에 답하라.

(가) 식 $(y_1, y_2) = (2x_1 - x_2, x_1 + 3x_2, -4x_1 + x_2)$을 행렬 식으로 나타내라.
(나) 선형사상 L의 행렬표현 $[L]_{3\times 2}$을 구하라.
(다) 행렬표현 $[L]_{3\times 2}$의 모든 열벡터를 구하라.
(라) 행렬표현 $[L]_{3\times 2}$의 모든 행벡터를 구하라.

풀이. (가) 식 $(y_1, y_2) = (2x_1 - x_2, x_1 + 3x_2, -4x_1 + x_2)$을 행렬 식

$$\begin{bmatrix} y_1 \\ y_2 \end{bmatrix} = \begin{bmatrix} 2 & -1 \\ 1 & 3 \\ -4 & 1 \end{bmatrix} \begin{bmatrix} x_1 \\ x_2 \end{bmatrix}$$

로 나타낼 수 있다.

(나) 선형사상 L의 행렬표현은

$$[L]_{3\times 2} = \begin{bmatrix} 2 & -1 \\ 1 & 3 \\ -4 & 1 \end{bmatrix}$$

이다.

(다) 행렬표현 $[L]_{3\times2}$의 열벡터들은 각각

$$\mathbf{c}_1 = L(1,0) = (2,1,-4), \qquad \mathbf{c}_2 = L(0,1) = (-1,3,1)$$

이다.

(라) 행렬표현 $[L]_{3\times2}$의 행벡터들은 각각

$$\mathbf{r}_1 = (2,-1), \qquad \mathbf{r}_2 = (1,3), \qquad \mathbf{r}_3 = (-4,1)$$

이다. □

2.2.2 행렬의 벡터성

선형사상의 합과 행렬의 합 정의역과 공역이 같은 두 함수 $f\colon [a,b] \to \mathbb{R}$와 $g\colon [a,b] \to \mathbb{R}$에 대하여 f와 g의 합 $f+g\colon [a,b] \to \mathbb{R}$을 $(f+g)(x) = f(x)+g(x)$로 정의하는 방법과 같이, 정의역과 공역이 같은 두 사상의 합을 다음과 같이 정의한다.

정의 2.4: 사상의 합

사상 $L_1\colon \mathbb{E}^n \to \mathbb{E}^m$와 $L_2\colon \mathbb{E}^n \to \mathbb{E}^m$에 대하여, L_1과 L_2의 **합** $L_1+L_2\colon \mathbb{E}^n \to \mathbb{E}^m$을

$$(L_1+L_2)(\mathbf{x}) = L_1(\mathbf{x}) + L_2(\mathbf{x})$$

로 정의한다.

행렬은 선형사상을 표현하는 방법이므로 선형사상의 합의 정의에 따라서 크기가 같은 두 행렬의 합을 다음과 같이 정의한다.

정의 2.5: 행렬의 합

크기가 $m\times n$인 행렬 $A = [a_{ij}]_{m\times n}$와 $B = [b_{ij}]_{m\times n}$에 대하여, A와 B의 **합** $A+B$을

$$A+B = [a_{ij}+b_{ij}]_{m\times n}$$

로 정의한다.

정의역과 공역이 같은 두 선형사상에서 합이 정의됨과 같이, 크기가 같은 두 행렬에서 합이 정의됨을 알 수 있다.

선형사상

$$L_1(x_1, x_2, \ldots, x_n) = \left(\sum_{k=1}^{n} a_{1k}x_k, \sum_{k=1}^{n} a_{2k}x_k, \ldots, \sum_{k=1}^{n} a_{mk}x_k\right),$$
$$L_2(x_1, x_2, \ldots, x_n) = \left(\sum_{k=1}^{n} b_{1k}x_k, \sum_{k=1}^{n} b_{2k}x_k, \ldots, \sum_{k=1}^{n} b_{mk}x_k\right)$$

에 대하여,

$$(L_1 + L_2)(x_1, x_2, \ldots, x_n) = \left(\sum_{k=1}^{n}(a_{1k} + b_{1k})x_k, \sum_{k=1}^{n}(a_{2k} + b_{2k})x_k, \ldots, \sum_{k=1}^{n}(a_{mk} + b_{mk})x_k\right)$$

이다. 이때 선형사상 $L_1, L_2, L_1 + L_2$의 행렬표현은 각각 $[a_{ij}], [b_{ij}], [a_{ij} + b_{ij}]$이다.

정리 2.1에 따라서 사상이 동형일차사상임은 사상이 선형사상이기 위한 필요충분조건이므로 다음의 두 정리를 알 수 있다.

정리 2.2: 선형사상 합의 선형성

사상 $L_1 \colon \mathbb{E}^n \to \mathbb{E}^m$와 $L_2 \colon \mathbb{E}^n \to \mathbb{E}^m$에 대하여, L_1과 L_2가 선형사상이면 $L_1 + L_2$도 선형사상이다.

정리 2.3: 선형사상의 합과 행렬 합

선형사상 $L_1 \colon \mathbb{E}^n \to \mathbb{E}^m$와 $L_2 \colon \mathbb{E}^n \to \mathbb{E}^m$에 대하여, 행렬 A와 B가 각각 L_1과 L_2의 행렬표현이면 행렬 $A + B$는 선형사상 $L_1 + L_2$의 행렬표현이다.

예제 2.5 선형사상 $L_1(x, y) = (2x - y, x + 3y)$와 $L_2(x, y) = (x, 3x - y)$에 대하여, 다음 물음에 답하라.

(가) 선형사상 L_1과 L_2의 행렬표현을 구하라.

(나) 행렬 합 $[L_1] + [L_2]$를 구하라.

(다) 선형사상 $L_1 + L_2$를 구하라.

(라) 선형사상 $L_1 + L_2$의 행렬표현을 구하라.

풀이. (가) 선형사상 L_1과 L_2의 행렬표현은 각각

$$[L_1] = \begin{bmatrix} 2 & -1 \\ 1 & 3 \end{bmatrix}, \quad [L_2] = \begin{bmatrix} 1 & 0 \\ 3 & -1 \end{bmatrix}$$

이다.

(나) 행렬 L_1과 L_2의 합은

$$[L_1] + [L_2] = \begin{bmatrix} 2+1 & -1+0 \\ 1+3 & 3+(-1) \end{bmatrix} = \begin{bmatrix} 3 & -1 \\ 4 & 2 \end{bmatrix}$$

이다.

(다) 선형사상 L_1과 L_2의 합은

$$(L_1+L_2)(x,y) = L_1(x,y)+L_2(x,y) = (2x-y, x+3y)+(x, 3x-y) = (3x-y, 4x+2y)$$

이다.

(라) 선형사상 $L_1 + L_2$의 행렬표현은

$$[L_1 + L_2] = \begin{bmatrix} 3 & -1 \\ 4 & 2 \end{bmatrix}$$

이다. □

선형사상의 실수배와 행렬의 실수배 함수 $f\colon [a,b] \to \mathbb{R}$와 실수 $b \in \mathbb{R}$에 대하여 f의 b배 $bf\colon [a,b] \to \mathbb{R}$을 $(bf)(x) = bf(x)$로 정의하는 방법과 같이, 사상의 실수배를 다음과 같이 정의한다.

정의 2.6: 선형사상의 실수배

선형사상 $L\colon \mathbb{E}^n \to \mathbb{E}^m$과 실수 $b \in \mathbb{R}$에 대하여, **L의 b배** $bL\colon \mathbb{E}^n \to \mathbb{E}^m$을

$$(bL)(\mathbf{x}) = bL(\mathbf{x})$$

로 정의한다.

행렬의 실수배를 다음과 같이 정의한다.

정의 2.7: 행렬의 실수배

크기가 $m \times n$인 행렬 $A = [a_{ij}]_{m \times n}$와 실수 b에 대하여, A의 b배인 bA을

$$bA = [ba_{ij}]_{m \times n}$$

로 정의한다.

선형사상

$$L(x_1, x_2, \ldots, x_n) = \left(\sum_{k=1}^{n} a_{1k}x_k, \sum_{k=1}^{n} a_{2k}x_k, \ldots, \sum_{k=1}^{n} a_{mk}x_k\right)$$

와 실수 b에 대하여, L의 b배는

$$(bL)(x_1, x_2, \ldots, x_n) = \left(b\sum_{k=1}^{n} a_{1k}x_k, b\sum_{k=1}^{n} a_{2k}x_k, \ldots, b\sum_{k=1}^{n} a_{mk}x_k\right)$$

이다. 이때 $A = [a_{ij}]_{m \times n}$이 선형사상 L의 행렬표현이면 $bA = [ba_{ij}]_{m \times n}$는 선형사상 bL의 행렬표현이다. 따라서 다음 정리가 성립한다.

정리 2.4: 선형사상 실수배의 선형성

사상 $L\colon \mathbb{E}^n \to \mathbb{E}^m$와 실수 a에 대하여, L이 선형사상이면 aL도 선형사상이다.

정리 2.5: 선형사상의 실수배와 행렬의 실수배

선형사상 $L\colon \mathbb{E}^n \to \mathbb{E}^m$과 실수 $b \in \mathbb{E}$에 대하여, 행렬 $A = [a_{ij}]_{m \times n}$이 선형사상 L의 행렬표현이면 행렬 bA는 선형사상 bL의 행렬표현이다.

예제 2.6 선형사상 $L(x, y) = (2x - y, x + 3y, 4x - y)$에 대하여, 다음 물음에 답하라.

(가) 선형사상 L과 $3L$의 행렬표현을 구하라.

(나) 행렬의 실수배 $3[L]$를 구하라.

풀이. (가) 선형사상 L의 행렬표현은

$$[L] = \begin{bmatrix} 2 & -1 \\ 1 & 3 \\ 4 & -1 \end{bmatrix}$$

이고, $(3L)(x, y) = (6x - 3y, 3x + 9y, 12x - 3y)$이므로 선형사상 $3L$의 행렬표현은

$$[3L] = \begin{bmatrix} 6 & -3 \\ 3 & 9 \\ 12 & -3 \end{bmatrix}$$

이다.

(나) 구하는 행렬의 실수배는

$$3[L] = 3\begin{bmatrix} 2 & -1 \\ 1 & 3 \\ 4 & -1 \end{bmatrix} = \begin{bmatrix} 6 & -3 \\ 3 & 9 \\ 12 & -3 \end{bmatrix}$$

이다. □

선형사상

$$\begin{aligned} L(x_1, x_2, \ldots, x_n) = (&a_{11}x_1 + a_{12}x_2 + \cdots + a_{1n}x_n, \\ &a_{21}x_1 + a_{22}x_2 + \cdots + a_{2n}x_n, \ldots, a_{m1}x_1 + a_{m_2}x_2 + \cdots + a_{mn}x_n) \end{aligned} \tag{2.4}$$

을 행렬표현

$$\begin{bmatrix} y_1 \\ y_2 \\ \vdots \\ y_m \end{bmatrix} = \begin{bmatrix} a_{11} & a_{12} & \cdots & a_{1n} \\ a_{21} & a_{22} & \cdots & a_{2n} \\ \vdots & \vdots & \ddots & \vdots \\ a_{m1} & a_{m2} & \cdots & a_{mn} \end{bmatrix} \begin{bmatrix} x_1 \\ x_2 \\ \vdots \\ x_n \end{bmatrix}$$

와 같이 나타낼 수 있다. 유클리드 벡터공간 $\mathbb{E}^n$의 임의의 벡터 $\mathbf{x} = (x_1, x_2, \ldots, x_n)$는 표준기저의 일차결합 $\mathbf{x} = x_1\mathbf{e}_1 + x_2\mathbf{e}_2 + \cdots + x_n\mathbf{e}_n$로 나타나므로, 선형사상값

$$L(\mathbf{x}) = x_1L(\mathbf{e}_1) + x_2(\mathbf{e}_2) + \cdots + x_nL(\mathbf{e}_n) \tag{2.5}$$

은 유클리드 벡터공간 $\mathbb{E}^m$의 벡터

$$L(\mathbf{e}_j) = (a_{1j}, a_{2j}, \ldots, a_{mj}) \quad (1 \le j \le n)$$

로 결정된다. 이 벡터들은 행렬 $[L]_{m\times n}$의 열벡터들이다. 식 (2.5)의 행렬표현은

$$\begin{bmatrix} y_1 \\ y_2 \\ \vdots \\ y_m \end{bmatrix} = x_1 \begin{bmatrix} a_{11} \\ a_{21} \\ \vdots \\ a_{m1} \end{bmatrix} + x_2 \begin{bmatrix} a_{12} \\ a_{22} \\ \vdots \\ a_{m2} \end{bmatrix} + \cdots + x_n \begin{bmatrix} a_{1n} \\ a_{2n} \\ \vdots \\ a_{mn} \end{bmatrix}$$

와 같다.

보기 2.3 선형사상 $F(x_1, x_2, x_3) = (x_1 + 2x_2 + 3x_3, 4x_1 + 5x_2 + 6x_3)$을 행렬로 나타내면

$$\begin{bmatrix} y_1 \\ y_2 \end{bmatrix} = \begin{bmatrix} 1 & 2 & 3 \\ 4 & 5 & 6 \end{bmatrix} \begin{bmatrix} x_1 \\ x_2 \\ x_3 \end{bmatrix}$$

이다. 사상 F의 다른 표현인 $F(x, y, z) = x(1, 4) + y(2, 5) + z(3, 6)$의 행렬표현은

$$\begin{bmatrix} y_1 \\ y_2 \end{bmatrix} = x_1 \begin{bmatrix} 1 \\ 4 \end{bmatrix} + x_2 \begin{bmatrix} 2 \\ 5 \end{bmatrix} + x_3 \begin{bmatrix} 3 \\ 6 \end{bmatrix}$$

와 같다.

행렬 합이 성분끼리의 합이므로, 실수의 덧셈과 곱셈 성질에 따라서 행렬 합과 실수배에 대하여 다음 성질이 성립한다.

정리 2.6: 행렬 합과 실수배의 성질

크기가 $m \times n$인 행렬 A, B, C와 실수 a, b에 대하여,

(가) (**결합법칙**) $A + (B + C) = (A + B) + C$,

(나) (**항등원**) $A + \mathbf{O} = A$ 그리고 $\mathbf{O} + A = A$,

(다) (**역원**) $A + (-A) = \mathbf{O}$ 그리고 $-A + A = \mathbf{O}$,

(라) (**교환법칙**) $A + B = B + A$,

(마) $1A = A$, $a(A + B) = aA + aB$, $(a + b)A = aA + bA$, $(ab)A = a(bA)$

이다.

위 정리에 따라서 다음을 알 수 있다.

정리 2.7: 행렬의 벡터성

크기가 $m \times n$인 모든 행렬들의 집합 $M_{m\times n}(\mathbb{R})$은 벡터공간이다.

2.2.3 행렬의 곱

크기가 $m \times n$인 행렬 A와 크기가 $\ell \times m$인 행렬 B에 대하여, 행렬곱 BA를 정의할 수 있다. 먼저 선형사상의 합성을 살펴보자.

정리 2.8: 선형사상 합성의 선형성

사상 $L_1 : \mathbb{E}^n \to \mathbb{E}^m$와 $L_2 : \mathbb{E}^m \to \mathbb{E}^\ell$에 대하여, L_1과 L_2가 선형사상이면 합성사상 $L_2 \circ L_1$도 선형사상이다.

증명. 사상 L_1과 L_2가 선형사상이라고 가정하자. 그러면 벡터 $\mathbf{x}, \mathbf{y} \in \mathbb{E}^n$에 대하여,

$$\begin{aligned}(L_2 \circ L_1)(\mathbf{x}+\mathbf{y}) &= L_2(L_1(\mathbf{x}+\mathbf{y})) = L_2(L_1(\mathbf{x}) + L_1(\mathbf{y})) \\ &= L_2(L_1(\mathbf{x})) + L_2(L_1(\mathbf{y})) \\ &= (L_2 \circ L_1)(\mathbf{x}) + (L_2 \circ L_1)(\mathbf{y})\end{aligned}$$

이고, 벡터 $\mathbf{x} \in \mathbb{E}$와 실수 $t \in \mathbb{R}$에 대하여

$$(L_2 \circ L_1)(t\mathbf{x}) = L_2(L_1(t\mathbf{x})) = L_2(tL_1(\mathbf{x})) = tL_2(L_1(\mathbf{x})) = t(L_2 \circ L_1)(\mathbf{x})$$

이다. 따라서 $L_2 \circ L_1$은 선형사상이다. □

예제 2.7 선형사상 $L_1(x, y) = (2x + y, 3x - y)$와 $L_2(u, v) = (u + 3v, 4u - 2v)$에 대하여, 합성사상 $L_2 \circ L_1$을 구하라.

풀이. 선형사상 L_1와 L_2에 대하여,

$$\begin{aligned}(L_2 \circ L_1)(x, y) &= L_2(2x + y, 3x - y) \\ &= ((2x + y) + 3(3x - y), 4(2x + y) - 2(3x - y)) \\ &= (11x - 2y, 2x + 6y)\end{aligned}$$

이다. □

선형사상

$$L_1(x_1, x_2, \ldots, x_n) = \left(\sum_{i=1}^{n} a_{1i}x_i, \sum_{i=1}^{n} a_{2i}x_i, \ldots, \sum_{i=1}^{n} a_{mi}x_i\right)$$

와

$$L_2(y_1, y_2, \ldots, y_m) = \left(\sum_{j=1}^{m} b_{1j}y_j, \sum_{j=1}^{m} b_{2j}y_j, \ldots, \sum_{j=1}^{m} b_{\ell j}y_j\right)$$

에 대하여,

$$\begin{aligned}
&(L_2 \circ L_1)(x_1, x_2, \ldots, x_n) \\
&\quad = L_2(L_1(x_1, x_2, \ldots, x_n)) \\
&\quad = L_2\left(\sum_{i=1}^{n} a_{1i}x_i, \sum_{i=1}^{n} a_{2i}x_i, \ldots, \sum_{i=1}^{n} a_{mi}x_i\right) \\
&\quad = \left(\sum_{j=1}^{m} b_{1j}\sum_{i=1}^{n} a_{ji}x_i, \sum_{j=1}^{m} b_{2j}\sum_{i=1}^{n} a_{ji}x_i, \ldots, \sum_{j=1}^{m} b_{\ell j}\sum_{i=1}^{n} a_{ji}x_i\right) \\
&\quad = \left(\sum_{i=1}^{n}\sum_{j=1}^{m} b_{1j}a_{ji}x_i, \sum_{i=1}^{n}\sum_{j=1}^{m} b_{2j}a_{ji}x_i, \ldots, \sum_{i=1}^{n}\sum_{j=1}^{m} b_{\ell j}a_{ji}x_i\right)
\end{aligned}$$

즉

$$\boxed{\begin{aligned}
&(L_2 \circ L_1)(x_1, x_2, \ldots, x_n) \\
&\quad = \left(\sum_{i=1}^{n}\left(\sum_{j=1}^{m} b_{1j}a_{ji}\right)x_i,\ \sum_{i=1}^{n}\left(\sum_{j=1}^{m} b_{2j}a_{ji}\right)x_i,\ \ldots,\ \sum_{i=1}^{n}\left(\sum_{j=1}^{m} b_{\ell j}a_{ji}\right)x_i\right)
\end{aligned}}$$

이다. 따라서 행렬 $A = [a_{ji}]_{m\times n}$가 선형사상 L_1의 행렬표현이고 행렬 $B = [b_{kj}]_{\ell\times m}$가 선형사상 L_2의 행렬표현이면

$$c_{ki} = b_{k1}a_{1i} + b_{k2}a_{2i} + \cdots + b_{km}a_{mi} = \sum_{j=1}^{m} b_{kj}a_{ji}$$

로 정의되는 행렬 $[c_{ki}]_{\ell\times n}$가 선형사상 $L_2 \circ L_1$의 행렬표현임을 알 수 있다. 이 행렬을 다음과 같이 정의한다.

정의 2.8: 행렬 곱

크기가 $m \times n$인 행렬 $A = [a_{ji}]_{m\times n}$와 크기가 $\ell \times m$인 행렬 $B = [b_{kj}]_{\ell\times m}$에 대하여, B와 A의 곱 BA은 크기가 $\ell \times n$이고 성분이

$$c_{ki} = b_{k1}a_{1i} + b_{k2}a_{2i} + \cdots + b_{km}a_{mi} = \sum_{j=1}^{m} b_{kj}a_{ji}$$

인 행렬 $[c_{ki}]_{\ell\times n}$이다.

위의 내용을 다음과 같이 정리할 수 있다.

정리 2.9: 선형사상의 합성과 행렬곱

선형사상 $L_1 : \mathbb{E}^n \to \mathbb{E}^m$과 선형사상 $L_2 : \mathbb{E}^m \to \mathbb{E}^\ell$에 대하여, 행렬 A와 B가 각각 L_1과 L_2의 행렬표현이면, 행렬곱 BA는 합성사상 $L_2 \circ L_1$의 행렬표현이다.

예제 2.8 행렬

$$A = \begin{bmatrix} 2 & 1 \\ -1 & 3 \end{bmatrix}, \quad B = \begin{bmatrix} 1 & 3 & -1 \\ 0 & 2 & 4 \end{bmatrix}$$

의 곱 AB를 구하라.

풀이. 행렬 A와 B에 대하여,

$$\begin{aligned} AB &= \begin{bmatrix} 2 & 1 \\ -1 & 3 \end{bmatrix} \begin{bmatrix} 1 & 3 & -1 \\ 0 & 2 & 4 \end{bmatrix} \\ &= \begin{bmatrix} 2\cdot 1 + 1\cdot 0 & 2\cdot 3 + 1\cdot 2 & 2\cdot(-1) + 1\cdot 4 \\ (-1)\cdot 1 + 3\cdot 0 & (-1)\cdot 3 + 3\cdot 2 & (-1)\cdot(-1) + 3\cdot 4 \end{bmatrix} \\ &= \begin{bmatrix} 2 & 8 & 2 \\ -1 & 3 & 13 \end{bmatrix} \end{aligned}$$

이다. □

행렬 곱에 대하여, 다음 성질이 성립한다.

정리 2.10: 행렬 곱의 성질

크기가 $m \times n$인 행렬 A, B와 크기가 $q \times m$인 행렬 C, D와 크기가 $p \times q$인 행렬 E 그리고 실수 a에 대하여,

(가) (**결합법칙**) $E(CA) = (EC)A$,

(나) (**분배법칙**) $(C + D)A = CA + DA$, $C(A + B) = CA + CB$,

(다) $a(CA) = (aC)A = C(aA)$,

(라) $\mathbf{O}A = \mathbf{O}$, $C\mathbf{O} = \mathbf{O}$

이다.

2.2.4 벡터 외적과 행렬 곱

행렬 곱을 행벡터와 열벡터의 곱의 합으로 이해할 수 있도록, 두 벡터에 대하여 행렬을 대응하는 다음 연산을 정의한다.

정의 2.9: 벡터의 외적

벡터 $\mathbf{v} \in \mathbb{E}^n$와 벡터 $\mathbf{w} \in \mathbb{E}^m$에 대하여, 크기가 $n \times m$인 행렬 $[\mathbf{v}][\mathbf{w}]^T$를 벡터 $\mathbf{v}$와 $\mathbf{w}$의 **외적** 이라고 하고 $\mathbf{v} \otimes \mathbf{w}$로 나타낸다.

벡터 $\mathbf{v} = (v_1, v_2, \ldots, v_n)$와 $\mathbf{w} = (w_1, w_2, \ldots, w_m)$에 대하여,

$$\mathbf{v} \otimes \mathbf{w} = [\mathbf{v}][\mathbf{w}]^T = \begin{bmatrix} v_1 \\ v_2 \\ \vdots \\ v_n \end{bmatrix} \begin{bmatrix} w_1 & w_2 & \cdots & w_m \end{bmatrix} = \begin{bmatrix} v_1w_1 & v_1w_2 & \cdots & v_1w_m \\ v_2w_1 & v_2w_2 & \cdots & v_2w_m \\ \vdots & \vdots & \ddots & \vdots \\ v_nw_1 & v_nw_2 & \cdots & v_nw_m \end{bmatrix}$$

이다. 만약 벡터 $\mathbf{v}$ 또는 $\mathbf{w}$가 영벡터이면 $\text{rank}(\mathbf{v} \otimes \mathbf{w}) = 0$이다. 만약 벡터 $\mathbf{v}$와 $\mathbf{w}$가 모두 영벡터가 아니면, 행렬 $\mathbf{v} \otimes \mathbf{w}$의 i번째 행벡터 $(v_iw_1, v_iw_2, \ldots, v_iw_m)$은 벡터 $\mathbf{w}$의 실수배이고 행렬 $\mathbf{v} \otimes \mathbf{w}$의 j번째 열벡터 $(v_1w_j, v_2w_j, \ldots, v_nw_j)$는 벡터 $\mathbf{v}$의 실수배이다. 따라서

$$\text{rank}(\mathbf{v} \otimes \mathbf{w}) = 1$$

이다.

크기가 $m \times k$인 행렬 A와 크기가 $k \times n$인 행렬 B에 대하여, 행렬 A의 i 번째 행벡터를 $\mathbf{a}_i$로 놓고 행렬 B의 j 번째 열벡터를 $\mathbf{b}_j$로 놓으면 행렬 AB의 (i,j) 성분은 행벡터 $\mathbf{a}_i$와 열벡터 $\mathbf{b}_j$의 내적 즉,

$$(AB)_{ij} = \mathbf{a}_i \cdot \mathbf{b}_j$$

이다. 이와 대조적으로 벡터 외적을 이용하여 행렬 곱을 다음과 같이 나타낼 수 있다.

정리 2.11: 행렬 곱의 벡터 외적의 합 표현

크기가 $m \times k$인 행렬 A와 크기가 $k \times n$인 행렬 B에 대하여, $\mathbf{a}_1, \mathbf{a}_2, \ldots, \mathbf{a}_k$가 행렬 A의 모든 열벡터의 나열이고 $\mathbf{b}_1, \mathbf{b}_2, \ldots, \mathbf{b}_k$가 행렬 B의 모든 행벡터의 나열이면

$$AB = \mathbf{a}_1 \otimes \mathbf{b}_1 + \mathbf{a}_2 \otimes \mathbf{b}_2 + \cdots + \mathbf{a}_k \otimes \mathbf{b}_k$$

이다.

증명. $A = (a_{ij})_{m \times k}$와 $B = (b_{ij})_{k \times n}$로 놓자. 그러면

$$\begin{aligned}
&\mathbf{a}_1 \otimes \mathbf{b}_1 + \mathbf{a}_2 \otimes \mathbf{b}_2 + \cdots \mathbf{a}_k \otimes \mathbf{b}_k \\
&= \begin{bmatrix} a_{11}b_{11} & a_{11}b_{12} & \cdots & a_{11}b_{1n} \\ a_{21}b_{11} & a_{21}b_{12} & \cdots & a_{21}b_{1n} \\ \vdots & \vdots & \ddots & \vdots \\ a_{m1}b_{11} & a_{m1}b_{12} & \cdots & a_{m1}b_{1n} \end{bmatrix} + \begin{bmatrix} a_{12}b_{21} & a_{12}b_{22} & \cdots & a_{12}b_{2n} \\ a_{22}b_{21} & a_{22}b_{22} & \cdots & a_{22}b_{2n} \\ \vdots & \vdots & \ddots & \vdots \\ a_{m2}b_{21} & a_{m2}b_{22} & \cdots & a_{m2}b_{2n} \end{bmatrix} \\
&\quad + \cdots + \begin{bmatrix} a_{1k}b_{k1} & a_{1k}b_{k2} & \cdots & a_{1k}b_{kn} \\ a_{2k}b_{k1} & a_{2k}b_{k2} & \cdots & a_{2k}b_{kn} \\ \vdots & \vdots & \ddots & \vdots \\ a_{mk}b_{k1} & a_{mk}b_{k2} & \cdots & a_{mk}b_{kn} \end{bmatrix} \\
&= \begin{bmatrix} \sum_{i=1}^k a_{1i}b_{i1} & \sum_{i=1}^k a_{1i}b_{i2} & \cdots & \sum_{i=1}^k a_{1i}b_{in} \\ \sum_{i=1}^k a_{2i}b_{i1} & \sum_{i=1}^k a_{2i}b_{i2} & \cdots & \sum_{i=1}^k a_{2i}b_{in} \\ \vdots & \vdots & \ddots & \vdots \\ \sum_{i=1}^k a_{mi}b_{i1} & \sum_{i=1}^k a_{mi}b_{i2} & \cdots & \sum_{i=1}^k a_{mi}b_{in} \end{bmatrix} \\
&= AB
\end{aligned}$$

이다. □

연습문제 2.2

1. 행렬

$$A = \begin{bmatrix} 4 & 2 & 1 \\ 1 & 0 & -2 \end{bmatrix}$$

에 대하여 다음 물음에 답하라.

(가) 행렬 A의 크기를 구하라.

(나) 행렬 A의 $(2, 1)$ 성분을 구하라.

(다) 행렬 A의 첫 번째 행벡터를 구하라.

(라) 행렬 A의 세 번째 열벡터를 구하라.

2. 사상 $L(x_1, x_2) = (3x_1 - 2x_2, 2x_1 - 3x_2, 4x_2)$에 대하여 다음 물음에 답하라.

(가) 식 $(y_1, y_2) = (3x_1 - 2x_2, 2x_1 - 3x_2, 4x_2)$을 행렬식으로 나타내라.

(나) 선형사상 L의 행렬표현 $[L]_{3\times 2}$을 구하라.

3. 선형사상 $L_1(x, y) = (x - 3y, 2x + y)$와 $L_2(x, y) = (-x + 2y, x - y)$에 대하여, 다음 물음에 답하라.

(가) 선형사상 L_1과 L_2의 행렬표현을 구하라.

(나) 행렬 합 $[L_1] + [L_2]$를 구하라.

(다) 선형사상 $L_1 + L_2$를 구하라.

(라) 선형사상 $L_1 + L_2$의 행렬표현을 구하라.

4. 선형사상 $L(x, y) = (3x - 2y, 2x + y, 4x)$에 대하여, 선형사상 L과 $2L$의 행렬표현을 구하라.

5. 다음 선형사상 L_1과 L_2에 대하여 합성사상 $L_2 \circ L_1$을 구하라.

(가) $L_1(x, y) = (x + 2y, 3x - 4y)$, $L_2(u, v) = (2u + v, u - 2v)$,

(나) $L_1(x, y) = (2x - y, x - 2y)$, $L_2(u, v) = (u + 2v, 2u - 2v)$,

(다) $L_1(x, y) = (-x + 3y, 2x + y)$, $L_2(u, v) = (u + v, 2u - v, u - 2v)$,

(라) $L_1(x, y) = (x + y, x - y)$, $L_2(u, v) = (u + 2v, 2v, 3u - v)$.

6. 다음 행렬 A와 B에 대하여, 행렬 곱 BA를 구하라.

(가) $A = \begin{bmatrix} 1 & 2 \\ 3 & -4 \end{bmatrix}$, $B = \begin{bmatrix} 2 & 1 \\ 1 & -2 \end{bmatrix}$, (나) $A = \begin{bmatrix} 2 & -1 \\ 1 & -2 \end{bmatrix}$, $B = \begin{bmatrix} 1 & 2 \\ 2 & -2 \end{bmatrix}$,

(다) $A = \begin{bmatrix} -1 & 3 \\ 2 & 1 \end{bmatrix}$, $B = \begin{bmatrix} 1 & 1 \\ 2 & -1 \\ 1 & -2 \end{bmatrix}$, (라) $A = \begin{bmatrix} 1 & 1 \\ 1 & -1 \end{bmatrix}$, $B = \begin{bmatrix} 1 & 2 \\ 0 & 2 \\ 3 & -1 \end{bmatrix}$.

7. 크기가 $m \times n$인 행렬 A에 대하여, 모든 크기가 $n \times 1$인 열행렬 $\mathbf{x}$에 대하여 $A\mathbf{x} = \mathbf{O}$이면 A는 영행렬임을 보이라.

8. 행렬

$$A = \begin{bmatrix} 1 & 0 \\ 2 & 1 \end{bmatrix}, \quad B = \begin{bmatrix} 0 & 1 & 2 \\ 1 & -1 & 3 \end{bmatrix}, \quad C = \begin{bmatrix} 2 & 0 & -1 \\ 1 & -1 & 0 \end{bmatrix}$$

에 대하여, 다음을 구하라.

(가) AB, (나) AC, (다) $AB + AC$, (라) $A(B + C)$.

2.3 쌍대공간과 쌍대사상

2.3.1 쌍대공간

선형사상 중에서 공역이 실수 전체의 집합인 사상을 다음과 같이 정의한다.

정의 2.10: 선형범함수

유클리드 벡터공간 $\mathbb{E}^n$에서 실수 전체의 집합 $\mathbb{R}$로의 선형함수 $f\colon \mathbb{E}^n \to \mathbb{R}$는 벡터공간 $\mathbb{E}^n$에 대한 **선형범함수**라고 한다.

선형범함수 $f\colon \mathbb{E}^n \to \mathbb{R}$는 동형일차함수이므로

$$f(x_1, x_2, \ldots, x_n) = a_1x_1 + a_2x_2 + \cdots + a_nx_n$$

인 실수 $a_1, a_2, \ldots, a_n$이 존재한다.

보기 2.4 함수 $f(x_1, x_2, x_3) = 2x_1 - 4x_2 + x_3$는 동형일차함수이므로 f는 선형범함수이다.

선형범함수 $f_1\colon \mathbb{E}^n \to \mathbb{R}$과 $f_2\colon \mathbb{E}^n \to \mathbb{R}$에 대하여, f_1과 f_2의 **합** $f_1 + f_2$를

$$(f_1 + f_2)(\mathbf{x}) = f_1(\mathbf{x}) + f_2(\mathbf{x})$$

로 정의한다. 그리고 선형범함수 $f\colon \mathbb{E}^n \to \mathbb{R}$와 실수 a에 대하여, f의 **a배** af을

$$(af)(\mathbf{x}) = af(\mathbf{x})$$

로 정의한다. 그러면 유클리드 벡터공간 $\mathbb{E}^n$에 정의된 모든 선형범함수의 집합은 벡터공간임을 알 수 있다.

예제 2.9 선형범함수 $f_1(x_1, x_2, x_3) = 2x_1 + x_2$와 $f_2(x_1, x_2, x_3) = -x_1 + 3x_2 - x_3$의 합을 구하라.

풀이. 선형범함수 f_1과 f_2에 대하여,

$$\begin{aligned}(f_1 + f_2)(x_1, x_2, x_3) &= (2-1)x_1 + (1+3)x_2 + (0-1)x_3 \\ &= x_1 + 4x_2 - x_3\end{aligned}$$

이다. □

예제 2.10 선형범함수 $f(x_1, x_2, x_3) = 3x_1 + 2x_2 - x_3$의 4배를 구하라.

풀이. $(4f)(x_1, x_2, x_3) = (4 \cdot 3)x_1 + (4 \cdot 2)x_2 + 4 \cdot (-1)x_3 = 12x_1 + 8x_2 - 4x_3$. □

벡터공간 $\mathbb{E}^n$에 대한 모든 선형범함수의 집합을 $\mathbb{E}^{n*}$로 나타낸다. 그러면 선형범함수의 합과 실수배에 대하여 모든 선형범함수의 집합 $\mathbb{E}^{n*}$는 벡터공간이다. 벡터공간 $\mathbb{E}^{n*}$를 벡터공간 $\mathbb{E}^n$의 **쌍대공간**이라고 한다.

쌍대공간 $\mathbb{E}^{n*}$의 기저를 찾아보자. 벡터공간 $\mathbb{E}^n$의 표준기저 $(\mathbf{e}_1, \mathbf{e}_2, \ldots, \mathbf{e}_n)$와 선형범함수 f에 대하여,

$$a_i = f(\mathbf{e}_i) \qquad (1 \leq i \leq n)$$

로 놓으면

$$\begin{aligned} f(x_1, x_2, \ldots, x_n) &= f(x_1\mathbf{e}_1 + x_2\mathbf{e}_2 + \cdots + x_n\mathbf{e}_n) \\ &= x_1 f(\mathbf{e}_1) + x_2 f(\mathbf{e}_2) + \cdots + x_n f(\mathbf{e}_n) \\ &= a_1x_1 + a_2x_2 + \cdots + a_nx_n \end{aligned}$$

이다. 표준기저 $(\mathbf{e}_1, \mathbf{e}_2, \ldots, \mathbf{e}_n)$에 대하여, 벡터 $\mathbf{e}_i$를 1로 대응시키고 다른 벡터들은 모두 0으로 대응시키는 선형범함수를 $\mathbf{e}^i$로 나타내자. 그러면

$$\mathbf{e}^i(x_1, x_2, \ldots, x_n) = \mathbf{e}^i(x_1\mathbf{e}_1 + x_2\mathbf{e}_2 + \cdots + x_n\mathbf{e}_n) = x_i$$

이다. 그러면 순서쌍 $(\mathbf{e}^1, \mathbf{e}^2, \ldots, \mathbf{e}^n)$은 쌍대공간 $\mathbb{E}^{n*}$의 기저임을 알 수 있다.

정리 2.12: 쌍대공간의 표준기저

쌍대공간 $\mathbb{E}^{n*}$에 대하여, $(\mathbf{e}^1, \mathbf{e}^2, \ldots, \mathbf{e}^n)$은 쌍대공간 $\mathbb{E}^{n*}$의 기저이다.

증명. 먼저 $(\mathbf{e}^1, \mathbf{e}^2, \ldots, \mathbf{e}^n)$이 쌍대공간 $\mathbb{E}^{n*}$를 생성함을 보이자. 임의의 선형범함수를 f로 놓자. 그러면 $f(x_1, x_2, \ldots, x_n) = a_1x_1 + a_2x_2 + \cdots + a_nx_n$인 실수 $a_1, a_2, \ldots, a_n$이 존재한다. 두 선형범함수 f와 $a_1\mathbf{e}^1 + a_2\mathbf{e}^2 + \cdots + a_n\mathbf{e}^n$에 대하여

$$f(\mathbf{e}_i) = a_i = \left(a_1\mathbf{e}^1 + a_2\mathbf{e}^2 + \cdots + a_n\mathbf{e}^n\right)(\mathbf{e}_i) \quad (i = 1, 2, \ldots, n)$$

와 같이 표준기저의 벡터에 대한 두 함수의 함숫값이 같으므로, $f = a_1\mathbf{e}^1 + a_2\mathbf{e}^2 + \cdots + a_n\mathbf{e}^n$이다.

이제 $(\mathbf{e}^1, \mathbf{e}^2, \ldots, \mathbf{e}^n)$이 일차독립임을 보이자. 만약 $a_1\mathbf{e}^1 + a_2\mathbf{e}^2 + \cdots + a_n\mathbf{e}^n$이 영

함수 $\mathbf{o}$이면

$$0 = \mathbf{o}(\mathbf{e}_j) = \left(a_1\mathbf{e}^1 + a_2\mathbf{e}^2 + \cdots + a_n\mathbf{e}^n\right)(\mathbf{e}_j) = a_j \quad (j = 1, 2, \ldots, n)$$

이므로 $a_1 = a_2 = \cdots = a_n = 0$이다. □

위의 증명 과정에서 선형범함수 $f(x_1, x_2, \ldots, x_n) = a_1x_1 + a_2x_2 + \cdots + a_nx_n$를

$$\boxed{f = a_1\mathbf{e}^1 + a_2\mathbf{e}^2 + \cdots + a_n\mathbf{e}^n}$$

와 같이 나타낼 수 있음을 알 수 있다.

예제 2.11 선형범함수 $f(x_1, x_2, x_3) = 2x_1 - 5x_2 + x_3$을 표준기저 $(\mathbf{e}^1, \mathbf{e}^2, \mathbf{e}^3)$의 일차결합으로 나타내라.

풀이. 선형범함수 f에 대하여,

$$\begin{aligned} f(\mathbf{e}_1) &= 2 = (2\mathbf{e}^1 - 5\mathbf{e}^2 + \mathbf{e}^3)(\mathbf{e}_1), \\ f(\mathbf{e}_2) &= -5 = (2\mathbf{e}^1 - 5\mathbf{e}^2 + \mathbf{e}^3)(\mathbf{e}_2), \\ f(\mathbf{e}_3) &= 1 = (2\mathbf{e}^1 - 5\mathbf{e}^2 + \mathbf{e}^3)(\mathbf{e}_3) \end{aligned}$$

이므로 $f = 2\mathbf{e}^1 - 5\mathbf{e}^2 + \mathbf{e}^3$이다. □

2.3.2 쌍대사상과 전치행렬

선형사상 $L\colon \mathbb{E}^n \to \mathbb{E}^m$에 대하여, 만약 $f\colon \mathbb{E}^m \to \mathbb{R}$이 선형범함수이면 $f \circ L$은 벡터공간 $\mathbb{E}^n$에 정의된 선형범함수이다. 따라서 다음 사상이 정의된다.

정의 2.11: 쌍대사상

선형사상 $L\colon \mathbb{E}^n \to \mathbb{E}^m$에 대하여,

$$L^*(f) = f \circ L$$

로 정의되는 사상 $L^*\colon \mathbb{E}^{m*} \to \mathbb{E}^{n*}$을 사상 L의 **쌍대사상**이라고 한다.

선형범함수 $f\colon \mathbb{E}^m \to \mathbb{R}$와 $g\colon \mathbb{E}^m \to \mathbb{R}$와 실수 $a \in \mathbb{R}$에 대하여

$$L^*(f+g) = (f+g)\circ L = f\circ L + g\circ L = L^*(f) + L^*(g),$$
$$L^*(af) = (af)\circ L = a(f\circ L) = aL^*(f)$$

이므로 쌍대사상 L^*는 선형사상이다. 선형사상 L^*를 나타내기 위하여 다음 행렬을 정의한다.

정의 2.12: 전치행렬

크기가 $m\times n$인 행렬 $A = [a_{ij}]_{m\times n}$에 대하여, $b_{ij} = a_{ji}$로 정의되는 크기가 $n\times m$인 행렬 $[b_{ij}]_{n\times m}$를 A의 **전치행렬**이라고 하고 A^T로 나타낸다.

보기 2.5 행렬

$$A = \begin{bmatrix} 1 & 2 & 3 \\ 4 & 5 & 6 \end{bmatrix}, \qquad B = \begin{bmatrix} 1 & 4 \\ 2 & 5 \\ 3 & 6 \end{bmatrix}$$

에 대하여, $A^T = B$ 그리고 $B^T = A$이다.

선형사상 $L\colon \mathbb{E}^n \to \mathbb{E}^m$와 선형범함수 $f\colon \mathbb{E}^m \to \mathbb{R}$에 대하여, 행렬 $A = [a_{ij}]_{m\times n}$가 선형사상 L의 행렬표현이고 행렬 $B = [b_i]_{1\times m}$가 선형범함수 f의 행렬표현이라고 놓자. 그러면

$$L(x_1, x_2, \ldots, x_n) = (a_{11}x_1 + a_{12}x_2 + \cdots + a_{1n}x_n,$$
$$a_{21}x_1 + a_{22}x_2 + \cdots + a_{2n}x_n, \ldots, a_{m1}x_1 + a_{m_2}x_2 + \cdots + a_{mn}x_n)$$

그리고

$$f(y_1, y_2, \ldots, y_m) = b_1y_1 + b_2y_2 + \cdots + b_my_m$$

이므로 $\mathbf{x} = [x_1\ x_2\ \cdots\ x_n]^T$로 놓으면

$$[(f\circ L)(x_1, x_2, \ldots, x_n)] = BA\mathbf{x}$$

이다. 이때 벡터공간 $\mathbb{E}^n$에 대한 표준기저 $(\mathbf{e}_1, \mathbf{e}_2, \ldots, \mathbf{e}_n)$와 벡터공간 $\mathbb{E}^m$에 대한 표

준기저 $(\mathbf{f}_1, \mathbf{f}_2, \ldots, \mathbf{f}_m)$에 대하여

$$[\mathbf{f}^1 \circ L] = [\mathbf{f}^1][L] = [1\ 0\ \cdots\ 0]\begin{bmatrix} a_{11} & a_{12} & \cdots & a_{1n} \\ a_{21} & a_{22} & \cdots & a_{2n} \\ \vdots & \vdots & \ddots & \vdots \\ a_{m1} & a_{m2} & \cdots & a_{mn} \end{bmatrix} = [a_{11}\ a_{12}\ \cdots\ a_{1n}],$$

$$[\mathbf{f}^2 \circ L] = [\mathbf{f}^2][L] = [0\ 1\ \cdots\ 0]\begin{bmatrix} a_{11} & a_{12} & \cdots & a_{1n} \\ a_{21} & a_{22} & \cdots & a_{2n} \\ \vdots & \vdots & \ddots & \vdots \\ a_{m1} & a_{m2} & \cdots & a_{mn} \end{bmatrix} = [a_{21}\ a_{22}\ \cdots\ a_{2n}],$$

$$\vdots$$

$$[\mathbf{f}^m \circ L] = [\mathbf{f}^m][L] = [0\ 0\ \cdots\ 1]\begin{bmatrix} a_{11} & a_{12} & \cdots & a_{1n} \\ a_{21} & a_{22} & \cdots & a_{2n} \\ \vdots & \vdots & \ddots & \vdots \\ a_{m1} & a_{m2} & \cdots & a_{mn} \end{bmatrix} = [a_{m1}\ a_{m2}\ \cdots\ a_{mn}]$$

이므로

$$\begin{aligned} L^*(\mathbf{f}^1) &= \mathbf{f}^1 \circ L = a_{11}\mathbf{e}^1 + a_{12}\mathbf{e}^2 + \cdots + a_{1n}\mathbf{e}^n \\ L^*(\mathbf{f}^2) &= \mathbf{f}^2 \circ L = a_{21}\mathbf{e}^1 + a_{22}\mathbf{e}^2 + \cdots + a_{2n}\mathbf{e}^n \\ &\ \ \vdots \\ L^*(\mathbf{f}^m) &= \mathbf{f}^m \circ L = a_{m1}\mathbf{e}^1 + a_{m2}\mathbf{e}^2 + \cdots + a_{mn}\mathbf{e}^n \end{aligned}$$

이다. 순서쌍 $(\mathbf{f}^1, \mathbf{f}^2, \ldots, \mathbf{f}^m)$은 벡터공간 $\mathbb{E}^{m*}$의 표준기저이고 순서쌍 $(\mathbf{e}^1, \mathbf{e}^2, \ldots, \mathbf{e}^n)$은 벡터공간 $\mathbb{E}^{n*}$의 표준기저이므로 행렬 A^T는 쌍대사상 $L^*\colon \mathbb{E}^{m*} \to \mathbb{E}^{n*}$의 행렬표현이다. 이를 정리하면 다음과 같다.

정리 2.13: 쌍대사상과 전치행렬

선형사상 $L\colon \mathbb{E}^n \to \mathbb{E}^m$에 대하여, $A = [L]$이면 $A^T = [L^*]$이다.

예제 2.12 선형사상 $L(x, y) = (2x - 3y, 4x, -x + 3y)$에 대하여 다음 물음에 답하라.

(가) 선형사상 L의 행렬표현 $[L]$을 구하라.

(나) 선형사상 L의 쌍대사상 L^*을 구하라.

풀이. (가) 선형사상 L의 행렬표현은

$$[L] = \begin{bmatrix} 2 & -3 \\ 4 & 0 \\ -1 & 3 \end{bmatrix}$$

이다.

(나) 쌍대사상의 행렬표현이

$$[L^*] = \begin{bmatrix} 2 & 4 & 1 \\ -3 & 0 & 3 \end{bmatrix}$$

이므로 $L^*(x\mathbf{e}^1 + y\mathbf{e}^2 + z\mathbf{e}^3) = (2x + 4y + z)\mathbf{e}^1 + (-3x + 3z)\mathbf{e}^2$이다. □

행렬의 합과 실수배에 대한 전치행렬에서 다음의 기본 성질들이 성립한다.

정리 2.14: 전치행렬의 기본성질

크기가 $m \times n$인 행렬 A와 B와 실수 a에 대하여,

$$(A+B)^T = A^T + B^T, \qquad (aA)^T = aA^T$$

이다.

예제 2.13 행렬

$$A = \begin{bmatrix} 2 & -1 & 3 \\ 4 & -2 & 2 \end{bmatrix}, \qquad B = \begin{bmatrix} -2 & 3 & 4 \\ 2 & 3 & 1 \end{bmatrix}$$

에 대하여, 다음 물음에 답하라.

(가) 등식 $(A+B)^T = A^T + B^T$를 확인하라.

(나) 등식 $(3A)^T = 3A^T$를 확인하라.

풀이. (가) 행렬 A와 B에 대하여,

$$(A+B)^T = \begin{bmatrix} 0 & 2 & 7 \\ 6 & 1 & 3 \end{bmatrix}^T = \begin{bmatrix} 0 & 6 \\ 2 & 1 \\ 7 & 3 \end{bmatrix} = \begin{bmatrix} 2 & 4 \\ -1 & -2 \\ 3 & 2 \end{bmatrix} + \begin{bmatrix} -2 & 2 \\ 3 & 3 \\ 4 & 1 \end{bmatrix} = A^T + B^T$$

이다.

(나) 행렬 A에 대하여,

$$(3A)^T = \begin{bmatrix} 6 & -3 & 9 \\ 12 & -6 & 6 \end{bmatrix}^T = \begin{bmatrix} 6 & 12 \\ -3 & -6 \\ 9 & 6 \end{bmatrix} = 3\begin{bmatrix} 2 & 4 \\ -1 & -2 \\ 3 & 2 \end{bmatrix} = 3A$$

이다. □

선형사상 $L_1 \colon \mathbb{E}^n \to \mathbb{E}^m$와 $L_2 \colon \mathbb{E}^m \to \mathbb{E}^\ell$에 대하여 합성사상 $L_2 \circ L_1 \colon \mathbb{E}^n \to \mathbb{E}^\ell$이 선형사상임을 알고 있다. 이들 선형사상에 대응하는 쌍대사상 ${L_1}^* \colon \mathbb{E}^{m*} \to \mathbb{E}^{n*}$와 ${L_2}^* \colon \mathbb{E}^{\ell *} \to \mathbb{E}^{m*}$의 합성사상은 ${L_1}^* \circ {L_2}^* \colon \mathbb{E}^{\ell *} \to \mathbb{E}^{n*}$이다. 이때

$$(L_2 \circ L_1)^* = {L_1}^* \circ {L_2}^*$$

이다. 이를 행렬표현으로 나타내면 다음과 같다.

정리 2.15: 행렬곱과 전치행렬

크기가 $m \times n$인 행렬 A와 크기가 $\ell \times m$인 행렬 B에 대하여,

$$(BA)^T = A^T B^T$$

이다.

증명. 행렬 A와 B와 BA를 각각

$$A = [a_{ij}]_{m \times n}, \quad B = [b_{ij}]_{\ell \times m}, \quad BA = [c_{ij}]_{\ell \times n}$$

로 놓고, A^T와 B^T와 $(BA)^T$를 각각

$$A^T = [a'_{ij}]_{n \times m}, \quad B^T = [b'_{ij}]_{m \times \ell}, \quad (BA)^T = [c'_{ij}]_{n \times \ell}$$

로 놓자. 그리고 $A^T B^T = [d_{ij}]_{n \times \ell}$으로 놓자. 그러면 $1 \le i \le n$이고 $1 \le j \le \ell$일 때,

$$c'_{ij} = c_{ji} = \sum_{k=1}^{m} b_{jk} a_{ki} = \sum_{k=1}^{m} a_{ki} b_{jk} = \sum_{k=1}^{m} a'_{ik} b'_{kj} = d_{ij}$$

즉, $(BA)^T = A^T B^T$이다. □

연습문제 2.3

1. 다음 함수가 선형범함수인지 판별하라.

(가) $f(x,y,z) = 2 + x + 3y - z$, (나) $f(x,y,z) = 3x - y + 2z + xy$,
(다) $f(x,y,z) = 0$, (라) $f(x,y,z) = 5x + y - z$.

2. 다음 선형범함수의 합을 구하라.

(가) $f(x,y,z) = 3x - y + z,\ g(x,y,z) = 2x - 4z$,

(나) $f(x,y,z) = x + 2y - 3z,\ g(x,y,z) = 3x - 2y + z$.

3. 다음 선형범함수의 3배를 구하라.

(가) $f(x,y,z) = 2x + 3y - 3z$, (나) $f(x,y,z) = 3x - y + 2z$.

4. 다음 선형범함수를 표준기저 $(\mathbf{e}^1, \mathbf{e}^2, \mathbf{e}^3)$의 일차결합으로 나타내라.

(가) $f(x,y,z) = 2x - 3y - 2z$, (나) $f(x,y,z) = 2x - y + 2z$,
(다) $f(x,y,z) = x - 4z$, (라) $f(x,y,z) = 5x + 2y - z$.

5. 다음 행렬의 전치행렬을 구하라.

(가) $A = \begin{bmatrix} 3 & 1 \\ 2 & -4 \end{bmatrix}$, (나) $A = \begin{bmatrix} 2 & -3 \\ 2 & -1 \end{bmatrix}$,

(다) $A = \begin{bmatrix} 2 & -3 \\ 1 & -2 \\ 4 & -1 \end{bmatrix}$, (라) $A = \begin{bmatrix} 1 & 4 \\ 0 & 3 \\ 2 & -1 \end{bmatrix}$.

6. 선형사상 $L(x,y) = (3x - y, 2x + 4y, 3y)$에 대하여 다음 물음에 답하라.

(가) 선형사상 L의 행렬표현 $[L]$을 구하라.

(나) 선형사상 L의 쌍대사상 L^*의 행렬표현을 구하라.

(다) 선형사상 L의 쌍대사상 L^*을 구하라.

2.4 정사각행렬

2.4.1 정사각행렬

크기가 $n \times n$인 행렬을 **n차 정사각행렬**이라고 한다.

정의 2.13: 단위행렬

n차 정사각행렬 중에서 대각선 위의 성분은 1이고 나머지 성분은 모두 0인 행렬 즉,

$$a_{ij} = \begin{cases} 1 & i = j\text{일 때}, \\ 0 & i \neq j\text{일 때} \end{cases}$$

인 행렬 $[a_{ij}]_{n\times n}$을 **n차 단위행렬**[a]이라고 하고 I_n으로 나타낸다.

[a]단위행렬을 **항등행렬**이라고도 한다.

단위행렬

$$I_n = \begin{bmatrix} 1 & 0 & \cdots & 0 & 0 \\ 0 & 1 & \cdots & 0 & 0 \\ \vdots & \vdots & \ddots & \vdots & \vdots \\ 0 & 0 & \cdots & 1 & 0 \\ 0 & 0 & \cdots & 0 & 1 \end{bmatrix}$$

은 $L(\mathbf{x}) = \mathbf{x}$로 정의되는 **항등변환** $L: \mathbb{E}^n \to \mathbb{E}^n$의 행렬표현이다.

성분의 특성에 따라서 정사각행렬을 여러 가지로 분류할 수 있다. 먼저 대각에 대한 성분의 대칭성에 따라서 정사각행렬을 다음과 같이 분류한다.

정의 2.14: 대칭행렬과 교대행렬

n차 정사각행렬 A에 대하여, $A^T = A$이면 A를 **대칭행렬**이라고 하고, $A^T = -A$이면 A를 **교대행렬**이라고 한다.

교대행렬 $A = [a_{ij}]_{n\times n}$에 대하여, $A^T = -A$이므로 대각성분에 대하여

$$a_{ii} = -a_{ii} \quad (1 \leq i \leq n)$$

이다. 따라서 교대행렬 $A = [a_{ij}]$의 경우 모든 대각성분 a_{ii}는 0이다.

예제 2.14 다음 행렬이 대칭행렬인지 교대행렬인지 판별하라.

$$A = \begin{bmatrix} 1 & 0 & 2 \\ 0 & 2 & -3 \\ 2 & -3 & 0 \end{bmatrix}, \qquad B = \begin{bmatrix} 0 & 0 & 2 \\ 0 & 0 & -3 \\ -2 & 3 & 0 \end{bmatrix}.$$

풀이. 행렬 $A = [a_{ij}]$에 대하여, $a_{12} = 0 = a_{21}$, $a_{13} = 2 = a_{31}$, $a_{23} = -3 = a_{32}$이므로 행렬 A는 대칭행령이다. 또한 $a_{12} = 2 \neq -2 = -a_{21}$이므로 행렬 A는 교대행렬은 아니다. 행렬 $B = [b_{ij}]$에 대하여, $b_{12} = 0 = -b_{21}$, $b_{13} = 2 = -b_{31}$, $b_{23} = -3 = -b_{32}$, $b_{11} = 0 = -b_{11}$, $b_{22} = 0 - -b_{22}$, $b_{33} = 0 = -b_{33}$이므로 행렬 B는 교대행령이다. 또한 $a_{13} = 2 \neq -2 = b_{31}$이므로 행렬 B는 대칭행렬은 아니다. □

정사각행렬에 대하여, 주대각선 아래에 놓인 모든 성분이 0인지에 따라서 또는 주대각선 위에 놓인 모든 성분이 0인지에 따라서 다음과 같이 정사각행렬을 분류한다.

정의 2.15: 삼각행렬과 대각행렬

n차 정사각행렬 $A = [a_{ij}]$에 대하여, $i > j$인 모든 성분 a_{ij}가 0인 행렬은 **위삼각행렬**이라고 하고, $i < j$인 모든 성분 a_{ij}가 0인 행렬은 **아래삼각행렬**이라고 한다. 위삼각행렬과 아래삼각행렬을 통칭하여 **삼각행렬**이라고 한다. 위삼각행렬이면서 아래삼각행렬인 행렬, 즉 대각성분을 제외한 나머지 성분이 모두 0인 행렬을 **대각행렬**이라고 한다.

예제 2.15 다음 행렬이 위삼각행렬인지 아래삼각행렬인지 대각행렬인지 판별하라.

$$C = \begin{bmatrix} 1 & 0 & 2 \\ 0 & 2 & -3 \\ 0 & 0 & 0 \end{bmatrix}, \qquad D = \begin{bmatrix} 1 & 0 & 0 \\ 0 & 2 & 0 \\ 2 & 3 & 0 \end{bmatrix}, \qquad E = \begin{bmatrix} 1 & 0 & 0 \\ 0 & 2 & 0 \\ 0 & 0 & 0 \end{bmatrix}.$$

풀이. 행렬 $C = [c_{ij}]$에 대하여, $c_{21} = c_{31} = c_{32} = 0$이므로 행렬 C는 위삼각행렬이다. 또한 $c_{13} = 2 \neq 0$이므로 행렬 C는 아래삼각행렬이 아니다. 행렬 $D = [d_{ij}]$에 대하여, $d_{12} = d_{13} = d_{23} = 0$이므로 행렬 D는 아래삼각행렬이다. 또한 $d_{31} = 2 \neq 0$이므로 행렬 D는 위삼각행렬이 아니다. 행렬 $E = [e_{ij}]$에 대하여, 대각성분이 아닌 모든 성분이 0이므로 행렬 E는 위삼각행렬이면서 아래삼각행렬, 즉 대각행렬이다. □

2.4.2 가역행렬

n차 정사각행렬 A에 대하여, $AB = I_n$ 그리고 $BA = I_n$인 행렬 B가 존재하면 B는 n차 정사각행렬임을 알 수 있다.

정의 2.16: 가역행렬

n차 정사각행렬 A에 대하여,

$$AB = I_n \quad \text{그리고} \quad BA = I_n$$

인 행렬 B가 존재하면 A는 **가역행렬**이라고 한다.[a] 이때 B를 A의 **역행렬**이라고 한다.

[a] 가역행렬을 **정칙행렬**이라고도 한다.

$A\mathbf{O} = \mathbf{O}$이므로, 정사각행렬인 영행렬은 가역행렬이 될 수 없다.
정사각행렬 A가 가역행렬이면 그 역행렬은 유일하다.

정리 2.16: 역행렬의 유일성

n차 정사각행렬 A에 대하여, A가 가역행렬이면 A의 역행렬은 유일하다.

증명. 만약에 B와 C가 A의 역행렬이면,

$$BA = I_n, \quad AB = I_n, \quad CA = I_n, \quad AC = I_n$$

이므로

$$B = BI_n = B(AC) = (BA)C = I_nC = C$$

이다. □

이제부터 A의 역행렬을 A^{-1}로 나타낸다.

선형사상 $L\colon \mathbb{E}^n \to \mathbb{E}^n$에 대하여, L의 역사상 $L^{-1}\colon \mathbb{E}^n \to \mathbb{E}^n$이 존재한다고 가정하자. 선형사상 L의 행렬표현을 A로 놓고 역사상 L^{-1}의 행렬표현을 B로 놓으면

$$AB = [L][L^{-1}] = [\mathrm{Id}_n] = I_n \quad \text{그리고} \quad BA = [L^{-1}][L] = [\mathrm{Id}_n] = I_n$$

이므로 $B = A^{-1}$이다. 이를 정리하면 다음과 같다.

정리 2.17: 선형사상의 역사상과 행렬표현의 역행렬

선형사상 $L\colon \mathbb{E}^n \to \mathbb{E}^n$에 대하여, L의 역사상 $L^{-1}\colon \mathbb{E}^n \to \mathbb{E}^n$이 존재하면

$$[L^{-1}] = [L]^{-1}$$

이다.

따라서 선형사상 $L\colon \mathbb{E}^n \to \mathbb{E}^n$의 역사상 $L^{-1}\colon \mathbb{E}^n \to \mathbb{E}^n$을 구함은 행렬표현 $A = [L]_{n\times n}$의 역행렬 A^{-1}을 구함과 같다.

가역행렬에 대하여 다음 기본적인 성질이 성립함을 알 수 있다.

정리 2.18: 가역행렬의 기본적인 성질

모든 n차 정사각행렬들의 집합 $\mathcal{M}_{n\times n}(\mathbb{R})$에 대하여 다음이 성립한다.

(가) 단위행렬 I_n은 가역행렬이고 $I_n^{-1} = I_n$이다.

(나) 정사각행렬 A가 가역행렬이면 A^{-1}도 가역행렬이며 $(A^{-1})^{-1} = A$이다.

(다) 정사각행렬 A가 가역행렬이면 영이 아닌 실수 c에 대하여 cA도 가역행렬이고 $(cA)^{-1} = \frac{1}{c}A^{-1}$이다.

정사각행렬 A에 대하여, A가 가역행렬이라고 가정하자. 그러면

$$I_n = {I_n}^T = (A^{-1}A)^T = A^T(A^{-1})^T$$

그리고

$$I_n = {I_n}^T = (AA^{-1})^T = (A^{-1})^T A^T$$

이므로 $(A^T)^{-1} = (A^{-1})^T$이다. 이를 정리하면 다음과 같다.

정리 2.19: 가역행렬 전치행렬의 가역성

정사각행렬 A에 대하여, A가 가역행렬이면 A^T도 가역행렬이고 $(A^T)^{-1} = (A^{-1})^T$이다.

n차 정사각행렬 A와 B에 대하여, 행렬 A와 B가 가역행렬이라고 가정하자. 그러면

$$(B^{-1}A^{-1})(AB) = B^{-1}(A^{-1}A)B = B^{-1}B = I_n$$

그리고

$$(AB)(B^{-1}A^{-1}) = A(BB^{-1})A^{-1} = AA^{-1} = I_n$$

이므로 AB는 가역행렬이고 $(AB)^{-1} = B^{-1}A^{-1}$이다. 이를 정리하면 다음과 같다.

정리 2.20: 가역행렬 곱의 가역성

n차 정사각행렬 A와 B에 대하여, 행렬 A와 B가 가역행렬이면 AB도 가역행렬이고 $(AB)^{-1} = B^{-1}A^{-1}$이다.

일반적인 가역행렬 A에 대하여, 역행렬 A^{-1}을 구하는 방법은 다음 절에서 살펴보자. 여기서는 2차 가역행렬의 역행렬을 구하자.

정리 2.21: 2차 정사각행렬이 가역행렬이기 위한 필요충분조건

2차 정사각행렬

$$A = \begin{bmatrix} a & b \\ c & d \end{bmatrix}$$

에 대하여, $ad - bc \neq 0$은 A가 가역행렬이기 위한 필요충분조건이다.[a] 행렬 A가 가역행렬일 때 그 역행렬은

$$A^{-1} = \frac{1}{ad - bc}\begin{bmatrix} d & -b \\ -c & a \end{bmatrix}$$

이다.

[a] $ad - bc$를 행렬 A의 행렬식이라고 하고 $\det A$로 나타낸다. 제4장에서 일반적인 n차 정사각행렬의 행렬식을 살펴본다.

증명. 먼저 행렬 방정식

$$\begin{bmatrix} a & b \\ c & d \end{bmatrix}\begin{bmatrix} x & y \\ z & w \end{bmatrix} = \begin{bmatrix} 1 & 0 \\ 0 & 1 \end{bmatrix} \tag{2.6}$$

의 해를 구하자. 행렬 방정식 (2.6)은 다음 연립일차방정식

$$ax + bz = 1, \tag{i}$$
$$ay + bw = 0, \tag{ii}$$
$$cx + dz = 0, \tag{iii}$$
$$cy + dw = 1 \tag{iv}$$

로 나타낼 수 있다.

$a = 0$**인 경우**: 이 경우 방정식 (i)와 (ii)는

$$bz = 1, \tag{i-1}$$

$$bw = 0 \tag{ii-1}$$

이다. 이때 $b = 0$이면 방정식 (i-1)의 근이 존재하지 않기 때문에 방정식 (2.6)의 해는 존재하지 않는다. 이제 $b \neq 0$라고 가정하자. 그러면 방정식 (i-1)과 (ii-1)은

$$z = \frac{1}{b}, \tag{i-2}$$

$$w = 0 \tag{ii-2}$$

이다. 이때 $c = 0$이면 방정식 (iv)의 근이 존재하지 않기 때문에 방정식 (2.6)의 해는 존재하지 않는다. 또한 $c \neq 0$이면 방정식 (i-2), (ii-2), (iii), (iv)로부터

$$x = -\frac{d}{c}z = -\frac{d}{bc},$$
$$y = (1 - dw)\frac{1}{c} = \frac{1}{c}$$

이므로

$$X = \begin{bmatrix} x & y \\ z & w \end{bmatrix} = \begin{bmatrix} -\frac{d}{bc} & \frac{1}{c} \\ \frac{1}{b} & 0 \end{bmatrix} = \frac{1}{-bc}\begin{bmatrix} d & -b \\ -c & 0 \end{bmatrix}$$

이다. 행렬 X에 대하여 방정식 (2.6)이 성립함을 직접 대입하여 쉽게 확인할 수 있다. 정리하면, $b = 0$이거나 $c = 0$인 경우, 즉 $bc = 0$인 경우에는 방정식 (2.6)의 해가 존재하지 않고, $b \neq 0$이고 $c \neq 0$인 경우, 즉 $bc \neq 0$인 경우에는 방정식 (2.6)의 해는

$$\begin{bmatrix} x & y \\ z & w \end{bmatrix} = \frac{1}{-bc}\begin{bmatrix} d & -b \\ -c & 0 \end{bmatrix} \tag{2.7}$$

로 유일하게 존재한다.

$a \neq 0$**인 경우**: 이 경우 방정식 (i)와 (ii)는

$$x = -\frac{b}{a}z + \frac{1}{a}, \tag{i-2}$$

$$y = -\frac{b}{a}w \tag{ii-2}$$

이다. 방정식 (i-2)와 (iii)에 따라서

$$(ad - bc)z = -c \tag{iii-2}$$

이므로, 방정식 (ii-2)와 (iv)에 따라서

$$(ad - bc)w = a \tag{iv-2}$$

이다. 여기서 $ad - bc = 0$이면, 방정식 (iv-2)의 근이 존재하지 않으므로 방정식 (2.6)의 해가 존재하지 않는다. 또한 $ad - bc \neq 0$이면

$$\begin{bmatrix} x & y \\ z & w \end{bmatrix} = \frac{1}{ad - bc}\begin{bmatrix} d & -b \\ -c & a \end{bmatrix} \tag{2.8}$$

이다. 정리 2.16에서 역행렬이 유일함을 보였으므로 이 행렬이 방정식 (2.6)이 성립하는 유일해임을 확인할 수 있다.

$a = 0$인 경우 식 (2.8)은 식 (2.7)과 같으므로, 증명이 된다. □

위 정리의 증명에서 2차 정사각행렬 A에 대하여, $AB = I_2$인 행렬 B가 존재하면 $B = A^{-1}$임을 확인할 수 있다. 행렬 A와 B가 정사각행렬이 아닌 경우도 살펴보자.

보기 2.6 행렬

$$A = \begin{bmatrix} 1 & 2 & 0 \\ 2 & 0 & 1 \end{bmatrix}, \qquad B = \begin{bmatrix} 1 & 0 \\ 0 & 0 \\ -2 & 1 \end{bmatrix}$$

에 대하여,

$$AB = \begin{bmatrix} 1 & 0 \\ 0 & 1 \end{bmatrix} = I_2, \qquad BA = \begin{bmatrix} 1 & 2 & 0 \\ 0 & 0 & 0 \\ 0 & -4 & 1 \end{bmatrix} \neq I_3$$

이다.

n차 정사각행렬 A와 자연수 k에 대하여, A^k를 다음과 같이 귀납적으로 정의할 수 있다:

(가) $A^0 = I_n$,

(나) 자연수 m에 대하여, A^m이 정의될 때 $A^{m+1} = A^m A$로 정의한다.

그러면

$$A^2 = AA, \quad A^3 = AAA, \quad A^4 = AAAA, \quad \ldots$$

임을 알 수 있다. 만약 A가 가역행렬이면 음의 정수 $-k$에 대하여,

$$A^{-k} = (A^{-1})^k$$

로 정의한다. 따라서

$$A^{-2} = A^{-1}A^{-1}, \quad A^{-3} = A^{-1}A^{-1}A^{-1}, \quad A^{-4} = A^{-1}A^{-1}A^{-1}A^{-1}, \quad \ldots$$

임을 알 수 있다.

예제 2.16 실수 a에 대한 행렬

$$A = \begin{bmatrix} 1 & 0 \\ a & 1 \end{bmatrix}$$

에 대하여, 다음 물음에 답하라.

(가) 행렬 A가 가역행렬임을 보이고 역행렬 A^{-1}을 구하라.
(나) 자연수 m에 대하여 A^m을 구하라.
(다) 자연수 m에 대하여 A^{-m}을 구하라.

풀이. (가) $1 \cdot 1 - 0 \cdot a = 1 \neq 0$이므로 행렬 A는 가역행렬이고 A의 역행렬은

$$A^{-1} = \frac{1}{1 \cdot 1 - 0 \cdot a} \begin{bmatrix} 1 & 0 \\ -a & 1 \end{bmatrix} = \begin{bmatrix} 1 & 0 \\ -a & 1 \end{bmatrix}$$

이다.

(나) 자연수 m에 대한 수학적 귀납법으로 증명하자. 먼저 행렬 A에 대하여

$$A^2 = \begin{bmatrix} 1 & 0 \\ a & 1 \end{bmatrix} \begin{bmatrix} 1 & 0 \\ a & 1 \end{bmatrix} = \begin{bmatrix} 1 & 0 \\ 2a & 1 \end{bmatrix}$$

이다. 이제 자연수 k에 대하여

$$A^k = \begin{bmatrix} 1 & 0 \\ ka & 1 \end{bmatrix}$$

라고 가정하자. 그러면

$$A^{k+1} = \begin{bmatrix} 1 & 0 \\ ka & 1 \end{bmatrix} \begin{bmatrix} 1 & 0 \\ a & 1 \end{bmatrix} = \begin{bmatrix} 1 & 0 \\ (k+1)a & 1 \end{bmatrix}$$

이다. 수학적 귀납법에 따라서 자연수 m에 대하여

$$A^m = \begin{bmatrix} 1 & 0 \\ ma & 1 \end{bmatrix}$$

이 증명된다.

(다) 자연수 m에 대하여,

$$A^{-m} = (A^m)^{-1} = \begin{bmatrix} 1 & 0 \\ ma & 1 \end{bmatrix}^{-1} = \frac{1}{1 \cdot 1 - 0 \cdot ma} \begin{bmatrix} 1 & 0 \\ -ma & 1 \end{bmatrix} = \begin{bmatrix} 1 & 0 \\ -ma & 1 \end{bmatrix}$$

이다. □

2.4.3 대각합

정사각행렬에 대하여, 대각성분들의 합을 다음과 같이 정의한다.

정의 2.17: 대각합

n차 정사각행렬 $A = [a_{ij}]_{n \times n}$에 대하여, A의 대각성분들의 합

$$\sum_{i=1}^{n} a_{ii} = a_{11} + a_{22} + \cdots + a_{nn}$$

을 A의 **대각합**이라고 하고 $\operatorname{tr} A$로 나타낸다.

보기 2.7 정사각행렬

$$A = \begin{bmatrix} 1 & 0 & 3 \\ 2 & 4 & -2 \\ -1 & 3 & 5 \end{bmatrix}$$

에 대하여,

$$\operatorname{tr} A = 1 + 4 + 5 = 10$$

이다.

대각합의 정의에 따라서 다음의 기본적인 성질이 성립함을 알 수 있다.

정리 2.22: 대각합의 기본적인 성질

n차 정사각행렬 A, B와 실수 c에 대하여,

(가) $\operatorname{tr}(A+B) = \operatorname{tr} A + \operatorname{tr} B$,

(나) $\operatorname{tr} A^T = \operatorname{tr} A$,

(다) $\operatorname{tr}(cA) = c \operatorname{tr} A$

이다.

위 정리의 증명을 제3차 정사각행렬에 대하여 알아보자. 3차 정사각행렬 $A = [a_{ij}]$와 $B = [b_{ij}]$에 대하여,

$$\begin{aligned} \operatorname{tr}(A+B) &= (a_{11}+b_{11}) + (a_{22}+b_{22}) + (a_{33}+b_{33}) \\ &= (a_{11}+a_{22}+a_{33}) + (b_{11}+b_{22}+b_{33}) \\ &= \operatorname{tr} A + \operatorname{tr} B \end{aligned}$$

이다. 또한

$$A = \begin{bmatrix} a_{11} & a_{12} & a_{13} \\ a_{21} & a_{22} & a_{23} \\ a_{31} & a_{32} & a_{33} \end{bmatrix}, \qquad A^T = \begin{bmatrix} a_{11} & a_{21} & a_{31} \\ a_{12} & a_{22} & a_{32} \\ a_{13} & a_{23} & a_{33} \end{bmatrix}$$

이므로

$$\operatorname{tr} A^T = a_{11} + a_{22} + a_{33} = \operatorname{tr} A$$

이다. 또한 실수 c에 대하여

$$\operatorname{tr}(cA) = (ca_{11} + ca_{22} + ca_{33}) = c(a_{11} + a_{22} + a_{33}) = c \operatorname{tr} A$$

이다.

앞의 정리는 비교적 간단한 계산이므로 정리의 내용이 쉽게 유도된다. 다음은 다소 복잡한 계산이 필요한 정리이다.

정리 2.23: 정사각행렬 곱과 대각합

n차 정사각행렬 A, B에 대하여, $\operatorname{tr}(AB) = \operatorname{tr}(BA)$이다.

위 정리의 증명을 3차 정사각행렬 $A = [a_{ij}]$와 $B = [b_{ij}]$에서 살펴보자. 정사각행렬

AB의 (i,i) 성분이 $a_{i1}b_{1i}+a_{i2}b_{2i}+a_{i3}b_{3i}$이므로

$$\begin{aligned}\operatorname{tr} AB &= (a_{11}b_{11}+a_{12}b_{21}+a_{13}b_{31})\\ &\quad+(a_{21}b_{12}+a_{22}b_{22}+a_{23}b_{32})\\ &\quad+(a_{31}b_{13}+a_{32}b_{23}+a_{33}b_{33})\\ &=(a_{11}b_{11}+a_{21}b_{12}+a_{31}b_{13})\\ &\quad+(a_{12}b_{21}+a_{22}b_{22}+a_{32}b_{23})\\ &\quad+(a_{13}b_{31}+a_{23}b_{32}+a_{33}b_{33})\\ &=(b_{11}a_{11}+b_{12}a_{21}+b_{13}a_{31})\\ &\quad+(b_{21}a_{12}+b_{22}a_{22}+b_{23}a_{32})\\ &\quad+(b_{31}a_{31}+b_{32}a_{23}+b_{33}a_{33})\\ &=\operatorname{tr} BA\end{aligned}$$

이다.

연습문제 2.4

1. 다음 행렬이 대칭행렬인지 교대행렬인지 판별하라.

$$A = \begin{bmatrix} 3 & 1 & 2 \\ 1 & -1 & -3 \\ 2 & -3 & 0 \end{bmatrix}, \quad B = \begin{bmatrix} 0 & 1 & 2 \\ -1 & 0 & -3 \\ -2 & 3 & 4 \end{bmatrix}, \quad C = \begin{bmatrix} 0 & 1 & 2 \\ -1 & 0 & -3 \\ -2 & 3 & 0 \end{bmatrix}.$$

2. 정사각행렬 A에 대하여, A가 가역행렬이면 A^{-1}도 가역행렬이며 $(A^{-1})^{-1} = A$ 임을 보이라.

3. 정사각행렬 A와 영이 아닌 실수 c에 대하여, A가 가역행렬이면 cA도 가역행렬이며 $(cA)^{-1} = \frac{1}{c}A^{-1}$임을 보이라.

4. 다음 행렬이 가역행렬인지 판별하고 가역행렬이면 역행렬을 구하라.

$$A = \begin{bmatrix} 2 & -1 \\ 1 & 2 \end{bmatrix}, \quad B = \begin{bmatrix} 2 & 3 \\ 4 & 6 \end{bmatrix}, \quad C = \begin{bmatrix} 0 & 2 \\ 3 & 0 \end{bmatrix}.$$

5. 다음 행렬의 대각합을 구하라.

$$A = \begin{bmatrix} 1 & -2 & 2 \\ 2 & 3 & 1 \\ -1 & 3 & 4 \end{bmatrix}, \quad B = \begin{bmatrix} 1 & 3 & -2 \\ 2 & 1 & -3 \\ 4 & 6 & 8 \end{bmatrix}, \quad C = \begin{bmatrix} 0 & 1 & 2 \\ 3 & -2 & 1 \\ 0 & 2 & 4 \end{bmatrix}.$$

6. n차 정사각행렬 A와 B에 대하여, $\operatorname{tr}(A+B) = \operatorname{tr} A + \operatorname{tr} B$임을 보이라.

7. n차 정사각행렬 A에 대하여, $\operatorname{tr} A^T = \operatorname{tr} A$임을 보이라.

8. n차 정사각행렬 A와 실수 c에 대하여, $\operatorname{tr}(cA) = c \operatorname{tr} A$임을 보이라.

9. n차 정사각행렬 A, B에 대하여, $\operatorname{tr}(AB) = \operatorname{tr}(BA)$임을 보이라.

제 3 장

연립일차방정식과 행렬의 LDU 분해

이 장에서는 연립일차방정식과 이와 관련된 행렬 연산에 대하여 탐구한다.

연립일차방정식은 행렬의 식으로 나타낼 수 있다. 연립일차방정식의 풀이에 대한 기본연산을 행렬에 대한 기본행연산과 기본행렬로 나타낼 수 있으며 이때 풀이를 가우스-조단 소거법이라고 한다. 가우스-조단 소거법을 이용하여 정사각행렬의 역행렬을 구할 수 있다. 가우스-조단 소거법은 행렬의 LDU 분해로 나타낼 수 있다.

행렬은 선형사상을 나타내므로 이와 관련된 벡터공간의 네 가지 기본공간을 알 수 있다. 여기서 행렬의 계수와 퇴화차수를 탐구한다.

3.1 연립일차방정식과 기본행연산

이 절에서는 연립일차방정식의 해의 존재성과, 해가 존재하는 경우 그 해를 구하는 방법에 대하여 알아본다.

3.1.1 연립일차방정식

두 개의 일차방정식

$$\begin{cases} 2x - y = 3, \\ x + 3y = 5 \end{cases}$$

에 대하여, $x = 2, y = 1$은 두 일차방정식의 공통근이다. 위와 같은 방정식의 모임을 다음과 같이 정의한다.

정의 3.1: 연립일차방정식

실수 a_{ij} $(1 \leq i \leq m,\ 1 \leq j \leq n)$, b_j $(1 \leq j \leq m)$에 대한 일차방정식 모임

$$\begin{cases} a_{11}x_1 + a_{12}x_2 + \cdots + a_{1n}x_n = b_1, \\ a_{21}x_1 + a_{22}x_2 + \cdots + a_{2n}x_n = b_2, \\ \qquad\qquad\vdots \\ a_{m1}x_1 + a_{m2}x_2 + \cdots + a_{mn}x_n = b_m \end{cases} \tag{3.1}$$

은 $x_1, x_2, \ldots, x_n$에 대한 **연립일차방정식**이라고 한다. 이때 $b_1 = b_2 = \cdots = b_m = 0$이면 이 연립일차방정식은 **동형연립일차방정식**이라고 한다. 벡터 $(s_1, s_2, \ldots, s_n)$에 대하여, $x_1 = s_1, x_2 = s_2, \ldots, x_n = s_n$이 모든 일차방정식의 근이면 벡터 $(s_1, s_2, \ldots, s_n)$은 연립일차방정식 (3.1)의 **해**라고 한다.

위의 정의에 나오는 m개의 방정식이 일차방정식이므로

$$(a_{i1}, a_{i2}, \ldots, a_{in}) \neq (0, 0, \ldots, 0) \quad (1 \leq i \leq m)$$

이다.

연립일차방정식의 해는 무수히 많을 수도 있고, 존재하지 않을 수도 있으며, 유일하게 존재할 수도 있다. 연립일차방정식

$$\begin{cases} a_1x + b_1y = c_1, \\ a_2x + b_2y = c_2 \end{cases}$$

를 살펴보자.

(가) $a_1 : b_1 : c_1 = a_2 : b_2 : c_2$인 경우: 오른쪽 그림과 같이 두 일차방정식이 나타내는 직선이 일치하고 직선에 놓인 점들이 모두 연립일차방정식의 해이다.

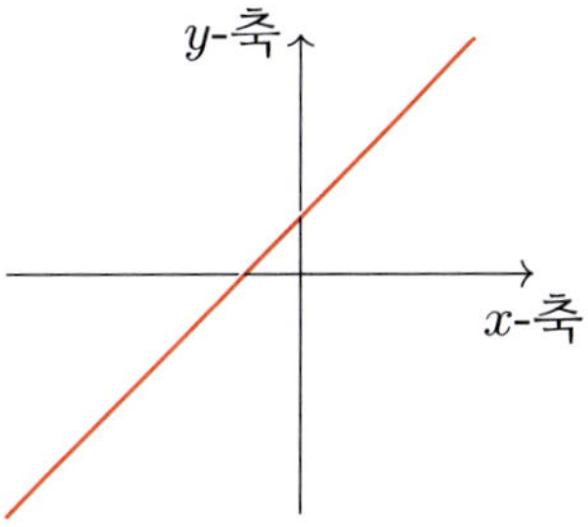

(나) $a_1 : b_1 = a_2 : b_2$ 그리고 $a_1 : b_1 : c_1 \neq a_2 : b_2 : c_2$인 경우: 오른쪽 그림과 같이 두 일차방정식의 근을 나타내는 직선들이 서로 평행하다. 연립방정식의 해는 두 직선에 동시에 속하는 점인데 그런 점은 존재하지 않으므로 연립방정식의 해는 존재하지 않는다.

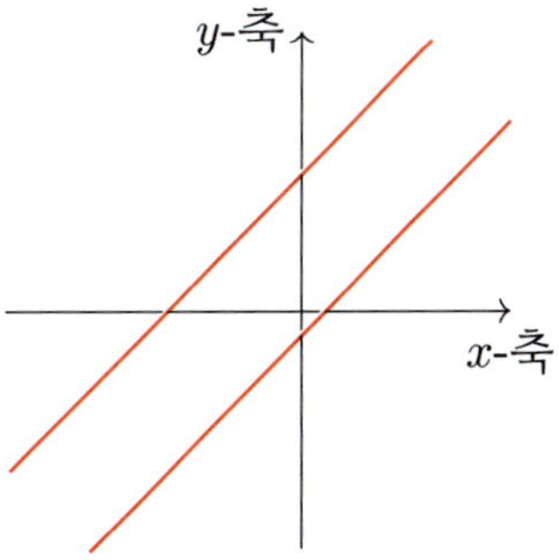

(다) $a_1 : b_1 \neq a_2 : b_2$인 경우: 오른쪽 그림과 같이 두 일차방정식의 근을 나타내는 직선이 한 점에서 만난다. 이 교점이 연립방정식의 해이므로 연립방정식의 해는 유일하게 존재한다.

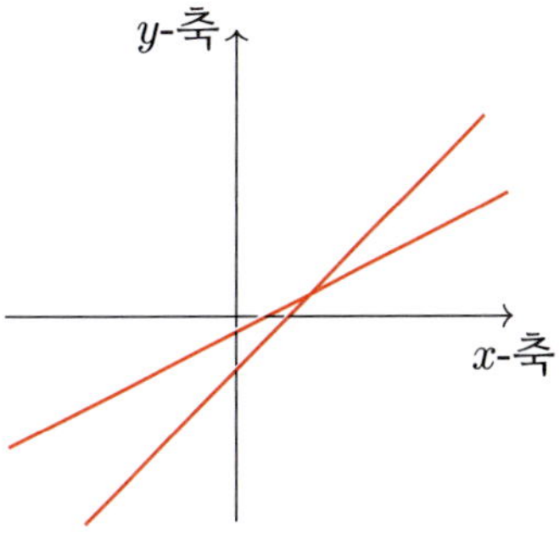

연립일차방정식을 행렬을 이용하여 풀기 위하여 먼저 다음 행렬을 정의하자.

정의 3.2: 덧붙인 행렬

행의 개수가 같은 행렬 $A = [a_{ij}]_{m\times n}$와 $B = [b_{ij}]_{m\times k}$에 대하여,

$$c_{ij} = \begin{cases} a_{ij} & 1 \le j \le n\text{일 때}, \\ b_{i(j-n)} & n+1 \le j \le n+k\text{일 때} \end{cases}$$

로 정의되는 행렬 $C = [c_{ij}]_{m\times(n+k)}$를 A와 B의 **덧붙인 행렬**이라고 한다.[a]

[a] 덧붙인 행열을 **첨가행렬** 또는 **붙임행렬**이라고도 한다.

예제 3.1 행렬

$$A = \begin{bmatrix} 1 & 2 \\ 3 & 4 \end{bmatrix}, \qquad B = \begin{bmatrix} 5 & 6 & 7 \\ 8 & 9 & 10 \end{bmatrix}$$

에 대하여, 행렬 A와 B의 덧붙인 행렬을 구하라.

풀이. 행렬

$$\begin{bmatrix} 1 & 2 & 5 & 6 & 7 \\ 3 & 4 & 8 & 9 & 10 \end{bmatrix}$$

이 행렬 A와 B의 덧붙인 행렬이다. □

연립일차방정식

$$\begin{cases} a_{11}x_1 + a_{12}x_2 + \cdots + a_{1n}x_n = b_1, \\ a_{21}x_1 + a_{22}x_2 + \cdots + a_{2n}x_n = b_2, \\ \qquad\qquad\qquad\qquad \vdots \\ a_{m1}x_1 + a_{m2}x_2 + \cdots + a_{mn}x_n = b_m \end{cases} \tag{3.2}$$

에 대하여, 행렬 등식

$$\begin{bmatrix} a_{11} & a_{12} & \cdots & a_{1n} \\ a_{21} & a_{22} & \cdots & a_{2n} \\ \vdots & \vdots & \ddots & \vdots \\ a_{m1} & a_{m2} & \cdots & a_{mn} \end{bmatrix} \begin{bmatrix} x_1 \\ x_2 \\ \vdots \\ x_n \end{bmatrix} = \begin{bmatrix} b_1 \\ b_2 \\ \vdots \\ b_m \end{bmatrix}$$

은 연립일차방정식 (3.2)의 행렬표현이다. 이때 행렬 $A = [a_{ij}]$를 연립일차방정식 (3.2)의 **계수행렬**이라고 하고, 행렬 $A = [a_{ij}]_{m\times n}$와 열행렬 $\mathbf{b} = [b_i]_{m\times 1}$의 덧붙인 행렬

$$\begin{bmatrix} a_{11} & a_{12} & \cdots & a_{1n} & b_1 \\ a_{21} & a_{22} & \cdots & a_{2n} & b_2 \\ \vdots & \vdots & \ddots & \vdots & \vdots \\ a_{m1} & a_{m2} & \cdots & a_{mn} & b_m \end{bmatrix}$$

을 연립일차방정식 (3.2)의 **덧붙인 행렬**이라고 한다. 열행렬 $\mathbf{x} = [x_i]_{m\times 1}$에 대하여 연립일차방정식 (3.2)의 행렬표현

$$A\mathbf{x} = \mathbf{b}$$

를 간단히 **연립일차방정식**이라고도 한다.

예제 3.2 연립일차방정식

$$\begin{cases} 2x - y = 4, \\ x + y = 3 \end{cases}$$

의 계수행렬과 덧붙인 행렬을 구하라.

풀이. 주어진 연립일차방정식을

$$\begin{bmatrix} 2 & -1 \\ 1 & 1 \end{bmatrix} \begin{bmatrix} x \\ y \end{bmatrix} = \begin{bmatrix} 4 \\ 3 \end{bmatrix}$$

와 같이 행렬로 나타낼 수 있으므로 행렬

$$\begin{bmatrix} 2 & -1 \\ 1 & 1 \end{bmatrix}, \qquad \begin{bmatrix} 2 & -1 & 4 \\ 1 & 1 & 3 \end{bmatrix}$$

이 각각 주어진 연립일차방정식의 계수행렬과 덧붙인 행렬이다. □

3.1.2 행렬에 대한 기본행연산과 기본행렬

연립일차방정식

$$\begin{cases} 2x - y = 3, \\ x + 3y = 5 \end{cases} \tag{3.3}$$

에 대하여, 다음을 알 수 있다.

(가) 연립일차방정식 (3.3)의 두 일차방정식의 순서를 바꾸어 새로운 연립일차방정식

$$\begin{cases} x + 3y = 5, \\ 2x - y = 3 \end{cases} \tag{3.4}$$

을 만들 수 있다. 이때 두 연립일차방정식 (3.3)와 (3.4)을 구성하는 일차방정식이 변한 것은 아니므로 두 연립일차방정식의 해는 동일하다.

(나) 연립일차방정식 (3.3)의 두 번째 일차방정식의 좌우변에 3배를 더하여 새로운 연립일차방정식

$$\begin{cases} 2x - y = 3, \\ 3x + 9y = 15 \end{cases} \tag{3.5}$$

을 만들 수 있다. 이때 일차방정식 $3x+9y = 15$와 원래의 일차방정식 $x+3x = 5$의 근은 동일하므로 두 연립일차방정식 (3.3)와 (3.5)의 해는 동일하다.

(다) 연립일차방정식 (3.3)의 두 번째 일차방정식에 첫 번째 일차방정식의 4배인 $8x - 4y = 12$를 더하여 새로운 연립일차방정식

$$\begin{cases} 2x - y = 3, \\ 9x - y = 17 \end{cases} \tag{3.6}$$

을 만들 수 있다. 만약 (x_0, y_0)이 연립일차방정식 (3.3)의 해이면 (x_0, y_0)은 연립일차방정식을 구성하는 모든 일차방정식의 공통근이므로

$$9x_0 - y_0 = (x_0 + 3y_0) + 4(2x_0 - y_0) = 5 + 4 \cdot 3 = 17$$

즉 (x_0, y_0)은 일차방정식 $9x - y = 17$의 근이다. 따라서 연립일차방정식 (3.3)의 해는 연립일차방정식 (3.6)의 해가 된다. 그런데 연립일차방정식 (3.6)의 두 번째 일차방정식에 첫 번째 일차방정식의 -4배인 $-8x + 4y = -12$를 더하면 연립일차방정식 (3.3)이 만들어지므로, 앞의 논리에 따라서 연립일차방정식 (3.6)의 해는 연립일차방정식 (3.3)의 해가 된다. 따라서 두 연립일차방정식 (3.3)과 (3.6)의 해는 동일하다.

위의 내용을 일반적인 연립일차방정식에 적용할 수 있다. 일반적인 연립일차방정식에 대하여, 해를 유지하면서 주어진 연립일차방정식을 간단한 형태의 연립일차방정식으로 변형하기 위하여 연립일차방정식에 다음 **기본연산**을 적용한다:

(I) 두 일차방정식의 순서를 바꾼다;

(II) 한 일차방정식의 양변에 0이 아닌 실수를 곱한다;

(III) 한 일차방정식에 다른 일차방정식의 상수배를 더한다.

위의 (I)형 기본연산이 적용되면 연립일차방정식을 구성하는 일차방정식은 유지되므로 연립일차방정식의 해는 변함없다. (II)형 기본연산이 적용되면 변형된 일차방정식의 근은 원래의 일차방정식의 근과 같다. (III)형 기본연산이 적용되면 원래의 연립일차방정식의 해가 변형된 연립일차방정식의 해가 된다. 이때 변형된 연립일차방정식에 (III)형 기본연산을 적용하여 원래의 연립일차방정식을 만들 수 있으므로 변형된 연립일차방정식의 해는 원래의 연립일차방정식의 해와 같다. 따라서 (I)형 또는 (II)형 또는 (III)형의 기본연산을 적용하면 변형된 연립일차방정식의 해는 원래의 연립일차방정식의 해와 같다.

연립일차방정식의 기본연산에 대응하는 행렬의 기본연산을 다음과 같이 정의한다.

정의 3.3: 행렬에 대한 기본행연산과 기본행렬

크기가 $m \times (n+1)$인 행렬 A에 대하여, 행에 대한 연산

(I) A의 i행과 j행을 서로 맞바꾼다;

(II) 0이 아닌 실수 a에 대하여 A의 i행을 a배 한다;

(III) 실수 b에 대하여 A의 i행에 j행의 b배를 더한다

들은 **기본행연산**이라고 한다. 단위행렬 I_m에 기본행연산을 한 번 수행하여 만들어진 행렬은 **기본행렬**이라고 한다.

크기가 $4 \times (n+1)$인 행렬

$$A = \begin{bmatrix} a_{11} & a_{12} & \cdots & a_{1(n+1)} \\ a_{21} & a_{22} & \cdots & a_{2(n+1)} \\ a_{31} & a_{32} & \cdots & a_{3(n+1)} \\ a_{41} & a_{42} & \cdots & a_{4(n+1)} \end{bmatrix}$$

에 대하여 다음을 알 수 있다.

(가) 행렬 A의 1행과 3행을 서로 바꾸는 기본연산 결과는 기본행렬

$$E_1 = \begin{bmatrix} 0 & 0 & 1 & 0 \\ 0 & 1 & 0 & 0 \\ 1 & 0 & 0 & 0 \\ 0 & 0 & 0 & 1 \end{bmatrix}$$

을 A의 왼쪽에 곱한

$$E_1 A = \begin{bmatrix} 0 & 0 & 1 & 0 \\ 0 & 1 & 0 & 0 \\ 1 & 0 & 0 & 0 \\ 0 & 0 & 0 & 1 \end{bmatrix} \begin{bmatrix} a_{11} & a_{12} & \cdots & a_{1(n+1)} \\ a_{21} & a_{22} & \cdots & a_{2(n+1)} \\ a_{31} & a_{32} & \cdots & a_{3(n+1)} \\ a_{41} & a_{42} & \cdots & a_{4(n+1)} \end{bmatrix} = \begin{bmatrix} a_{31} & a_{32} & \cdots & a_{3(n+1)} \\ a_{21} & a_{22} & \cdots & a_{2(n+1)} \\ a_{11} & a_{12} & \cdots & a_{1(n+1)} \\ a_{41} & a_{42} & \cdots & a_{4(n+1)} \end{bmatrix}$$

와 같다.

(나) 행렬 A의 2행을 3배 하는 기본연산 결과는 기본행렬

$$E_2 = \begin{bmatrix} 1 & 0 & 0 & 0 \\ 0 & 3 & 0 & 0 \\ 0 & 0 & 1 & 0 \\ 0 & 0 & 0 & 1 \end{bmatrix}$$

를 A의 왼쪽에 곱한

$$\begin{aligned} E_2A &= \begin{bmatrix} 1 & 0 & 0 & 0 \\ 0 & 3 & 0 & 0 \\ 0 & 0 & 1 & 0 \\ 0 & 0 & 0 & 1 \end{bmatrix} \begin{bmatrix} a_{11} & a_{12} & \cdots & a_{1(n+1)} \\ a_{21} & a_{22} & \cdots & a_{2(n+1)} \\ a_{31} & a_{32} & \cdots & a_{3(n+1)} \\ a_{41} & a_{42} & \cdots & a_{4(n+1)} \end{bmatrix} \\ &= \begin{bmatrix} a_{11} & a_{12} & \cdots & a_{1(n+1)} \\ 3a_{21} & 3a_{22} & \cdots & 3a_{2(n+1)} \\ a_{31} & a_{32} & \cdots & a_{3(n+1)} \\ a_{41} & a_{42} & \cdots & a_{4(n+1)} \end{bmatrix} \end{aligned}$$

와 같다.

(다) 행렬 A의 4행에 1행의 2배를 더하는 기본연산 결과는 기본행렬

$$E_3 = \begin{bmatrix} 1 & 0 & 0 & 0 \\ 0 & 1 & 0 & 0 \\ 0 & 0 & 1 & 0 \\ 2 & 0 & 0 & 1 \end{bmatrix}$$

를 A의 왼쪽에 곱한

$$\begin{aligned} E_3A &= \begin{bmatrix} 1 & 0 & 0 & 0 \\ 0 & 1 & 0 & 0 \\ 0 & 0 & 1 & 0 \\ 2 & 0 & 0 & 1 \end{bmatrix} \begin{bmatrix} a_{11} & a_{12} & \cdots & a_{1(n+1)} \\ a_{21} & a_{22} & \cdots & a_{2(n+1)} \\ a_{31} & a_{32} & \cdots & a_{3(n+1)} \\ a_{41} & a_{42} & \cdots & a_{4(n+1)} \end{bmatrix} \\ &= \begin{bmatrix} a_{11} & a_{12} & \cdots & a_{1(n+1)} \\ a_{21} & a_{22} & \cdots & a_{2(n+1)} \\ a_{31} & a_{32} & \cdots & a_{3(n+1)} \\ 2a_{11} + a_{41} & 2a_{12} + a_{42} & \cdots & 2a_{1(n+1)} + a_{4(n+1)} \end{bmatrix} \end{aligned}$$

와 같다.

기본행렬의 역행렬 기본행렬은 가역행렬임을 다음에서 확인할 수 있다.

정리 3.1: 기본행렬의 가역성

크기가 $m \times m$인 기본행렬은 가역행렬이다.

증명. 기본행렬의 유형에 따라서 다음을 알 수 있다.

(가) 기본행렬 E_1이 (I)형이라고 가정하자. 그러면 $E_1E_1 = I_m$이므로 E_1은 가역행렬이고 $E_1^{-1} = E_1$이다.

(나) 기본행렬 E_2가 (II)형으로서 E_2는 단위행렬 I_m에서 제i행을 0이 아닌 상수 a배 하여 만든 행렬이라고 가정하자. 그러면 단위행렬 I_m에서 제i행을 $1/a$배 하여 만든 기본행렬을 E라고 놓으면 $EE_2 = I_m = E_2E$이다. 즉 E_2는 가역행렬이고 $E_2^{-1} = E$이다.

(다) 기본행렬 E_3이 (III)형으로서 E_3은 단위행렬 I_m에서 제i행에 제j행의 b배가 더해진 행렬이라고 가정하자. 그러면 단위행렬 I_m에서 제i행에 제j행의 $-b$배를 더하여 만든 기본행렬을 F라고 놓으면 $FE_3 = I_m = E_3F$이다. 즉 E_3는 가역행렬이고 $E_3^{-1} = F$이다. □

위의 증명과정에서 다음을 확인할 수 있다.

행렬 E에 대하여, E가 기본행렬이면 E^{-1}도 E와 같은 유형의 기본행렬이다.

보기 3.1 각각 (I)형, (II)형, (III)인 기본행렬

$$E_1 = \begin{bmatrix} 0 & 0 & 1 & 0 \\ 0 & 1 & 0 & 0 \\ 1 & 0 & 0 & 0 \\ 0 & 0 & 0 & 1 \end{bmatrix}, \qquad E_2 = \begin{bmatrix} 1 & 0 & 0 & 0 \\ 0 & 3 & 0 & 0 \\ 0 & 0 & 1 & 0 \\ 0 & 0 & 0 & 1 \end{bmatrix}, \qquad E_3 = \begin{bmatrix} 1 & 0 & 0 & 0 \\ 0 & 1 & 0 & 0 \\ 0 & 0 & 1 & 0 \\ 2 & 0 & 0 & 1 \end{bmatrix}$$

에 대하여,

$$E_1{}^{-1} = E_1, \qquad E_2{}^{-1} = \begin{bmatrix} 1 & 0 & 0 & 0 \\ 0 & \frac{1}{3} & 0 & 0 \\ 0 & 0 & 1 & 0 \\ 0 & 0 & 0 & 1 \end{bmatrix}, \qquad E_3{}^{-1} = \begin{bmatrix} 1 & 0 & 0 & 0 \\ 0 & 1 & 0 & 0 \\ 0 & 0 & 1 & 0 \\ -2 & 0 & 0 & 1 \end{bmatrix}$$

이다.

기본행렬의 전치행렬 기본행렬에 대하여, 전치행렬의 경우도 역행렬과 같이 다음을 알 수 있다.

정리 3.2: 기본행렬의 전치행렬

행렬 E에 대하여, E가 기본행렬이면 E^T도 E와 같은 유형의 기본행렬이다.

증명. (가) 기본행렬 E_1가 (I)형이라고 가정하자. 이때 기본행렬 E_1은 단위행렬 I_m에서 제i행과 제j행이 바뀐 행렬이라고 가정할 수 있다. 그러면 $a_{k\ell}$이 행렬 E_1의 (k,ℓ) 성분일 때, 다른 성분들은 단위행렬의 성분과 같고 $a_{ii}=0$, $a_{ij}=1$, $a_{ji}=1$, $a_{jj}=0$이다. 따라서 ${E_1}^T=E_1$이다.

(나) 기본행렬 E_2가 (II)형으로서 E_2는 단위행렬 I_m에서 제i행을 0이 아닌 상수 a배 하여 만들어진 행렬이라고 가정하자. 그러면 ${E_2}^T=E_2$이다.

(다) 기본행렬 E_3가 (III)형으로서 E_3는 단위행렬 I_m에서 제i행에 제j행의 α배가 더해진 행렬이라고 가정하자. 그러면 $a_{k\ell}$이 행렬 E_3의 (k,ℓ) 성분일 때, 다른 성분들은 단위행렬의 성분과 같고 $a_{ii}=1$, $a_{ij}=\alpha$, $a_{ji}=0$, $a_{jj}=1$이다. 따라서 $b_{k\ell}$이 행렬 ${E_3}^T$의 (k,ℓ) 성분일 때, 다른 성분들은 단위행렬의 성분과 같고 $b_{ii}=1$, $b_{ij}=0$, $b_{ji}=\alpha$, $b_{jj}=1$이다. 따라서 행렬 ${E_3}^T$는 (III)형 기본행렬로서 단위행렬 I_m에서 제j행에 제i행의 α배가 더해진 행렬이다. □

보기 3.2 각각 (I)형, (II)형, (III)형인 기본행렬

$$E_1=\begin{bmatrix}0&0&1&0\\0&1&0&0\\1&0&0&0\\0&0&0&1\end{bmatrix},\qquad E_2=\begin{bmatrix}1&0&0&0\\0&3&0&0\\0&0&1&0\\0&0&0&1\end{bmatrix}\qquad E_3=\begin{bmatrix}1&0&0&0\\0&1&0&0\\0&0&1&0\\0&2&0&1\end{bmatrix}$$

에 대하여,

$${E_1}^T=E_1,\qquad {E_2}^T=E_2,\qquad {E_3}^T=\begin{bmatrix}1&0&0&0\\0&1&0&2\\0&0&1&0\\0&0&0&1\end{bmatrix}$$

이다.

3.1.3 가우스-조단 소거법

크기가 $m \times n$인 행렬 A에 기본행연산을 유한 번 실행하여 만들어진 행렬을 B로 놓자. 이들 기본행연산에 대응하는 크기가 $m \times m$인 기본행렬을 차례로 $E_1, E_2, \ldots, E_s$라고 놓으면

$$B = E_s \cdots E_2 E_1 A$$

이다. 이때 $P = E_s \cdots E_2 E_1$은 가역행렬이다.

정의 3.4: 행사다리꼴행렬과 기약행사다리꼴행렬

행렬 중에서 아래의 조건 (1), (2), (3)이 성립하는 행렬을 **행사다리꼴행렬**이라고 하고, 조건 (1), (2), (3), (4)가 성립하는 행렬을 **기약행사다리꼴행렬**이라고 한다.

(1) 행 중에서 성분이 0으로만 이루어진 행은 아래쪽에 놓인다.

(2) 각 행에서 처음으로 0이 아닌 성분(**선행성분**)이 있으면 그 성분은 1이다.

(3) 선행성분들은 행의 번호가 클수록 오른쪽에 놓인다. 즉, $a_{ij} = 1$와 $a_{k\ell} = 1$이 선행성분들이고 $i < k$이면 $j < \ell$이다.

(4) 선행성분 1을 포함하는 열의 나머지 성분들은 모두 0이다.

보기 3.3 행렬

$$A = \begin{bmatrix} 1 & 4 & 2 & -1 \\ 0 & 0 & 1 & -2 \\ 0 & 0 & 0 & 0 \end{bmatrix}, \qquad B = \begin{bmatrix} 1 & 4 & 0 & 3 \\ 0 & 0 & 1 & -2 \\ 0 & 0 & 0 & 0 \end{bmatrix},$$

에 대하여 행렬 A와 B는 행사다리꼴행렬이고 행렬 B는 기약행사다리꼴행렬이다.

연립일차방정식

$$\begin{cases} 2z + 4w = 20, \\ 2x + 6y - 2z - 2w = 10, \\ 2x + 6y + z + 6w = 46 \end{cases} \tag{3.7}$$

의 해를 구하는 과정을 살펴보자.

0단계: 연립일차방정식 (3.7)과 이 방정식의 덧붙인 행렬은

$$\begin{cases} 2z+4w=20, \\ 2x+6y-2z-2w=10, \\ 2x+6y+z+6w=46 \end{cases} \qquad \begin{bmatrix} 0 & 0 & 2 & 4 & 20 \\ 2 & 6 & -2 & -2 & 10 \\ 2 & 6 & 1 & 6 & 46 \end{bmatrix}$$

이다.

1단계: 0단계 행렬의 행 중에서 1열 위치의 값이 0인 행과 0이 아닌 행이 존재한다. 1열 위치의 값이 0이 아닌 행이 먼저 나오기 위하여 제1행과 제2행을 바꾸면

$$\begin{cases} 2x+6y-2z-2w=10, \\ 2z+4w=20, \\ 2x+6y+z+6w=46 \end{cases} \qquad \begin{bmatrix} 2 & 6 & -2 & -2 & 10 \\ 0 & 0 & 2 & 4 & 20 \\ 2 & 6 & 1 & 6 & 46 \end{bmatrix}$$

와 같다.

2단계: 1단계 행렬의 제1행의 1열 위치 값을 1로 바꾸기 위하여 제1행을 1/2배 하면

$$\begin{cases} x+3y-z-w=5, \\ 2z+4w=20, \\ 2x+6y+z+6w=46 \end{cases} \qquad \begin{bmatrix} 1 & 3 & -1 & -1 & 5 \\ 0 & 0 & 2 & 4 & 20 \\ 2 & 6 & 1 & 6 & 46 \end{bmatrix}$$

와 같다.

3단계: 2단계 행렬의 제2행의 1열 위치 값이 0이다. 제3행의 1열 위치 값을 0으로 만들기 위하여 3행에 제1행의 −2배를 더하면

$$\begin{cases} x+3y-z-w=5, \\ 2z+4w=20, \\ 3z+8w=36 \end{cases} \qquad \begin{bmatrix} 1 & 3 & -1 & -1 & 5 \\ 0 & 0 & 2 & 4 & 20 \\ 0 & 0 & 3 & 8 & 36 \end{bmatrix}$$

와 같다. 이 단계의 행렬에서 제1행의 1열 위치의 성분이 선행성분으로서 값이 1이고, 제2행과 제3행의 1열 위치의 성분은 0이다.

4단계: 3단계의 행렬에서 제2행과 제3행의 2열 위치의 값은 0이다. 제2행의 3열 위치의 값이 0이 아닌데 이 값을 1로 만들기 위하여 제2행을 1/2배 하면

$$\begin{cases} x+3y-z-w=5, \\ z+2w=10, \\ 3z+8w=36 \end{cases} \qquad \begin{bmatrix} 1 & 3 & -1 & -1 & 5 \\ 0 & 0 & 1 & 2 & 10 \\ 0 & 0 & 3 & 8 & 36 \end{bmatrix}$$

와 같다.

5단계: 4단계 행렬의 제3행의 2열 위치의 값을 0으로 만들기 위하여 제3행에 제2행의 −3배를 더하면

$$\begin{cases} x+3y-z-w=5, \\ \qquad\qquad z+2w=10, \\ \qquad\qquad\quad 2w=6 \end{cases} \qquad \begin{bmatrix} 1 & 3 & -1 & -1 & 5 \\ 0 & 0 & 1 & 2 & 10 \\ 0 & 0 & 0 & 2 & 6 \end{bmatrix}$$

와 같다.

6단계: 5단계 행렬의 제3행의 4열 위치의 값이 0이 아니다. 이 값을 1로 만들기 위하여 제3행을 1/2배 하면

$$\begin{cases} x+3y-z-w=5, \\ \qquad\qquad z+2w=10, \\ \qquad\qquad\quad w=3 \end{cases} \qquad \begin{bmatrix} 1 & 3 & -1 & -1 & 5 \\ 0 & 0 & 1 & 2 & 10 \\ 0 & 0 & 0 & 1 & 3 \end{bmatrix}$$

와 같다.

7단계: 6단계 행렬의 제3행의 4열 위치의 값이 선행성분으로 값이 1이다. 제1행과 제2행의 4열 위치의 값을 0으로 만들기 위하여, 제1행에 제3행을 더하고 또한 제2행에 제3행의 −2배를 더하면

$$\begin{cases} x+3y-z=8, \\ \qquad\qquad z=4, \\ \qquad\qquad w=3 \end{cases} \qquad \begin{bmatrix} 1 & 3 & -1 & 0 & 8 \\ 0 & 0 & 1 & 0 & 4 \\ 0 & 0 & 0 & 1 & 3 \end{bmatrix}$$

와 같다.

8단계: 7단계 행렬의 제2행의 3열 위치의 값이 선행성분으로 값이 1이다. 제1행의 3열 위치의 값을 0으로 만들기 위하여 제1행에 제2행을 더하면

$$\begin{cases} x+3y=12, \\ \qquad\quad z=4, \\ \qquad\quad w=3 \end{cases} \qquad \begin{bmatrix} 1 & 3 & 0 & 0 & 12 \\ 0 & 0 & 1 & 0 & 4 \\ 0 & 0 & 0 & 1 & 3 \end{bmatrix}$$

와 같다. 이 단계에서 연립일차방정식 (3.7)의 덧붙인 행렬에 기본행연산들을 적용하여 기약행사다리꼴에 도달한다. 이 기약행사다리꼴로부터

$$x=-3t+12,\ y=t,\ z=4,\ w=3\ (t\text{는 임의의 실수})$$

가 연립일차방정식 (3.7)의 해임을 알 수 있다. 위의 기약행사다리꼴행렬에서 선행성분 1을 포함하는 열인 제1열, 제3열, 제4열에 대응하는 변수 x, z, w는 연립일차방정식 (3.7)의 **종속변수**라고 한다. 종속변수가 아닌 변수 y는 **독립변수**라고 한다.

위와 같이 연립일차방정식의 덧붙인 행렬에 기본행연산을 적용하여 기약행사다리꼴에 도달하는 방법을 **가우스-조단 소거법**이라고 한다.[1] 이때 1단계에서 6단계까지는 선행성분의 아래에 놓인 성분을 0으로 변화시키는 과정인데 이를 **전진소거**라고 한다. 또한 7단계와 8단계는 선행성분의 위에 놓인 성분을 0으로 변화시키는 과정인데 이를 **후진소거**라고 한다.

크기가 $m \times (n+1)$인 행렬 A와 단위행렬 I_m으로 만들어진 덧붙인 행렬 $[A|I_m]$에 기본행렬 $E_1, E_2, \ldots, E_s$를 차례대로 곱하면,

$$[E_s E_{s-1} \cdot E_1 A | E_s E_{s-1} \cdots E_1]$$

이다. 이제 $P = E_s E_{s-1} \cdots E_1$로 놓으면

$$[E_s E_{s-1} \cdot E_1 A | E_s E_{s-1} \cdots E_1] = [PA|P]$$

이다.

예제 3.3 행렬

$$A = \begin{bmatrix} 1 & 3 & 4 & 1 \\ 2 & 6 & 10 & 6 \\ 3 & 9 & 15 & 9 \end{bmatrix}$$

에 기본행연산을 적용하여 기약행사다리꼴행렬 PA를 구하라. 여기서 행렬 P는 기본행렬들의 곱이다.

풀이. 덧붙인 행렬

$$[A|I_3] = \left[\begin{array}{cccc|ccc} 1 & 3 & 4 & 1 & 1 & 0 & 0 \\ 2 & 6 & 10 & 6 & 0 & 1 & 0 \\ 3 & 9 & 15 & 9 & 0 & 0 & 1 \end{array}\right]$$

에 기본행연산을 적용하면

$$1\text{: } E_1 = \begin{bmatrix} 1 & 0 & 0 \\ -2 & 1 & 0 \\ 0 & 0 & 1 \end{bmatrix} : \quad [E_1 A | E_1] = \left[\begin{array}{cccc|ccc} 1 & 3 & 4 & 1 & 1 & 0 & 0 \\ 0 & 0 & 2 & 4 & -2 & 1 & 0 \\ 3 & 9 & 15 & 9 & 0 & 0 & 1 \end{array}\right],$$

[1] 연립일차방정식의 덧붙인 행렬에 전진소거만 적용하여 행사다리꼴행렬에 도달하는 과정을 **가우스 소거법**이라고 한다. 빌헬름 조단(Wilhelm Jordan, 1842-1899)은 독일의 측지학자이다.

$$2:\ E_2 = \begin{bmatrix} 1 & 0 & 0 \\ 0 & 1 & 0 \\ -3 & 0 & 1 \end{bmatrix} : \quad [E_2E_1A|E_2E_1] = \left[\begin{array}{cccc|ccc} 1 & 3 & 4 & 1 & 1 & 0 & 0 \\ 0 & 0 & 2 & 4 & -2 & 1 & 0 \\ 0 & 0 & 3 & 6 & -3 & 0 & 1 \end{array}\right],$$

$$3:\ E_3 = \begin{bmatrix} 1 & 0 & 0 \\ 0 & 1/2 & 0 \\ 0 & 0 & 1 \end{bmatrix} : \quad [E_3E_2E_1A|E_3E_2E_1] = \left[\begin{array}{cccc|ccc} 1 & 3 & 4 & 1 & 1 & 0 & 0 \\ 0 & 0 & 1 & 2 & -1 & 1/2 & 0 \\ 0 & 0 & 3 & 6 & -3 & 0 & 1 \end{array}\right],$$

$$4:\ E_4 = \begin{bmatrix} 1 & 0 & 0 \\ 0 & 1 & 0 \\ 0 & -3 & 1 \end{bmatrix} : \quad \begin{aligned} &[E_4E_3E_2E_1A|E_4E_3E_2E_1] \\ &= \left[\begin{array}{cccc|ccc} 1 & 3 & 4 & 1 & 1 & 0 & 0 \\ 0 & 0 & 1 & 2 & -1 & 1/2 & 0 \\ 0 & 0 & 0 & 0 & 0 & -3/2 & 1 \end{array}\right], \end{aligned}$$

$$5:\ E_5 = \begin{bmatrix} 1 & -4 & 0 \\ 0 & 1 & 0 \\ 0 & 0 & 1 \end{bmatrix} : \quad \begin{aligned} &[E_5E_4E_3E_2E_1A|E_5E_4E_3E_2E_1] \\ &= \left[\begin{array}{cccc|ccc} 1 & 3 & 0 & -7 & 5 & -2 & 0 \\ 0 & 0 & 1 & 2 & -1 & 1/2 & 0 \\ 0 & 0 & 0 & 0 & 0 & -3/2 & 1 \end{array}\right] \end{aligned}$$

이므로 구하는 기약행사다리꼴행렬은

$$E_5E_4E_3E_2E_1A = \begin{bmatrix} 1 & 3 & 0 & -7 \\ 0 & 0 & 1 & 2 \\ 0 & 0 & 0 & 0 \end{bmatrix}$$

이다. □

역행렬 구하기 가우스-조단 소거법을 적용하면 정사각행렬이 가역행렬인지를 판별할 수 있고 만약 정사각행렬이 가역행렬이면 그 역함수를 구할 수 있다. n차 정사각행렬 A와 단위행렬 I_n으로 만들어진 덧붙인 행렬 $[A|I_n]$에 기본행렬 $E_1, E_2, \ldots, E_s$를 차례대로 곱하면

$$[B|P] = [E_sE_{s-1} \cdot E_1A|E_sE_{s-1} \cdots E_1]$$

이다. 여기서 $P = E_sE_{s-1} \cdots E_1$이고 $B = PA$이다. 행렬 B가 기약행사다리꼴행렬이라고 가정하자. 그러면 $B = I_n$이 A가 가역행렬이기 위한 필요충분조건임을 알 수 있으며 A가 가역행렬일 때 $A^{-1} = E_sE_{s-1} \cdots E_1$임을 알 수 있다.

예제 3.4 행렬

$$A = \begin{bmatrix} 1 & 3 & 4 \\ 2 & 5 & 1 \\ 2 & 3 & 1 \end{bmatrix}$$

에 기본행연산을 적용하여 역행렬 A^{-1}을 구하라.

풀이. 덧붙인 행렬

$$[A|I_3] = \left[\begin{array}{ccc|ccc} 1 & 3 & 4 & 1 & 0 & 0 \\ 2 & 5 & 1 & 0 & 1 & 0 \\ 2 & 3 & 1 & 0 & 0 & 1 \end{array}\right]$$

에 기본행연산을 적용하면

1. $E_2E_1 = \begin{bmatrix} 1 & 0 & 0 \\ -2 & 1 & 0 \\ -2 & 0 & 1 \end{bmatrix}$: $[E_2E_1A|E_2E_1] = \left[\begin{array}{ccc|ccc} 1 & 3 & 4 & 1 & 0 & 0 \\ 0 & -1 & -7 & -2 & 1 & 0 \\ 0 & -3 & -7 & -2 & 0 & 1 \end{array}\right]$,

2. $E_3 = \begin{bmatrix} 1 & 0 & 0 \\ 0 & -1 & 0 \\ 0 & 0 & 1 \end{bmatrix}$: $[E_3E_2E_1A|E_3E_2E_1] = \left[\begin{array}{ccc|ccc} 1 & 3 & 4 & 1 & 0 & 0 \\ 0 & 1 & 7 & 2 & -1 & 0 \\ 0 & -3 & -7 & -2 & 0 & 1 \end{array}\right]$,

3. $E_5E_4 = \begin{bmatrix} 1 & -3 & 0 \\ 0 & 1 & 0 \\ 0 & 3 & 1 \end{bmatrix}$: $[E_5E_4E_3E_2E_1A|E_5E_4E_3E_2E_1] = \left[\begin{array}{ccc|ccc} 1 & 0 & -17 & -5 & 3 & 0 \\ 0 & 1 & 7 & 2 & -1 & 0 \\ 0 & 0 & 14 & 4 & -3 & 1 \end{array}\right]$,

4. $E_6 = \begin{bmatrix} 1 & 0 & 0 \\ 0 & 1 & 0 \\ 0 & 0 & 1/14 \end{bmatrix}$: $[E_6E_5E_4E_3E_2E_1A|E_6E_5E_4E_3E_2E_1] = \left[\begin{array}{ccc|ccc} 1 & 0 & -17 & -5 & 3 & 0 \\ 0 & 1 & 7 & 2 & -1 & 0 \\ 0 & 0 & 1 & \frac{2}{7} & -\frac{3}{14} & \frac{1}{14} \end{array}\right]$,

5. $E_8E_7 = \begin{bmatrix} 1 & 0 & 17 \\ 0 & 1 & -7 \\ 0 & 0 & 1 \end{bmatrix}$: $[E_8E_7E_6E_5E_4E_3E_2E_1A|E_8E_7E_6E_5E_4E_3E_2E_1] = \left[\begin{array}{ccc|ccc} 1 & 0 & 0 & -\frac{1}{7} & -\frac{9}{14} & \frac{17}{14} \\ 0 & 1 & 0 & 0 & \frac{1}{2} & -\frac{1}{2} \\ 0 & 0 & 1 & \frac{2}{7} & -\frac{3}{14} & \frac{1}{14} \end{array}\right]$

이므로 구하는 역행렬은

$$A^{-1} = E_8E_7E_6E_5E_4E_3E_2E_1 = \begin{bmatrix} -\frac{1}{7} & -\frac{9}{14} & \frac{17}{14} \\ 0 & \frac{1}{2} & -\frac{1}{2} \\ \frac{2}{7} & -\frac{3}{14} & \frac{1}{14} \end{bmatrix}$$

이다. □

정사각행렬이 가역행렬이기 위한 다음의 필요충분조건을 알 수 있다.

정리 3.3: 정사각행렬이 가역행렬이기 위한 필요충분조건

n차 정사각행렬 A에 대하여, 다음은 서로 필요충분조건이다.

(가) A는 가역행렬이다.

(나) 연립일차방정식 $A\mathbf{x} = \mathbf{0}$의 해는 $\mathbf{x} = \mathbf{0}$뿐이다.

(다) A는 기본행렬들의 곱이다.

증명. (가) → (나). A가 가역행렬이라고 가정하자. 그러면 연립일차방정식 $A\mathbf{x} = \mathbf{0}$에 대하여

$$\mathbf{x} = A^{-1}\mathbf{0} = \mathbf{0}$$

이므로 $\mathbf{x} = \mathbf{0}$가 연립일차방정식 $A\mathbf{x} = \mathbf{0}$의 유일해이다.

(나) → (다). 연립일차방정식 $A\mathbf{x} = \mathbf{0}$의 해가 $\mathbf{x} = \mathbf{0}$ 뿐이라고 가정하자. 그러면 $E_sE_{s-1}\cdots E_2E_1A$가 기약행사다리꼴행렬인 기본행렬 $E_1, E_2, \ldots, E_s$가 존재한다. 이때 $A\mathbf{x} = \mathbf{0}$의 해와 $E_sE_{s-1}\cdots E_2E_1A\mathbf{x} = \mathbf{0}$의 해는 동일하므로, $E_sE_{s-1}\cdots E_2E_1A\mathbf{x} = \mathbf{0}$의 해는 $\mathbf{x} = \mathbf{0}$뿐이다. 따라서 $E_sE_{s-1}\cdots E_2E_1A = I_n$이고

$$A = E_1^{-1}E_2^{-1}\cdots E_{s-1}^{-1}E_s^{-1}$$

이다.

(다) → (가). 행렬 A가 기본행렬들의 곱이라고 가정하자. 그러면 기본행렬들이 가역행렬들이므로 A는 가역행렬이다. □

연습문제 3.1

1. 다음 방정식이 x, y, z에 대한 일차방정식인지 판별하라.

(가) $2x + y - xz = \frac{2}{3}$, (나) $x + 3y - \frac{2}{z} = 2$,

(다) $3x + \sqrt{2}y = -z$, (라) $x + 2y^{3/2} + 3z = 1$,

(마) $x + 3^{3/2}y - 4z = 0$, (바) $2x - 6y = x + 2z$.

2. 다음 연립일차방정식의 행렬표현과 덧붙인 행렬을 구하라.

(가) $\begin{cases} 2x - y + 2z = 3, \\ x - 3z = 1, \\ 3y + 4z = -2, \end{cases}$ (나) $\begin{cases} x - 3y + 2z = 1, \\ 4x - z = 2, \\ x + y - z = 1, \end{cases}$

(다) $\begin{cases} 3x - 2y + z = 1, \\ x + y - 3z = 1, \\ 2y - 3z = 2, \end{cases}$ (라) $\begin{cases} x - 3y + z = 1, \\ 2y - 3z = 4, \\ 3x - z = 2. \end{cases}$

3. 다음 행렬이 덧붙인 행렬인 x, y, z에 대한 연립일차방정식을 구하라.

(가) $\left[\begin{array}{ccc|c} 3 & 0 & -1 & 1 \\ 2 & 1 & 1 & 4 \\ 1 & 4 & 2 & -1 \end{array}\right]$, (나) $\left[\begin{array}{ccc|c} 2 & 3 & 0 & 1 \\ 4 & 1 & 0 & 4 \\ 0 & -3 & 2 & 4 \end{array}\right]$,

(다) $\left[\begin{array}{ccc|c} 2 & -2 & 4 & 1 \\ 1 & 3 & -2 & 1 \\ 2 & 3 & 1 & 3 \end{array}\right]$, (라) $\left[\begin{array}{ccc|c} 4 & 1 & 0 & 2 \\ 2 & 3 & -1 & 0 \\ 0 & 3 & -2 & 2 \end{array}\right]$.

4. 다음 벡터가 연립일차방정식

$$\begin{cases} 3x + 2y - z = 1, \\ 2x - 3y + 2z = 2, \\ x + 5y - 3z = -1 \end{cases}$$

의 해인지 판별하라.

(가) $(1, 2, 6)$, (나) $(1, 2, 3)$,

(다) $\left(\frac{6}{13}, \frac{4}{13}, 1\right)$, (라) $\left(\frac{1}{2}, 0, \frac{1}{2}\right)$.

5. 크기가 $4 \times m$인 행렬에 대한 다음 기본행연산을 실행하는 4차 기본행렬을 구하라.

   (가) 제2행과 제4행을 서로 바꾼다. (나) 제3행을 5배 한다.
   (다) 제2행에 제3행의 4배를 더한다. (라) 제1행에 제4행의 5배를 더한다.

6. 다음 기본행렬의 역행렬을 구하라.

(가) $E_1 = \begin{bmatrix} 0 & 0 & 0 & 1 \\ 0 & 1 & 0 & 0 \\ 0 & 0 & 1 & 0 \\ 1 & 0 & 0 & 0 \end{bmatrix}$, (나) $E_2 = \begin{bmatrix} 1 & 0 & 0 & 0 \\ 0 & 1 & 0 & 0 \\ 0 & 0 & 2 & 0 \\ 0 & 0 & 0 & 1 \end{bmatrix}$,

(다) $E_3 = \begin{bmatrix} 1 & 0 & 0 & 0 \\ 0 & 1 & 2 & 0 \\ 0 & 0 & 1 & 0 \\ 0 & 0 & 0 & 1 \end{bmatrix}$, (라) $E_4 = \begin{bmatrix} 1 & 0 & 0 & 0 \\ 0 & 1 & 0 & 0 \\ 3 & 0 & 1 & 0 \\ 0 & 0 & 0 & 1 \end{bmatrix}$.

7. 덧붙인 행렬에 기본행연산을 실행하여 다음 기약행사다리꼴행렬이 만들어진 x, y, z, w에 대한 연립일차방정식의 해를 구하라.

(가) $\begin{bmatrix} 1 & 0 & -1 & 0 & 3 \\ 0 & 1 & 3 & 0 & -1 \\ 0 & 0 & 0 & 1 & 2 \end{bmatrix}$, (나) $\begin{bmatrix} 1 & 2 & 0 & 0 & 1 \\ 0 & 0 & 1 & 0 & 4 \\ 0 & 0 & 0 & 1 & 3 \end{bmatrix}$,

(다) $\begin{bmatrix} 1 & 0 & 0 & 3 & 2 \\ 0 & 0 & 1 & 4 & 3 \\ 0 & 0 & 0 & 0 & 3 \end{bmatrix}$, (라) $\begin{bmatrix} 1 & 0 & 0 & 0 & 3 \\ 0 & 1 & 0 & 0 & 0 \\ 0 & 0 & 1 & 0 & 5 \\ 0 & 0 & 0 & 1 & 4 \end{bmatrix}$.

8. 행렬

$$A = \begin{bmatrix} 3 & -1 & 3 & 1 \\ 2 & 4 & 2 & -5 \\ 3 & 2 & 5 & 1 \end{bmatrix}$$

에 기본행연산을 적용하여 기약행사다리꼴행렬 PA를 구하라. 여기서 행렬 P는 기본행렬들의 곱이다.

9. 가우스-조단 소거법을 적용하여 다음 연립일차방정식을 풀라.

(가) $\begin{cases} 2x - 3y + z = 4, \\ x + 3y - z = 3, \\ 3x + 2y = 2, \end{cases}$ (나) $\begin{cases} x - 3y + 3z = 1, \\ 2x + 2y - z = 3, \\ 4x - 4 + 5z = 5. \end{cases}$

10. 가우스-조단 소거법을 적용하여 다음 정사각행렬이 가역행렬인지 판별하고 가역행렬인 경우 역행렬을 구하라.

(가) $A = \begin{bmatrix} 3 & 0 & -1 \\ 2 & -1 & 0 \\ 0 & 3 & -1 \end{bmatrix}$, (나) $B = \begin{bmatrix} 1 & -2 & 0 \\ 3 & 2 & 4 \\ 5 & -2 & 2 \end{bmatrix}$.

11. 2차 정사각행렬

$$\begin{bmatrix} a & b \\ c & d \end{bmatrix}$$

에 대하여, $ad - bc \neq 0$이면 가우스-조단 소거법을 적용하여 나타난 기약행사다리꼴행렬이 2차 단위행렬 I_2임을 보이라.

3.2 행렬의 LDU 분해

크기가 $m \times n$인 행렬 A에 대한 기본행연산들을 생각하자.

기본행렬 중에서 (I) 행태의 기본행렬들 즉 A의 제i행과 제j행을 서로 바꾸게 하는 기본행렬을 **치환행렬**이라고 한다.

적당한 치환행렬 P에 대하여,

$$U = E_k E_{k-1} \cdots E_1 PA$$

가 위삼각행렬인 기본행렬 $E_1, E_2, \ldots, E_k$가 존재한다. 이때 기본행렬들이 모두 (III) 형태이며 아래삼각행렬이라고 가정할 수 있다. 왜냐하면, 그렇지 않으면 (I) 형태의 기본행렬들이 곱해질 수 있는데 이때는 적당한 치환행렬 P를 A에 곱하여 A 대신에 PA를 가지고 위의 과정을 하면 된다. 이때 $L = E_1^{-1} \cdots E_{k-1}^{-1} E_k^{-1}$로 놓으면, L은 아래삼각행렬이며 L의 대각성분들은 모두 1이다. 그러면 $PA = LU$이다. 이때 LU를 PA의 ***LU* 분해**라고 한다.

예제 3.5 행렬

$$A = \begin{bmatrix} 2 & 1 & 0 \\ 4 & 1 & -2 \\ -2 & 2 & 1 \end{bmatrix}$$

을 LU 분해하라.

풀이. 행렬 A에 대하여 행기본연산을 실행하자. 먼저 A의 첫 번째 행벡터 $(2, 1, 0)$의 첫 항 2가 0이 아니므로 그대로 유지한다.

행렬 A의 두 번째 행벡터 $(4, 1, -2)$의 첫 항 4를 0으로 만들기 위하여,

(가) 행렬 A에 '(제2행) + $(-2) \cdot$ (제1행) $\to$ (제2행)'인 행기본연산과

(나) 행렬 I_3에 '(제1열) + $2 \cdot$ (제2열) $\to$ (제1열)'인 열기본연산

을 실행하면

$$E_1 = \begin{bmatrix} 1 & 0 & 0 \\ -2 & 1 & 0 \\ 0 & 0 & 1 \end{bmatrix} : \quad A = E_1{}^{-1}(E_1 A) = \begin{bmatrix} 1 & 0 & 0 \\ 2 & 1 & 0 \\ 0 & 0 & 1 \end{bmatrix} \begin{bmatrix} 2 & 1 & 0 \\ 0 & -1 & -2 \\ -2 & 2 & 1 \end{bmatrix}$$

이다.

행렬 $E_1 A$의 세 번째 행벡터 $(-2, 2, 1)$의 첫 항 -2를 0으로 만들기 위하여,

(가) 행렬 $E_1 A$에 '(제3행) + (제1행) $\to$ (제3행)'인 행기본연산과

(나) 행렬 $E_1{}^{-1}$에 '(제1열) + (−1) · (제3열) → (제1열)'인 열기본연산

을 실행하면

$$E_2 = \begin{bmatrix} 1 & 0 & 0 \\ 0 & 1 & 0 \\ 1 & 0 & 1 \end{bmatrix} : \quad A = (E_1{}^{-1}E_2{}^{-1})(E_2E_1A) = \begin{bmatrix} 1 & 0 & 0 \\ 2 & 1 & 0 \\ -1 & 0 & 1 \end{bmatrix} \begin{bmatrix} 2 & 1 & 0 \\ 0 & -1 & -2 \\ 0 & 3 & 1 \end{bmatrix}$$

이다.

행렬 E_2E_1A의 세 번째 행벡터 $(0, 3, 1)$의 둘째 항 3을 0으로 만들기 위하여

(가) 행렬 E_2E_1A에 '(제3행) + 3 · (제2행) → (제3행)'인 행기본연산과

(나) 행렬 $E_1{}^{-1}E_2{}^{-1}$에 '(제2열) + (−3) · (제3열) → (제2열)'인 열기본연산

을 실행하면

$$E_3 = \begin{bmatrix} 1 & 0 & 0 \\ 0 & 1 & 0 \\ 0 & 3 & 1 \end{bmatrix} : \quad \begin{aligned} A &= (E_1{}^{-1}E_2{}^{-1}E_3{}^{-1})(E_3E_2E_1A) \\ &= \begin{bmatrix} 1 & 0 & 0 \\ 2 & 1 & 0 \\ -1 & -3 & 1 \end{bmatrix} \begin{bmatrix} 2 & 1 & 0 \\ 0 & -1 & -2 \\ 0 & 0 & -5 \end{bmatrix} \end{aligned}$$

이다. 따라서 행렬 A의 LU 분해는

$$A = \begin{bmatrix} 1 & 0 & 0 \\ 2 & 1 & 0 \\ -1 & -3 & 1 \end{bmatrix} \begin{bmatrix} 2 & 1 & 0 \\ 0 & -1 & -2 \\ 0 & 0 & -5 \end{bmatrix}$$

이다. □

이제 A가 정사각행렬이며 가역행렬이라고 가정하자. 그러면, PA가 $PA = L\overline{U}$로 LU 분해되는 적당한 치환행렬 P가 존재한다. 이때 $\overline{U}$의 대각 성분들을 차례로 $d_1, d_2, \ldots, d_n$으로 놓자. 그러면

$$\overline{U} = \begin{bmatrix} d_1 & 0 & \cdots & 0 \\ 0 & d_2 & \cdots & 0 \\ \vdots & \vdots & \ddots & \vdots \\ 0 & 0 & \cdots & d_n \end{bmatrix} U = DU$$

인 대각행렬 D와 대각성분이 모두 1인 위삼각행렬 U가 존재한다. 즉

$$PA = LDU$$

로 나타낼 수 있다. 이때 PA를 LDU **분해**한다고 한다.

예제 3.6 행렬

$$A = \begin{bmatrix} 2 & 1 & 0 \\ 4 & 1 & -2 \\ -2 & 2 & 1 \end{bmatrix}$$

을 LDU 분해하라.

풀이. 예제 3.5에서와 같이 A의 LU 분해가

$$A = \begin{bmatrix} 1 & 0 & 0 \\ 2 & 1 & 0 \\ -1 & -3 & 1 \end{bmatrix} \begin{bmatrix} 2 & 1 & 0 \\ 0 & -1 & -2 \\ 0 & 0 & -5 \end{bmatrix}$$

이므로, 행렬 A의 LDU 분해는

$$A = \begin{bmatrix} 1 & 0 & 0 \\ 2 & 1 & 0 \\ -1 & -3 & 1 \end{bmatrix} \begin{bmatrix} 2 & 0 & 0 \\ 0 & -1 & 0 \\ 0 & 0 & -5 \end{bmatrix} \begin{bmatrix} 1 & \frac{1}{2} & 0 \\ 0 & 1 & 2 \\ 0 & 0 & 1 \end{bmatrix}$$

이다. □

정리 3.4: LDU 분해의 유일성

정사각행렬 A에 대하여, A가 가역행렬이고

$$PA = LDU$$

인 치환행렬 P가 존재하면 정사각행렬 PA의 분해 LDU는 유일하다.

증명. 정사각행렬 A가 가역행렬이고 $PA = LDU$인 치환행렬 P가 존재하다고 가정하자. 정사각행렬 PA의 LDU 분해 $L_1D_1U_1$과 $L_2D_2U_2$가 존재한다고 가정하자. 식 $L_1D_1U_1 = L_2D_2U_2$의 양변의 왼쪽에 $D_1{}^{-1}L_1{}^{-1}$을 곱하고 양변의 오른쪽에 $U_2{}^{-1}$를 곱하면 $U_1U_2{}^{-1} = D_1{}^{-1}L_1{}^{-1}L_2D_2$이다. 그런데 위삼각행렬의 역행렬은 위삼각행렬이고 아래삼각행렬의 역행렬은 아래삼각행렬이며 대각 행렬의 역행렬은 대각행렬이므로 위 식의 좌변은 위삼각행렬이고 우변은 아래삼각행렬이다. 또한 좌변의 위삼각행렬의 대각성분은 모두 1이므로 $U_1U_2{}^{-1} = I_n$이고 같은 이유로 $L_1{}^{-1}L_2 = I_n$이다. 따라서 $U_1 = U_2$이고 $L_1 = L_2$이고 또한 $D_1{}^{-1}D_2 = I_n$이므로 $D_1 = D_2$이다. □

3.3 행렬의 기본공간

3.3.1 행렬의 행공간과 열공간과 영화공간

크기가 $m \times n$인 행렬 A는 기본적으로 관련된 선형사상 $L_A : \mathbb{E}^n \to \mathbb{E}^m$을 보다 쉽게 나타내기 위하여 만들어진다. 이때 선형사상 L_A의 치역과 영화공간과 쌍대사상 ${L_A}^* : \mathbb{E}^m \to \mathbb{E}^n$의 치역과 영화공간을 이해하기 위하여, 행렬 A의 행과 열을 구성하는 다음 벡터를 알 필요가 있다.

정의 3.5: 행렬의 행벡터와 열벡터

크기가 $m \times n$인 행렬

$$A = \begin{bmatrix} a_{11} & a_{12} & \cdots & a_{1n} \\ a_{21} & a_{22} & \cdots & a_{2n} \\ \vdots & \vdots & \ddots & \vdots \\ a_{m1} & a_{m2} & \cdots & a_{mn} \end{bmatrix}$$

에 대하여, A의 각 행의 성분으로 이루어진 벡터

$$\begin{aligned} \mathbf{r}_1 &= (a_{11}, a_{12}, \ldots, a_{1n}), \\ \mathbf{r}_2 &= (a_{21}, a_{22}, \ldots, a_{2n}), \\ &\vdots \\ \mathbf{r}_m &= (a_{m1}, a_{m2}, \ldots, a_{mn}) \end{aligned}$$

를 A의 **행벡터**들이라고 하고, A의 각 열의 성분으로 이루어진 벡터

$$\begin{aligned} \mathbf{c}_1 &= (a_{11}, a_{21}, \ldots, a_{m1}), \\ \mathbf{c}_2 &= (a_{12}, a_{22}, \ldots, a_{m2}), \\ &\vdots \\ \mathbf{c}_n &= (a_{1n}, a_{2n}, \ldots, a_{mn}) \end{aligned}$$

를 A의 **열벡터**들이라고 한다.

예제 3.7 행렬

$$A = \begin{bmatrix} 1 & 0 & 2 \\ 0 & 1 & 3 \\ -1 & 2 & 4 \end{bmatrix}$$

에 대하여 다음 물음에 답하라.

(가) 행렬 A의 행벡터들을 나열하라. (나) 행렬 A의 열벡터들을 나열하라.

풀이. (가) 벡터 $(1,0,2)$, $(0,1,3)$, $(-1,2,4)$가 행렬 A의 행벡터이다.
(나) 벡터 $(1,0,-1)$, $(0,1,2)$, $(2,3,4)$가 행렬 A의 열벡터들이다. □

선형사상 $L\colon \mathbb{E}^n \to \mathbb{E}^m$을 나타내는 행렬 A와 관련된 다음 부분집합을 정의한다.

정의 3.6: 행렬의 행공간과 열공간과 영화공간

크기가 $m \times n$인 행렬 A에 대하여, 다음 부분공간을 정의한다.

(가) 행렬 A의 행벡터의 순서 다중쌍 $(\mathbf{r}_1, \ldots, \mathbf{r}_m)$이 생성하는 유클리드 벡터공간 $\mathbb{E}^n$의 부분공간 $\langle \mathbf{r}_1, \ldots, \mathbf{r}_m \rangle$을 A의 **행공간**이라고 하고 $\mathcal{R}(A)$로 나타낸다.

(나) 행렬 A의 열벡터의 순서 다중쌍 $(\mathbf{c}_1, \ldots, \mathbf{c}_n)$이 생성하는 유클리드 벡터공간 $\mathbb{E}^m$의 부분공간 $\langle \mathbf{c}_1, \ldots, \mathbf{c}_n \rangle$을 A의 **열공간**이라고 하고 $\mathcal{C}(A)$로 나타낸다.

(다) 행렬 등식 $A\mathbf{x} = \mathbf{0}$로 나타나는 동형연립일차방정식의 해들의 집합을 행렬 A의 **영화공간**이라고 하고 $\mathcal{N}(A)$로 나타낸다.[a]

[a]영화공간을 **핵**이라고도 한다.

위의 정의에서 유클리드 벡터공간 $\mathbb{E}^n$의 부분집합인 행공간 $\mathcal{R}(A)$와 영화공간 $\mathcal{N}(A)$는 각각

$$\begin{aligned}
\mathcal{R}(A) &= \{x_1\mathbf{r}_1 + x_2\mathbf{r}_2 + \cdots + x_m\mathbf{r}_m \in \mathbb{E}^n \mid x_1 \in \mathbb{R}, x_2 \in \mathbb{R}, \ldots, x_m \in \mathbb{R}\}, \\
\mathcal{N}(A) &= \{(x_1, \ldots, x_n) \in \mathbb{E}^n \mid x_1\mathbf{c}_1 + x_2\mathbf{c}_2 + \cdots + x_n\mathbf{c}_n = \mathbf{0}\} \\
&= \left\{ (x_1, \ldots, x_n) \in \mathbb{E}^n \;\middle|\; A\begin{bmatrix} x_1 \\ \vdots \\ x_n \end{bmatrix} = \begin{bmatrix} 0 \\ \vdots \\ 0 \end{bmatrix} \right\}
\end{aligned}$$

이고 유클리드 벡터공간 $\mathbb{E}^m$의 부분집합인 열공간 $\mathcal{C}(A)$는

$$\mathcal{C}(A) = \{x_1\mathbf{c}_1 + x_2\mathbf{c}_2 + \cdots + x_n\mathbf{c}_n \in \mathbb{E}^m \mid x_1 \in \mathbb{R}, x_2 \in \mathbb{R}, \ldots, x_n \in \mathbb{R}\}$$

이다.

예제 3.8 행렬

$$A = \begin{bmatrix} 1 & 0 & 2 \\ 0 & 1 & 3 \end{bmatrix}$$

에 대하여, 다음 물음에 답하라.

(가) 행렬 A의 행공간을 구하라.
(나) 행렬 A의 열공간을 구하라.
(다) 행렬 A의 영화공간을 구하라.

풀이. (가) 행렬 A의 행벡터들 $(1,0,2)$와 $(0,1,3)$이 일차독립이므로

$$R = \{x(1,0,2) + y(0,1,3) \mid x \in \mathbb{R}, y \in \mathbb{R}\}$$

이 행렬 A의 행공간이다. 이때 $\dim R = 2$이다.

(나) 행렬 A의 열벡터들 $(1,0)$, $(0,1)$, $(2,3)$에 대하여

$$\langle(1,0),(0,1),(2,3)\rangle = \langle(1,0),(0,1)\rangle = \mathbb{E}^2$$

이 행렬 A의 열공간이다.

(다) 만약

$$\begin{bmatrix} 1 & 0 & 2 \\ 0 & 1 & 3 \end{bmatrix} \begin{bmatrix} x \\ y \\ z \end{bmatrix} = \begin{bmatrix} 0 \\ 0 \\ 0 \end{bmatrix}$$

이면 $x + 2z = 0$ 그리고 $y + 3z = 0$이므로 $x = -2z$ 그리고 $y = -3z$이다. 따라서

$$\mathcal{N}(A) = \{(-2t, -3t, t) \mid t \in \mathbb{R}\}$$

이다. □

행렬의 행공간과 열공간의 성질에 대하여 알아보자. 먼저 행렬 A의 행벡터와 열벡터는 각각 전치행렬 A^T의 열벡터와 행벡터이므로 다음을 알 수 있다.

정리 3.5: 전치행렬의 행공간과 열공간

행렬 A에 대하여

$$\mathcal{R}(A) = \mathcal{C}(A^T), \qquad \mathcal{C}(A) = \mathcal{R}(A^T)$$

이다.

행렬의 기본공간 행렬 A와 그 전치행렬 A^T에 대하여, 중요 벡터공간

$$\mathcal{R}(A),\quad \mathcal{C}(A),\quad \mathcal{N}(A),\quad \mathcal{R}(A^T),\quad \mathcal{C}(A^T),\quad \mathcal{N}(A^T)$$

중에서 $\mathcal{R}(A) = \mathcal{C}(A^T)$ 그리고 $\mathcal{C}(A) = \mathcal{R}(A^T)$이다. 같은 공간이 아닌 4개의 벡터공간

$$\mathcal{R}(A),\quad \mathcal{C}(A),\quad \mathcal{N}(A),\quad \mathcal{N}(A^T)$$

을 행렬 A의 **기본공간**이라고 한다.

행렬 A의 크기가 $m \times n$이면 행공간 $\mathcal{R}(A)$와 영화공간 $\mathcal{N}(A)$는 유클리드 벡터공간 $\mathbb{E}^n$의 부분공간이고, 열공간 $\mathcal{C}(A)$와 영화공간 $\mathcal{N}(A^T)$는 유클리드 벡터공간 $\mathbb{E}^m$의 부분공간이다.

정리 3.6: 행렬 기본공간의 직교성

크기가 $m \times n$인 행렬 A에 대하여,

$$\mathcal{R}(A) \perp \mathcal{N}(A), \qquad \mathcal{C}(A) \perp \mathcal{N}(A^T)$$

이다.

증명. 임의의 벡터 $\mathbf{v} \in \mathcal{R}(A)$와 $\mathbf{w} \in \mathcal{N}(A)$에 대하여, $\mathbf{v} \cdot \mathbf{w} = 0$임을 보이면 $\mathcal{R}(A) \perp \mathcal{N}(A)$가 증명된다. 행렬 A의 모든 행벡터를 $\mathbf{r}_1, \mathbf{r}_2, \ldots, \mathbf{r}_m$으로 놓자. $\mathbf{w} \in \mathcal{N}(A)$이므로 $A[\mathbf{w}] = \mathbf{0}$이다. 이 행렬 식은

$$[\mathbf{r}_1]^T[\mathbf{w}] = \mathbf{0},\ [\mathbf{r}_2]^T[\mathbf{w}] = \mathbf{0},\ \ldots,\ [\mathbf{r}_m]^T[\mathbf{w}] = \mathbf{0}$$

즉

$$\mathbf{r}_1 \cdot \mathbf{w} = 0,\ \mathbf{r}_2 \cdot \mathbf{w} = 0,\ \ldots,\ \mathbf{r}_m \cdot \mathbf{w} = 0$$

이기 위한 필요충분조건이다. 한편 $\mathbf{v} \in \mathcal{R}(A)$이므로 $\mathbf{v} = c_1\mathbf{r}_1 + c_2\mathbf{r}_2 + \cdots + c_m\mathbf{r}_m$인 실수 $c_1, c_2, \ldots, c_m$이 존재한다. 따라서

$$\mathbf{v} \cdot \mathbf{w} = c_1\mathbf{r}_1 \cdot \mathbf{w} + c_2\mathbf{r}_2 \cdot \mathbf{w} + \cdots + c_m\mathbf{r}_m \cdot \mathbf{w} = 0$$

이다.

두 번째 식도 같은 방법으로 증명할 수 있다. □

3.3.2 행렬 곱에 대한 기본공간의 성질

행렬 $A = [a_{ij}]$에 대하여,

$$L_A(x_1, \ldots, x_n) = (a_{11}x_1 + a_{12}x_2 + a_{1n}x_n, \ \ldots, a_{m1}x_1 + a_{m2}x_2 + \cdots + a_{mn}x_n)$$

로 정의되는 선형사상 $L_A\colon \mathbb{E}^n \to \mathbb{E}^m$를 생각하자. 그러면 벡터 $(x_1, x_2, \ldots, x_n) \in \mathbb{E}^n$에 대하여,

$$\begin{bmatrix} a_{11} & a_{12} & \cdots & a_{1n} \\ a_{21} & a_{22} & \cdots & a_{2n} \\ \vdots & \vdots & \ddots & \vdots \\ a_{m1} & a_{m2} & \cdots & a_{mn} \end{bmatrix} \begin{bmatrix} x_1 \\ x_2 \\ \vdots \\ x_n \end{bmatrix} = x_1 \begin{bmatrix} a_{11} \\ a_{21} \\ \vdots \\ a_{m1} \end{bmatrix} + x_2 \begin{bmatrix} a_{12} \\ a_{22} \\ \vdots \\ a_{m2} \end{bmatrix} + \cdots + x_n \begin{bmatrix} a_{1n} \\ a_{2n} \\ \vdots \\ a_{mn} \end{bmatrix}$$

그리고

$$\begin{aligned} &L_A(x_1, x_2, \ldots, x_n) \\ &\quad = x_1 L(1, 0, 0, \ldots, 0) + x_2 L(0, 1, 0, \ldots, 0) + \cdots + x_n L(0, 0, 0, \ldots, 1) \\ &\quad = x_1(a_{11}, a_{21}, \ldots, a_{m1}) + x_2(a_{12}, a_{22}, \ldots, a_{m2}) + \cdots + x_n(a_{1n}, a_{2n}, \ldots, a_{mn}) \end{aligned}$$

이므로 $\mathcal{C}(A) = L_A(\mathbb{E}^n)$이다. 또한 행렬 A의 영화공간 $\mathcal{N}(A)$는 선형사상 L_A의 영화공간 $\mathcal{N}(L_A) = \{\mathbf{x} = (x_1, \ldots, x_n) \in \mathbb{E}^n \mid L_A(\mathbf{x}) = \mathbf{0}\}$와 같다.

정리 3.7: 행렬의 열공간과 영화공간에 관련된 선형사상의 치역과 영화공간

행렬 $A = [a_{ij}]$와 관련 선형사상 $L_A\colon \mathbb{E}^n \to \mathbb{E}^m$에 대하여, $\mathcal{C}(A) = L_A(\mathbb{E}^n)$ 그리고 $\mathcal{N}(A) = \mathcal{N}(L_A)$이다.

위의 정리로부터 다음을 알 수 있다.

따름정리 3.8: 행렬 곱에 대한 열공간과 영화공간의 성질

크기가 $m \times n$인 행렬 A와 크기가 $n \times \ell$인 행렬 B에 대하여,

$$\mathcal{N}(B) \subseteq \mathcal{N}(AB), \qquad \mathcal{C}(AB) \subseteq \mathcal{C}(A)$$

이다.

증명. 동차일차연립방정식 $B\mathbf{x} = \mathbf{0}$에 대하여 $(AB)\mathbf{x} = A(B\mathbf{x}) = \mathbf{0}$이므로 $\mathcal{N}(B) \subseteq$

$\mathcal{N}(AB)$이다. 그리고 $\{(AB)\mathbf{x}\,|\,\mathbf{x} \in \mathcal{M}_{\ell\times 1}\} = \{A(B\mathbf{x})\,|\,\mathbf{x} \in \mathcal{M}_{\ell\times 1}\} \subseteq \{A\mathbf{y}\,|\,\mathbf{y} \in \mathcal{M}_{n\times 1}\}$이므로 $\mathcal{C}(AB) \subseteq \mathcal{C}(A)$이다. □

위의 정리의 내용을 그림 3.1에서 볼 수 있다.

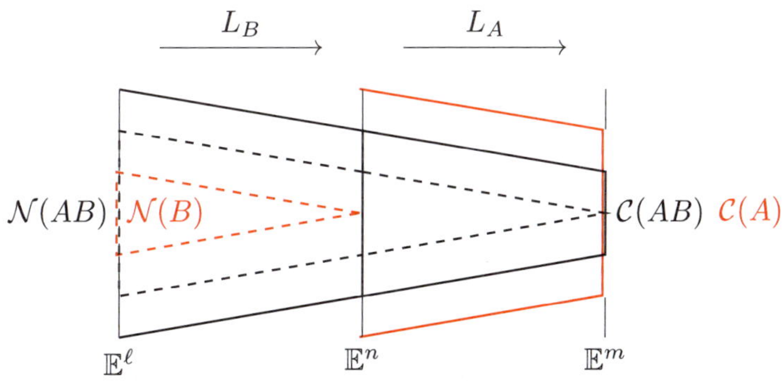

그림 3.1 행렬 곱에 대한 열공간과 영화공간 비교

행렬 A와 이에 대한 선형사상 $L_A\colon \mathbb{E}^n \to \mathbb{E}^m$에 대하여, 정리 2.13에서 전치행렬 A^T가 쌍대사상 $L^*\colon \mathbb{E}^{m*} \to \mathbb{E}^{n*}$의 행렬표현 즉 $A^T = [L^*]$임을 알 수 있다.

따름정리 3.9: 행렬 곱에 대한 행공간의 성질

크기가 $m \times n$인 행렬 A와 크기가 $n \times \ell$인 행렬 B에 대하여,

$$\mathcal{R}(AB) \subseteq \mathcal{R}(B)$$

이다.

증명. $\mathcal{R}(AB) = \mathcal{C}((AB)^T) = \mathcal{C}(B^TA^T) \subseteq \mathcal{C}(B^T) = \mathcal{R}(B)$이므로 $\mathcal{R}(AB) \subseteq \mathcal{R}(B)$이다. □

위의 따름정리 내용을 그림 3.2에서 볼 수 있다.

크기가 $m \times n$인 행렬 A에 대하여, A에 대한 기본 행 연산을 실행하면 행렬 A의 앞에 크기가 $m \times m$인 기본행렬 E를 곱한 행렬 EA로 나타난다. 이때 기본행렬 E가 가역행렬이므로 다음을 알 수 있다.

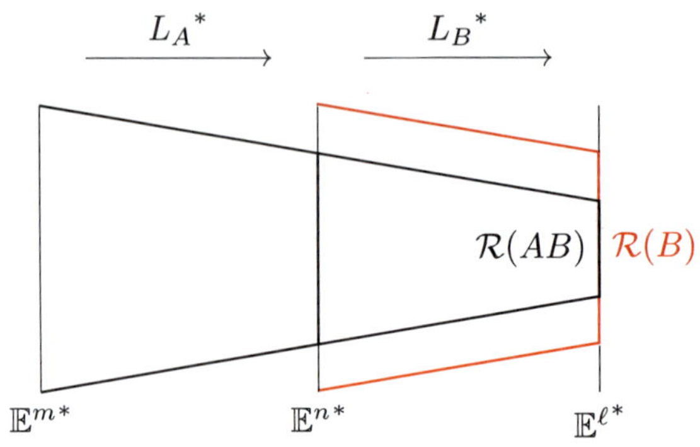

그림 3.2 행렬곱에 대한 행공간의 비교

정리 3.10: 기본행렬 전방곱에 대한 행공간과 영화공간 보존성

크기가 $m \times n$인 행렬 A와 m차 기본행렬 E에 대하여,

$$\mathcal{R}(EA) = \mathcal{R}(A), \qquad \mathcal{N}(EA) = \mathcal{N}(A)$$

이다.

증명. 기본행렬 E는 가역행렬이므로 역행렬 E^{-1}가 존재한다. 따라서

$$\mathcal{R}(EA) \subseteq \mathcal{R}(A) = \mathcal{R}(E^{-1}EA) \subseteq \mathcal{R}(EA)$$

이므로 $\mathcal{R}(EA) = \mathcal{R}(A)$이다. 또한

$$\mathcal{N}(A) \subseteq \mathcal{N}(EA) \subseteq \mathcal{N}(E^{-1}(EA)) = \mathcal{N}(A)$$

이므로 $\mathcal{N}(A) = \mathcal{N}(EA)$이다. □

위의 정리에 따라서 크기가 $m \times n$인 행렬 A와 m차 기본행렬 $E_1, \ldots, E_s$에 대하여,

$$\mathcal{R}(A) = \mathcal{R}(E_sE_{s-1}\cdots E_1A), \qquad \mathcal{N}(A) = \mathcal{N}(E_sE_{s-1}\cdots E_1A)$$

임을 알 수 있다. 이때 만약 행렬 $E_sE_{s-1}\cdots E_1A$가 기약행사다리꼴행렬이고 행벡터 중에서 영벡터가 아닌 행벡터들의 개수가 r이면 $\dim \mathcal{R}(E_sE_{s-1}\cdots E_1A) = r$이므로 다음을 알 수 있다.

따름정리 3.11: 행렬 행공간의 차원

크기가 $m \times n$인 행렬 A와 m차 기본행렬 $E_1, \dots, E_s$에 대하여,

$$B = E_s E_{s-1} \cdots E_1 A$$

이 기약행사다리꼴행렬이면

$$\dim \mathcal{R}(A) = B\text{의 행벡터 중에서 영벡터가 아닌 행벡터들의 개수}$$

이다.

행렬에 기본열연산을 적용하면 다음과 같다.

따름정리 3.12: 기본행렬 후방곱에 대한 열공간 보존성

크기가 $m \times n$인 행렬 A와 크기가 $n \times n$인 기본행렬 E에 대하여,

$$\mathcal{C}(AE) = \mathcal{C}(A)$$

이다.

예제 3.9 행렬

$$A = \begin{bmatrix} 2 & -1 & 3 & 1 \\ -2 & 1 & 3 & 4 \\ 4 & -2 & 0 & -3 \end{bmatrix}$$

에 대하여, 기본행연산을 적용하여 행렬 A의 행공간의 차원을 구하라.

풀이. 행렬 A의 첫 번째 열벡터의 성분이 모두 0이 아니므로 행렬 A의 제1행을 1/2배 하면 행렬 A는

$$E_1 A = \begin{bmatrix} 1 & -\frac{1}{2} & \frac{3}{2} & \frac{1}{2} \\ -2 & 1 & 3 & 4 \\ 4 & -2 & 0 & -3 \end{bmatrix}$$

로 변한다. 행렬 E_1A의 제1행의 첫 번째 성분이 선행선분으로 1이다. 행렬 E_1A의 제2

행에 제1행의 2배를 더하고 제3행에 제1행의 -4배를 더하면 행렬 E_1A는 행렬

$$E_3E_2E_1A = \begin{bmatrix} 1 & -\frac{1}{2} & \frac{3}{2} & \frac{1}{2} \\ 0 & 0 & 6 & 5 \\ 0 & 0 & -6 & -5 \end{bmatrix}$$

로 변한다. 행렬 $E_3E_2E_1A$의 두 번째 행벡터와 세 번째 행벡터가 모두 세 번째 성분에서 처음으로 0이 아니다. 행렬 $E_3E_2E_1A$의 제2행을 1/6배 하면 행렬 $E_3E_2E_1A$는

$$E_4E_3E_2E_1A = \begin{bmatrix} 1 & -\frac{1}{2} & \frac{3}{2} & \frac{1}{2} \\ 0 & 0 & 1 & \frac{5}{6} \\ 0 & 0 & -6 & -5 \end{bmatrix}$$

로 변한다. 행렬 $E_4E_3E_2E_1A$의 제3행에 제2행의 6배를 더하면 행렬 $E_4E_3E_2E_1A$는

$$E_5E_4E_3E_2E_1A = \begin{bmatrix} 1 & -\frac{1}{2} & \frac{3}{2} & \frac{1}{2} \\ 0 & 0 & 1 & \frac{5}{6} \\ 0 & 0 & 0 & 0 \end{bmatrix}$$

로 변한다. 순서쌍 $((1, -\frac{1}{2}, \frac{3}{2}, \frac{1}{2}), (0, 0, 1, \frac{5}{6}))$이 행공간 $\mathcal{R}(E_5E_4E_3E_2E_1A)$의 기저이므로 $\dim \mathcal{R}(E_5E_4E_3E_2E_1A) = 2$이다. 그런데 $\mathcal{R}(A) = \mathcal{R}(E_5E_4E_3E_2E_1A)$이므로 $\dim \mathcal{R}(A) = 2$이다. □

3.3.3 행렬의 계수-퇴화차수 정리

행렬의 행공간의 차원과 열공간의 차원이 같음을 다음에서 알 수 있다.

정리 3.13: 행공간과 열공간의 차원 동일성

크기가 $m \times n$인 행렬 A에 대하여,

$$\dim \mathcal{R}(A) = \dim \mathcal{C}(A)$$

이다.

증명. 행렬

$$B = E_sE_{s-1} \cdots E_1A = EA \quad (E = E_sE_{s-1} \cdots E_1)$$

이 기약행사다리꼴행렬이 되는 기본행렬 $E_1, \ldots, E_s$이 존재한다. 이때 $r = \dim \mathcal{R}(A)$로 놓자.

만약 $r=0$이면, A는 영행렬이므로 $\dim\mathcal{R}(A)=0=\dim\mathcal{C}(A)$이다.

$r>0$이라고 가정하자. A의 열벡터를 순서대로 $\mathbf{r}_1,\ldots,\mathbf{r}_n$으로 놓고, B의 열벡터를 순서대로 $\mathbf{s}_1,\ldots,\mathbf{s}_n$으로 놓자. 행렬 B는 기약행사다리꼴행렬이므로, 선행성분 1을 포함하는 열벡터들을 차례로 나타낸 것이 $\mathbf{s}_{j_1},\mathbf{s}_{j_2},\ldots\mathbf{s}_{j_r}$이면

$$\begin{aligned}\mathbf{s}_{j_1}&=(1,0,\ldots,0,0,0,\ldots,0)=\mathbf{e}_1,\\ \mathbf{s}_{j_2}&=(0,1,\ldots,0,0,0,\ldots,0)=\mathbf{e}_2,\\ &\vdots\\ \mathbf{s}_{j_r}&=(0,0,\ldots,0,1,0,\ldots,0)=\mathbf{e}_r\end{aligned}$$

이다. 이때 $1\le i\le n$일 때 $\mathbf{s}_i\in\langle\mathbf{s}_{j_1},\mathbf{s}_{j_j},\ldots,\mathbf{s}_{j_r}\rangle$이므로

$$\mathcal{C}(B)=\langle\mathbf{s}_1,\mathbf{s}_2,\ldots,\mathbf{s}_n\rangle=\langle\mathbf{s}_{j_1},\mathbf{s}_{j_2},\ldots,\mathbf{s}_{j_r}\rangle$$

이고, $\mathbf{s}_{j_1},\mathbf{s}_{j_2},\ldots,\mathbf{s}_{j_r}$이 일차독립이므로 $\dim\mathcal{C}(B)=r=\dim\mathcal{R}(B)=\dim\mathcal{R}(A)$이다.

그런데 $1\le i\le n$일 때 $[\mathbf{r}_i]=E^{-1}[\mathbf{s}_i]$이므로, $\mathbf{r}_{j_1},\ldots,\mathbf{r}_{j_r}$은 일차독립이며

$$\mathcal{C}(A)=\langle\mathbf{r}_{j_1},\ldots,\mathbf{r}_{j_r}\rangle$$

임을 알 수 있다. 따라서 $\dim\mathcal{C}(A)=\dim\mathcal{C}(B)=r=\dim\mathcal{R}(B)=\dim\mathcal{R}(A)$이다. □

위의 정리에서 행렬의 행공간의 차원과 열공간의 차원이 같음을 알 수 있다. 행렬의 행공간의 차원을 다음과 같이 정의한다.

정의 3.7: 행렬의 계수와 퇴화차수

행렬 A에 대하여, $\dim\mathcal{R}(A)$를 A의 **계수**라고 하고 $\mathrm{rank}(A)$로 나타내고 $\dim\mathcal{N}(A)$를 행렬A의 **퇴화차수**라고 하고 $\mathrm{nullity}(A)$로 나타낸다.[a]

[a]계수를 **계급수**라고도 한다.

크기가 $m\times n$인 행렬 A에 대한 연립일차방정식의 행렬표현 $A\mathbf{x}=\mathbf{0}$에 대하여, $\dim\mathcal{C}(A)$는 종속변수의 개수이고 $\dim\mathcal{N}(A)$는 독립변수의 개수이므로 $\dim\mathcal{C}(A)+\dim\mathcal{N}(A)=n$이다. 여기서 $\mathrm{rank}(A)=\dim\mathcal{C}(A)=\dim\mathcal{R}(A)$ 그리고 $\mathrm{nullity}(A)=\dim\mathcal{N}(A)$이므로 $\mathrm{rank}(A)+\mathrm{nullity}(A)=n$임을 알 수 있다. 이 결과를 전치행렬 A^T

에 적용하면 $\text{rank}(A) = \text{rank}(A^T)$이므로 $\text{rank}(A) + \text{nullity}(A^T) = m$이다. 이를 정리하면 다음과 같다.

정리 3.14: 행렬의 계수-퇴화차수 정리

크기가 $m \times n$인 행렬 A에 대하여,

$$\text{rank}(A) + \text{nullity}(A) = n,$$
$$\text{rank}(A) + \text{nullity}(A^T) = m$$

이다.

위의 정리에서 행공간 $\mathcal{R}(A)$와 영화공간 $\mathcal{N}(A)$는 유클리드 벡터공간 $\mathbb{E}^n$의 부분공간이다. 행렬 A에 대한 계수-퇴화차수 정리 $\text{rank}(A) + \text{nullity}(A) = n$를

$$\dim \mathcal{R}(A) + \dim \mathcal{N}(A) = n$$

로 나타낼 수 있다. 또한 열공간 $\mathcal{C}(A)$와 영화공간 $\mathcal{N}(A^T)$는 유클리드 벡터공간 $\mathbb{E}^m$의 부분공간이다. 행렬 A^T에 대한 계수-퇴화차수 정리 $\text{rank}(A^T) + \text{nullity}(A^T) = m$를

$$\dim \mathcal{C}(A) + \dim \mathcal{N}(A^T) = m$$

로 나타낼 수 있다.

예제 3.10 행렬

$$A = \begin{bmatrix} 2 & -1 & 3 & 2 \\ 1 & 3 & 4 & 1 \\ 3 & -5 & 2 & 3 \end{bmatrix}$$

에 대하여, $\text{rank}(A)$, $\text{nullity}(A)$, $\text{nullity}(A^T)$를 구하라.

풀이. 행렬 A에 가우스-조단 소거법을 다음과 같이 적용하자.

(가) 1행의 첫 성분이 0이 아니므로 1행을 1/2배 하면

$$E_1 A = \begin{bmatrix} 1 & -\frac{1}{2} & \frac{3}{2} & 1 \\ 1 & 3 & 4 & 1 \\ 3 & -5 & 2 & 3 \end{bmatrix}$$

와 같다.

(나) 행렬 E_1A의 제2행과 제3행의 첫 항을 0으로 만들기 위하여, 제2행에 제1행의 -1배를 더하고 제3행에 제1행의 -3배를 더하면

$$E_3E_2E_1A = \begin{bmatrix} 1 & -\frac{1}{2} & \frac{3}{2} & 1 \\ 0 & \frac{7}{2} & \frac{5}{2} & 0 \\ 0 & -\frac{7}{2} & -\frac{5}{2} & 0 \end{bmatrix}$$

와 같다.

(다) 행렬 $E_3E_2E_1A$의 제2행에서 첫 번째로 0이 아닌 성분 7/2를 1로 만들기 위하여, 제2행을 2/7배 하면

$$E_4E_3E_2E_1A = \begin{bmatrix} 1 & -\frac{1}{2} & \frac{3}{2} & 1 \\ 0 & 1 & \frac{5}{7} & 0 \\ 0 & -\frac{7}{2} & -\frac{5}{2} & 0 \end{bmatrix}$$

와 같다.

(라) 행렬 $E_4E_3E_2E_1A$의 제3행의 두 번째 성분을 0으로 만들기 위하여 제3행에 제2행의 7/2배를 더하면

$$E_5E_4E_3E_2E_1A = \begin{bmatrix} 1 & -\frac{1}{2} & \frac{3}{2} & 1 \\ 0 & 1 & \frac{5}{7} & 0 \\ 0 & 0 & 0 & 0 \end{bmatrix}$$

와 같다.

(마) 행렬 $E_5E_4E_3E_2E_1A$의 제1행의 두 번째 성분을 0으로 만들기 위하여 제1행에 제2행의 1/2배를 더하면

$$U = E_5E_4E_3E_2E_1A = \begin{bmatrix} 1 & 0 & \frac{13}{7} & 1 \\ 0 & 1 & \frac{5}{7} & 0 \\ 0 & 0 & 0 & 0 \end{bmatrix}$$

와 같다.

기약행사다리꼴행렬 U에서 제1행과 제2행이 행공간 $\mathcal{R}(U)$의 기저를 이루고 $\mathcal{R}(U) = \mathcal{R}(A)$이므로 $\text{rank}(A) = 2$이다. 그리고 $\text{rank}(A) + \text{nullity}(A) = 4$이므로 $\text{nullity}(A) = 2$이다. 또한 $\text{rank}(A) + \text{nullity}(A^T) = 3$이므로 $\text{nullity}(A^T) = 1$이다. □

연습문제 3.3

1. 행렬

$$\begin{bmatrix} 3 & -1 & 2 & 0 \\ 2 & 1 & 3 & 4 \\ -1 & 3 & 5 & 1 \end{bmatrix}$$

의 행벡터들과 열벡터들을 나열하라.

2. 행렬

$$A = \begin{bmatrix} 1 & 3 & 2 \\ 2 & -1 & 4 \end{bmatrix}$$

에 대하여, 다음 물음에 답하라.

(가) 행렬 A의 행공간을 구하라.

(나) 행렬 A의 열공간을 구하라.

(다) 행렬 A의 영화공간을 구하라.

3. 크기가 $m \times n$인 행렬 A에 대하여, $\mathcal{C}(A) \perp \mathcal{N}(A^T)$임을 증명하라.

4. n차 정사각행렬 A와 B에 대하여, 행렬 A가 가역행렬이면

$$\text{rank}(AB) = \text{rank}(B) = \text{rank}(BA)$$

임을 증명하라.

5. 다음 행렬의 계수와 퇴화차수를 구하라.

(가) $A = \begin{bmatrix} 2 & 1 & 4 \\ 3 & 2 & -1 \\ 1 & 0 & 3 \end{bmatrix}$, (나) $B = \begin{bmatrix} 2 & -1 & 3 \\ 2 & 1 & -1 \\ 4 & 0 & 2 \end{bmatrix}$,

(다) $C = \begin{bmatrix} 2 & 0 & 1 & 1 \\ 4 & 0 & 2 & 2 \end{bmatrix}$, (라) $D = \begin{bmatrix} 2 & 3 & 1 & -1 \\ 1 & 0 & 2 & 3 \\ 1 & 3 & -1 & -4 \end{bmatrix}$.

제 4 장

행렬식

이 장에서는 벡터가 만드는 평행다면체의 부호있는 측도와 정사각행렬의 행렬식에 대하여 탐구한다.

n차원 유클리드 벡터공간에서 n개의 벡터가 만드는 평행다면체의 부호있는 측도에 대하여 다중선형성과 교대성이 성립한다. 표준기저에 대한 측돗값과 함께 이들 성질은 부호있는 측도를 규정한다.

정사각행렬의 행렬식은 열벡터들이 만드는 평행다면체의 부호있는 측도로 정의된다. 따라서 다중선형성과 교대성 그리고 표준기저에 대한 측돗값이 행렬식을 규정한다. 이들 성질을 이용하여 행렬식의 기본성질을 탐구할 수 있고 또한 정사각행렬의 역행렬을 구할 수 있으며 특정 조건에서 연립일차방정식을 풀 수 있다.

4.1 벡터의 부호있는 길이와 평행사변형의 부호있는 넓이

이 절에서는 1차원 벡터의 부호있는 크기와 2차원 두 벡터가 만드는 평행사변형의 부호있는 넓이를 다룬다. 부호있는 넓이에서 이중선형성과 교대성이 성립함을 확인할 수 있다.

4.1.1 1차원 벡터의 부호있는 길이

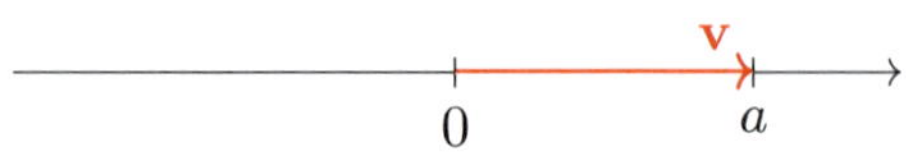

그림 4.1 1차원 벡터

그림 4.1에 나타난 1차원 벡터공간 $\mathbb{E}^1$에 놓인 벡터 $\mathbf{v} = (a)$의 부호있는 길이를 다음과 같이 벡터의 성분으로 낸다.

정의 4.1: 1차원 벡터의 부호있는 길이

1차원 벡터 $\mathbf{v} = (a) \in \mathbb{E}^1$에 대하여, 벡터 $\mathbf{v}$의 성분 a를 벡터 $\mathbf{v}$의 **부호있는 길이**라고 하고 $M^1(\mathbf{v})$로 나타낸다.

벡터 $\mathbf{v} = (a)$에 대하여, 성분 a가 양수이면 부호있는 길이 $M^1(\mathbf{v}) = a$도 양수이고 성분 a가 음수이면 부호있는 길이 $M^1(\mathbf{v}) = a$도 음수이다.

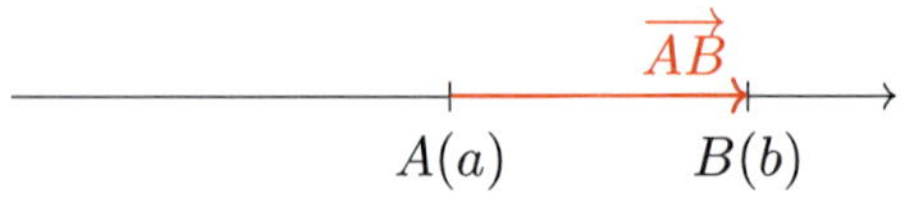

그림 4.2 1차원 유클리드 공간에서 벡터

그림 4.2에서와 같이, 1차원 유클리드 공간 $\mathbb{R}$에서 시작점이 $A(a)$이고 끝점이 $B(b)$인 벡터 $\overrightarrow{AB}$의 벡터성분은 $b - a$이므로

$$M^1(\overrightarrow{AB}) = b - a$$

이다.

예제 4.1 1차원 유클리드 공간 $\mathbb{R}$에서 다음과 같은 시작점 $A(a)$와 끝점 $B(b)$에 대한 벡터 $\overrightarrow{AB}$의 부호있는 길이를 구하라.

(가) $a = 1,\ b = 3,$ (나) $a = 3,\ b = 1.$

풀이. (가) $M^1(\overrightarrow{AB}) = b - a = 3 - 1 = 2.$ (나) $M^1(\overrightarrow{AB}) = b - a = 1 - 3 = -2.$ □

4.1.2 두 2차원 벡터가 만드는 평행사변형의 부호있는 넓이

부호있는 넓이의 정의 2차원 벡터공간 $\mathbb{E}^2$에 놓인 벡터 $\mathbf{v} = (a, b)$와 $\mathbf{w} = (c, d)$에 대하여, 영벡터 $\mathbf{o}$와 벡터 $\mathbf{v}$, $\mathbf{w}$, $\mathbf{v} + \mathbf{w} = (a + c, b + d)$의 끝점들이 만드는 평행사변형의 부호있는 넓이 S를 아래에서 규정하자. 여기서 부호있는 넓이 S는 음수도 허용한다.

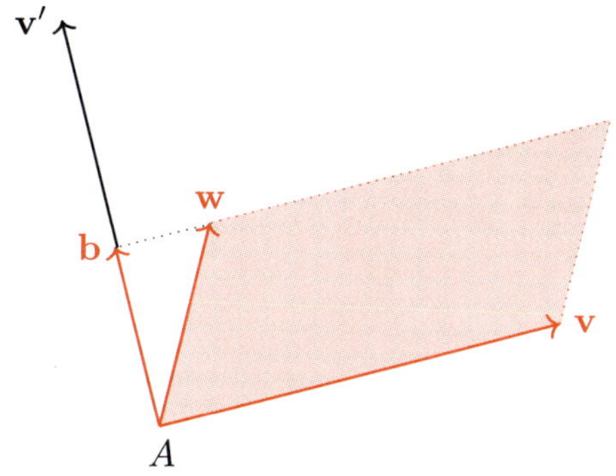

그림 4.3 평행사변형의 넓이

먼저 $\mathbf{v} = (0, 0)$이면 평행사변형은 하나의 직선에 포함되므로 $S = 0$이다.
이제 $\mathbf{v} \neq (0, 0)$이라고 가정하자.

(가) 벡터 $\mathbf{v}$가 나타내는 변을 평행사변형의 밑변으로 놓자. 이때 벡터 $\mathbf{v}$의 방향을 밑변 길이의 양의 방향으로 설정한다. 이때 평행사변형의 밑변의 길이는 $\|\mathbf{v}\|$이다.

(나) 이제 평행사변형의 높이를 구하자. 여기서 높이는 부호가 있는 높이로서, 벡터 $\mathbf{v} = (a, b)$를 영벡터 $\mathbf{o}$를 중심으로 반시계방향으로 $\pi/2$만큼 회전시킨 벡터 $\mathbf{v}' = (-b, a)$가 가리키는 방향을 높이의 양의 방향으로 설정한다. 벡터 $\mathbf{v}'$로 벡터 $\mathbf{w}$의 사영벡터를 $\mathbf{b}$로 놓으면

$$\mathbf{b} = \mathrm{Proj}_{\mathbf{v}'}\,\mathbf{w} = \frac{\mathbf{w} \cdot \mathbf{v}'}{\mathbf{v}' \cdot \mathbf{v}'}\mathbf{v}' = \frac{\mathbf{w} \cdot \mathbf{v}'}{\|\mathbf{v}'\|}\frac{\mathbf{v}'}{\|\mathbf{v}'\|} = \frac{ad - bc}{\|\mathbf{v}'\|}\frac{\mathbf{v}'}{\|\mathbf{v}'\|}$$

이다. 구하는 평행사변형 높이의 양의 방향은 $\mathbf{v}'/\|\mathbf{v}'\|$이므로 평행사변형의 높이는 $(ad - bc)/\|\mathbf{v}'\|$이다.

(다) 평행사변형의 밑변의 길이가 $\|\mathbf{v}\|$이고 높이가 $(ad-bc)/\|\mathbf{v}'\|$이며 $\|\mathbf{v}\| = \|\mathbf{v}'\|$이므로 평행사변형의 부호있는 넓이는

$$S = \|\mathbf{v}\| \cdot \frac{ad-bc}{\|\mathbf{v}'\|} = ad - bc$$

이다. 위의 식은 $\mathbf{v} = (0,0)$인 경우에도 성립한다.

두 벡터가 만드는 평행사변형의 부호있는 넓이를 다음과 같이 정의한다.

정의 4.2: 두 2차원 벡터가 만드는 평행사변형의 부호있는 넓이

벡터 $\mathbf{v} = (a,b)$와 $\mathbf{w} = (c,d)$에 대하여, $ad-bc$를 벡터 $\mathbf{v}$와 $\mathbf{w}$가 만드는 평형사변형의 **부호있는 넓이**라고 하고 $M^2(\mathbf{v},\mathbf{w})$로 나타낸다.

위의 정의에 나타난 부호있는 넓이를

$$\begin{vmatrix} a & c \\ b & d \end{vmatrix}$$

로 나타내기도 한다.

예제 4.2 벡터 $\mathbf{v} = (3,-4)$와 $\mathbf{w} = (2,1)$가 만드는 평형사변형의 부호있는 넓이를 구하라.

풀이. 구하는 부호있는 넓이는

$$M^2(\mathbf{v},\mathbf{w}) = 3 \cdot 1 - (-4) \cdot 2 = 11$$

이다. □

두 벡터가 만드는 평행사변형의 넓이는 부호있는 넓이의 절댓값이다.

예제 4.3 벡터 $\mathbf{v} = (1,4)$과 $\mathbf{w} = (3,1)$가 만드는 평행사변형의 넓이를 구하라.

증명. 벡터 $\mathbf{v}$와 $\mathbf{w}$가 만드는 평행사변형의 부호있는 넓이가

$$M^2(\mathbf{v},\mathbf{w}) = 1 \cdot 1 - 4 \cdot 3 = -11$$

이므로, 벡터 $\mathbf{v}$와 $\mathbf{w}$가 만드는 평행사변형의 넓이는 11이다. □

부호있는 넓이의 기본성질 앞의 정의에서 부호있는 넓이 M^2은 정의역이 벡터공간의 곱집합인 함수 $M^2\colon \mathbb{E}^2 \times \mathbb{E}^2 \to \mathbb{R}$임을 알 수 있다. 여기서는 부호있는 넓이 M^2의 기본적인 성질인 이중선형성과 교대성에 대하여 알아보고 이들 기본성질이 부호있는 넓이를 규정함도 알아본다.

정의역이 벡터공간의 곱집합인 함수의 이중선형성을 다음과 같이 정의한다.

정의 4.3: 이중선형함수

함수 $L\colon \mathbb{E}^2 \times \mathbb{E}^2 \to \mathbb{R}$에 대하여, 벡터 $\mathbf{v}_1, \mathbf{v}_2, \mathbf{w}$와 실수 a, b에 대하여

$$L(a\mathbf{v}_1 + b\mathbf{v}_2, \mathbf{w}) = aL(\mathbf{v}_1, \mathbf{w}) + bL(\mathbf{v}_2, \mathbf{w}),$$
$$L(\mathbf{w}, a\mathbf{v}_1 + b\mathbf{v}_2) = aL(\mathbf{w}, \mathbf{v}_1) + bL(\mathbf{w}, \mathbf{v}_2)$$

이면 L은 **이중선형함수**라고 한다. [a]

[a] 이중선형함수를 **겹선형함수**라고도 한다.

함수 L이 이중선형함수라는 것은 벡터 $\mathbf{w} \in \mathbb{E}^2$가 고정될 때 $L(\cdot, \mathbf{w})\colon \mathbb{E}^2 \to \mathbb{R}$와 $L(\mathbf{w}, \cdot)\colon \mathbb{E}^2 \to \mathbb{R}$이 선형함수임을 의미한다. 그런데 정리 2.1에 따라서 함수가 동형일차함수임은 함수가 선형함수이기 위한 필요충분조건임을 알고 있다.

예제 4.4 벡터공간 $\mathbb{E}^2$에 정의된 표준내적함수 $I((x_1, y_1), (x_2, y_2)) = x_1x_2 + y_1y_2$이 이중선형함수임을 증명하라.

풀이. 고정된 벡터 $(a, b) \in \mathbb{E}^2$에 대하여, 함수 $I((x_1, y_1), (a, b)) = ax_1 + by_1$은 동형일차함수이므로 선형함수이고 함수 $I((a, b), (x_2, y_2)) = ax_2 + by_2$도 동형일차함수이므로 선형함수이다. 따라서 함수 I는 이중선형함수이다. □

함수 $L\colon \mathbb{E}^2 \times \mathbb{E}^2 \to \mathbb{R}$에 대하여, 함수 L이중선형함수임을 다음과 같이 L을 성분으로 나타냄으로써 쉽게 판별할 수 있다. 함수 L에 대하여,

$$L((x_{11}, x_{21}), (x_{12}, x_{22})) = L\left(\sum_{i=1}^{2} x_{i1}\mathbf{e}_i, \sum_{i=1}^{2} x_{i2}\mathbf{e}_i\right) = \sum_{i=1}^{2}\sum_{j=1}^{2} x_{i1}x_{j2}L(\mathbf{e}_i, \mathbf{e}_j)$$

이다. 여기서 $1 \le i, j \le 2$일 때 $a_{ij} = L(\mathbf{e}_i, \mathbf{e}_j)$로 놓으면

$$L((x_{11}, x_{21}), (x_{12}, x_{22})) = \sum_{i=1}^{2}\sum_{j=1}^{2} a_{ij}x_{i1}x_{j2}$$

이다.

예제 4.5 다음 함수가 이중선형함수인지 판별하라.

(가) $L((x_1, y_1), (x_2, y_2)) = x_1 + y_1 y_2$,

(나) $L((x_1, y_1), (x_2, y_2)) = x_1 x_2 - x_1 y_2 - y_1 x_2 + y_1 y_2$,

(다) $L((x_1, y_1), (x_2, y_2)) = 3 + x_1 x_2 + y_1 y_2$,

(라) $L((x_1, y_1), (x_2, y_2)) = x_1 x_1 x_2 + y_1 y_2 y_2$.

풀이. (가) 첫 번째 성분 x_1이 1차이므로 L은 이중선형함수가 아니다.

(나) 함수 L은 $L(\mathbf{e}_1, \mathbf{e}_1) = 1$, $L(\mathbf{e}_1, \mathbf{e}_2) = -1$, $L(\mathbf{e}_2, \mathbf{e}_1) = -1$, $L(\mathbf{e}_2, \mathbf{e}_2) = 1$인 이중선형함수이다.

(다) 첫 번째 성분이 상수이므로 L은 이중선형함수가 아니다.

(라) 각 성분이 3차이므로 L은 이중선형함수가 아니다. □

부호있는 넓이가 이중선형함수임을 다음에서 확인할 수 있다.

정리 4.1: 부호있는 넓이의 이중선형성

부호있는 넓이 $M^2 \colon \mathbb{E}^2 \times \mathbb{E}^2 \to \mathbb{R}$는 이중선형함수이다.

증명. 고정된 벡터 $(a, b) \in \mathbb{E}^2$에 대하여, 함수 $M^2((x_1, y_1), (a, b)) = bx_1 - by_1$은 동형일차함수이므로 선형함수이고 함수 $M^2((a, b), (x_2, y_2)) = -bx_2 + ay_2$도 동형일차함수이므로 선형함수이다. 따라서 M^2은 이중선형함수이다. □

부호있는 넓이의 기본성질로서 다음을 정의하자.

정의 4.4: 교대함수

함수 $L \colon \mathbb{E}^2 \times \mathbb{E}^2 \to \mathbb{R}$에 대하여,

$$\text{벡터 } \mathbf{v}, \mathbf{w}\text{에 대하여 } L(\mathbf{v}, \mathbf{w}) = -L(\mathbf{w}, \mathbf{v})\text{이다}$$

이면 L은 **교대함수**라고 한다.

두 벡터가 만드는 평행사변형의 부호있는 넓이에서 동일한 두 벡터로 평행사변형을 만들 수 없으므로, 부호있는 넓이의 중요한 성질인

$$\text{벡터 } \mathbf{v} \in \mathbb{E}^2\text{에 대하여 } M^2(\mathbf{v}, \mathbf{v}) = 0\text{이다}$$

가 성립함을 알 수 있다. 그런데 이중선형함수 $L\colon \mathbb{E}^2 \times \mathbb{E}^2 \to \mathbb{R}$의 경우에

$$\text{벡터 } \mathbf{v} \in \mathbb{E}^2\text{에 대하여 } L(\mathbf{v}, \mathbf{v}) = 0\text{이다}$$

는 L이 교대함수이기 위한 필요충분조건임을 다음에서 알 수 있다.

정리 4.2: 이중선형함수의 교대성

이중선형함수 $L\colon \mathbb{E}^2 \times \mathbb{E}^2 \to \mathbb{R}$에 대하여, 벡터 $\mathbf{v}$에 대하여 $L(\mathbf{v}, \mathbf{v}) = 0$임은 L이 교대함수이기 위한 필요충분조건이다.

증명. 벡터 $\mathbf{v}$에 대하여 $L(\mathbf{v}, \mathbf{v}) = 0$이라고 가정하자. 그러면 벡터 $\mathbf{v}, \mathbf{w}$에 대하여,

$$\begin{aligned} 0 &= L(\mathbf{v} + \mathbf{w}, \mathbf{v} + \mathbf{w}) \\ &= L(\mathbf{v}, \mathbf{v}) + L(\mathbf{v}, \mathbf{w}) + L(\mathbf{w}, \mathbf{v}) + L(\mathbf{w} + \mathbf{w}) \\ &= L(\mathbf{v}, \mathbf{w}) + L(\mathbf{w} + \mathbf{v}) \end{aligned}$$

이므로 $L(\mathbf{v}, \mathbf{w}) = -L(\mathbf{w}, \mathbf{v})$이다.

역으로 함수 L이 교대함수라고 가정하자. 벡터 $\mathbf{v}$에 대하여, $L(\mathbf{v}, \mathbf{v}) = -L(\mathbf{v}, \mathbf{v})$이므로 $L(\mathbf{v}, \mathbf{v}) = 0$이다. □

벡터 $\mathbf{v} \in \mathbb{E}^2$에 대하여 $M^2(\mathbf{v}, \mathbf{v}) = 0$이므로, 위의 정리에 따라서 부호있는 넓이는 교대함수임을 알 수 있다. 또한 $M^2((1,0),(0,1)) = 1 \cdot 1 - 0 \cdot 0 = 1$이다.

위의 내용들을 정리하면 다음과 같다.

정리 4.3: 부호있는 넓이의 기본성질

부호있는 넓이 $M^2\colon \mathbb{E}^2 \times \mathbb{E}^2 \to \mathbb{R}$에 대하여

(가) M^2는 이중선형함수이고,

(나) M^2는 교대함수이며,

(다) $M^2((1,0),(0,1)) = 1$

이다.

부호있는 넓이 M^2가 교대함수이고 이중선형함수이며 $M^2((1,0),(0,1)) = 1$임은 쉽게 이해할 수 있다. 그런데 그 역도 성립함을 다음에서 알 수 있다.

정리 4.4: 정의역이 벡터공간 곱인 함수가 부호있는 넓이이기 위한 필요충분조건

함수 $L\colon \mathbb{E}^2 \times \mathbb{E}^2 \to \mathbb{R}$에 대하여, L이 이중선형이고 교대이며 $L((1,0),(0,1)) = 1$임은 $L = M^2$이기 위한 필요충분조건이다.

증명. 함수 $L : \mathbb{E}^2 \times \mathbb{E}^2 \to \mathbb{R}$에 대하여, L이 교대함수이며 이중선형함수이면서 $L((1,0),(0,1)) = 1$라고 가정하자. 함수 L이 이중선형함수이면서 교대함수이므로

$$L((1,0),(1,0)) = 0, \quad L((0,1),(0,1)) = 0$$

이고 $L((1,0),(0,1)) = 1$이므로

$$L((0,1),(1,0)) = -L((1,0),(0,1)) = -1$$

이다. 따라서

$$\begin{aligned} L((a,b),(c,d)) &= L(a(1,0) + b(0,1), c(1,0) + d(0,1)) \\ &= acL((1,0),(1,0)) + adL((1,0),(0,1)) \\ &\qquad + bcL((0,1),(1,0)) + bdL((0,1),(0,1)) \\ &= ad - bc \end{aligned}$$

이다. □

연습문제 4.1

1. 다음 1차원 벡터의 부호있는 길이를 구하라.

   (가) $\mathbf{v} = (4)$, (나) $\mathbf{w} = (-2)$.

2. 1차원 유클리드 공간 $\mathbb{R}$에서 다음과 같은 시작점 $A(a)$와 끝점 $B(b)$에 대한 벡터 $\overrightarrow{AB}$의 부호있는 길이를 구하라.

   (가) $a = 2,\ b = 5$, (나) $a = 3,\ b = 2$.

3. 다음 벡터 $\mathbf{v}$와 $\mathbf{w}$가 만드는 평행사변형의 부호있는 넓이를 구하라.

   (가) $\mathbf{v} = (4, 1)$, $\mathbf{w} = (2, 3)$, (나) $\mathbf{v} = (1, 3)$, $\mathbf{w} = (3, 2)$,
   (다) $\mathbf{v} = (-1, 3)$, $\mathbf{w} = (1, -3)$, (라) $\mathbf{v} = (1, 3)$, $\mathbf{w} = (-3, 1)$.

4. 다음 벡터 $\mathbf{v}$와 $\mathbf{w}$가 만드는 평행사변형의 넓이를 구하라.

   (가) $\mathbf{v} = (1, 5)$, $\mathbf{w} = (2, 3)$, (나) $\mathbf{v} = (-1, 3)$, $\mathbf{w} = (2, 2)$,
   (다) $\mathbf{v} = (4, 2)$, $\mathbf{w} = (1, 3)$, (라) $\mathbf{v} = (1, -5)$, $\mathbf{w} = (3, 1)$.

5. 유클리드 벡터공간 $\mathbb{E}^2$에 정의된 다음 함수가 이중선형함수인지 판별하라.

   (가) $L((x_1, y_1), (x_2, y_2)) = x_1x_2 - y_1y_2$,

   (나) $L((x_1, y_1), (x_2, y_2)) = x_1 + x_2y_1$,

   (다) $L((x_1, y_1), (x_2, y_2)) = x_1y_1 + x_2y_2 + x_1x_2y_1$,

   (라) $L((x_1, y_1), (x_2, y_2)) = x_1y_1x_2y_2$.

6. 함수 $L\colon \mathbb{E}^2 \times \mathbb{E}^2 \to \mathbb{R}$에 대하여, L이 이중선형함수이고 교대함수이며 $L(\mathbf{e}_1, \mathbf{e}_2) = -1$일 때 $L((x_1, y_1), (x_2, y_2))$를 구하라.

7. 함수 $L\colon \mathbb{E}^2 \times \mathbb{E}^2 \to \mathbb{R}$에 대하여, L이 이중선형함수이고 교대함수이며 $L(\mathbf{e}_1, \mathbf{e}_2) = 3$일 때 $L((x_1, y_1), (x_2, y_2))$를 구하라.

4.2 평형육면체의 부호있는 부피

이 절에서는 세 3차원 벡터가 만드는 평행육면체의 부호있는 부피를 다룬다. 이를 위하여 먼저 두 벡터의 벡터곱을 정의하고 이를 이용하여 세 벡터가 만드는 평행육면체의 부호있는 부피를 정의한다. 부호있는 부피에서 삼중선형성과 교대성이 성립함을 확인할 수 있다.

4.2.1 벡터곱

벡터 $\mathbf{u}, \mathbf{v} \in \mathbb{E}^3$에 대하여, 두 벡터가 만드는 평행사변형에 직교하면서 크기가 이 평행사변형의 넓이인 다음의 벡터를 정의한다.

정의 4.5: 벡터곱

벡터 $\mathbf{u} = (u_1, u_2, u_3), \mathbf{v} = (v_1, v_2, v_3) \in \mathbb{E}^3$에 대하여, 벡터

$$(u_2v_3 - u_3v_2, u_3v_1 - u_1v_3, u_1v_2 - u_2v_1)$$

를 벡터 $\mathbf{u}$와 $\mathbf{v}$의 **벡터곱**이라고 하고 $\mathbf{u} \times \mathbf{v}$로 나타낸다.

위의 정의에서는 두 벡터의 성분을 이용하여 두 벡터의 벡터곱을 정의한다. 벡터곱의 성질을 탐구하여 두 벡터의 벡터곱의 기하적 의미를 알아보자.

벡터 $\mathbf{u}$와 $\mathbf{v}$에 대하여, $\mathbf{v} = t\mathbf{u}$ 또는 $\mathbf{u} = t\mathbf{v}$인 실수 t가 존재함은 $(\mathbf{u}, \mathbf{v})$가 일차종속이기 위한 필요충분조건이다.

영벡터는 모든 벡터와 일차종속이다.

예제 4.6 벡터 $\mathbf{u} = (1, 0, 2)$와 $\mathbf{v} = (3, 2, 4)$에 대하여, $(\mathbf{u}, \mathbf{v})$가 일차종속인지 판별하라.

풀이. 두 벡터 $\mathbf{u}$와 $\mathbf{v}$는 모두 영벡터가 아니고, $3 = 3 \cdot 1$ 그리고 $4 = 2 \cdot 2$이므로 $\mathbf{v} = t\mathbf{u}$ 또는 $\mathbf{u} = t\mathbf{v}$인 실수 t가 존재하지 않는다. 따라서 순서쌍 $(\mathbf{u}, \mathbf{v})$는 일차독립이다. □

먼저 벡터곱에 대한 다음 성질을 알 수 있다.

보조정리 4.5: 일차종속인 두 벡터의 벡터곱

벡터 $\mathbf{u}, \mathbf{v} \in \mathbb{E}^3$에 대하여, $(\mathbf{u}, \mathbf{v})$가 일차종속이면 벡터곱 $\mathbf{u} \times \mathbf{v}$는 영벡터이다.

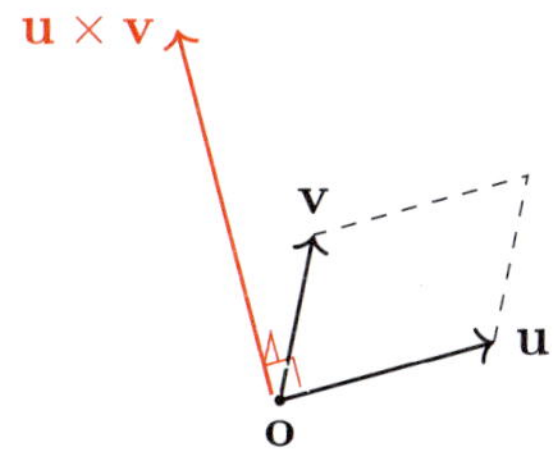

그림 4.4 두 벡터의 벡터곱

증명. 벡터 $\mathbf{u} = (u_1, u_2, u_3)$와 $\mathbf{v} = (v_1, v_2, v_3)$ 에 대하여, $(\mathbf{u}, \mathbf{v})$가 일차종속이라고 가정하자. 그러면 $\mathbf{u} = t\mathbf{v}$ 또는 $\mathbf{v} = t\mathbf{u}$인 실수 t가 존재한다. 만약 $\mathbf{u} = t\mathbf{v}$이면

$$\begin{aligned}\mathbf{u} \times \mathbf{v} &= (u_2v_3 - u_3v_2, u_3v_1 - u_1v_3, u_1v_2 - u_2v_1) \\ &= t(v_2v_3 - v_3v_2, v_3v_1 - v_1v_3, v_1v_2 - v_2v_1) \\ &= \mathbf{o}\end{aligned}$$

이다. $\mathbf{v} = t\mathbf{u}$인 경우에도 같은 방식으로 $\mathbf{u} \times \mathbf{v} = \mathbf{o}$임을 알 수 있다. □

두 벡터의 벡터곱의 크기와 방향을 다음에서 알 수 있다.

보조정리 4.6: 벡터곱의 크기와 방향

벡터 $\mathbf{u}, \mathbf{v}$에 대하여, 다음이 성립한다.

(가) 벡터곱 $\mathbf{u} \times \mathbf{v}$는 벡터 $\mathbf{u}$와 $\mathbf{v}$와 직교한다.

(나) 벡터곱 $\mathbf{u} \times \mathbf{v}$의 크기는 두 벡터 $\mathbf{u}$와 $\mathbf{v}$가 만드는 평행사변형의 넓이이다.

증명. (가) 벡터 $\mathbf{u} = (u_1, u_2, u_3)$와 $\mathbf{v} = (v_1, v_2, v_3)$에 대하여,

$$\mathbf{u} \cdot \mathbf{u} \times \mathbf{v} = u_1(u_2v_3 - u_3v_2) + u_2(u_3v_1 - u_1v_3) + u_3(u_1v_2 - u_2v_1) = 0,$$

$$\mathbf{v} \cdot \mathbf{u} \times \mathbf{v} = v_1(u_2v_3 - u_3v_2) + v_2(u_3v_1 - u_1v_3) + v_3(u_1v_2 - u_2v_1) = 0$$

이다.

(나) 벡터 $\mathbf{u}$와 $\mathbf{v}$의 사잇각 크기를 θ로 놓자. 그러면 $0 \le \sin\theta \le 1$이고 두 벡터 $\mathbf{u}$

와 $\mathbf{v}$가 만드는 평행사변형의 넓이는 $\|\mathbf{u}\|\,\|\mathbf{v}\|\sin\theta$이다. 그리고

$$\begin{aligned}\|\mathbf{u}\|^2\|\mathbf{v}\|^2\sin^2\theta &= \|\mathbf{u}\|^2\|\mathbf{v}\|^2(1-\cos^2\theta)\\ &= \|\mathbf{u}\|^2\|\mathbf{v}\|^2 - |\mathbf{u}\cdot\mathbf{v}|^2\\ &= (u_1u_1+u_2u_2+u_3u_3)(v_1v_1+v_2v_2+v_3v_3)\\ &\qquad -(u_1v_1+u_2v_2+u_3v_3)^2\\ &= u_1u_1v_2v_2+u_2u_2v_1v_1-2u_1u_2v_1u_2\\ &\qquad +u_1u_1v_3v_3+u_3u_3v_1v_1-2u_1u_3v_1v_3\\ &\qquad +u_2u_2v_3v_3+u_3u_3v_2v_2-2u_2u_3v_2v_3\\ &= (u_2v_3-u_3v_2)^2+(u_3v_1-u_1v_3)^2+(u_1v_2-u_2v_1)^2\\ &= \|\mathbf{u}\times\mathbf{v}\|^2\end{aligned}$$

이다. □

벡터 $\mathbf{u}$와 $\mathbf{v}$가 일차종속이면 $\mathbf{u}\times\mathbf{v}=\mathbf{o}$이다. 벡터 $\mathbf{u}$와 $\mathbf{v}$가 일차독립이면 보조정리 4.6의 (나)에서 $\|\mathbf{u}\times\mathbf{v}\|$는 벡터 $\mathbf{u}$와 $\mathbf{v}$가 만드는 평행사변형의 넓이임을 알 수 있다. 또한 보조정리 4.6의 (가)에서 벡터곱 $\mathbf{u}\times\mathbf{v}$는 벡터 $\mathbf{u}$와 $\mathbf{v}$에 직교함을 알 수 있다. 이때 벡터 $\mathbf{u}$와 $\mathbf{v}$에 직교하는 방향은 서로 반대 방향인 두 가지가 존재한다. 이 두 방향 중에서 벡터곱 $\mathbf{u}\times\mathbf{v}$의 방향을 찾는 것은 다음과 같이 알 수 있다. 양의 실수 a, c와 실수 b에 대하여, $\mathbf{u}=(a,0,0)$ 그리고 $\mathbf{v}=(b,c,0)$이면 $\mathbf{u}\times\mathbf{v}=(0,0,ac)$이다. 이때 벡터곱 $\mathbf{u}\times\mathbf{v}$의 방향은 두 벡터 $\mathbf{u}$와 $\mathbf{v}$에 대한 **오른손법칙**에 따라 결정된다. 오른손법칙이란 오른손의 엄지손가락과 검지손가락 그리고 가운뎃손가락을 펼 때, 검지손가락이 벡터 $\mathbf{u}$ 방향을 가리키고 가운뎃손가락이 벡터 $\mathbf{v}$ 방향을 가리킬 때 엄지손가락이 가리키는 방향이 벡터곱 $\mathbf{u}\times\mathbf{v}$ 방향을 가리킴을 나타낸다. 일반적으로 일차독립인 두 벡터는 위의 벡터 $\mathbf{u}$와 $\mathbf{v}$를 **강체변환**시켜서 구할 수 있고, 이때 두 벡터의 벡터곱은 벡터 $\mathbf{u}\times\mathbf{v}$를 같은 강체변환시켜서 구해진다. 따라서 이 경우에 오른손법칙은 유지된다.

예제 4.7 다음 두 벡터의 벡터곱을 구하라.

(가) $\mathbf{u}=(2,-1,3)$, $\mathbf{v}=(-2,3,-1)$, (나) $\mathbf{u}=(3,-2,3)$, $\mathbf{v}=(2,1,-1)$.

풀이. (가) $\mathbf{u}\times\mathbf{v}=((-1)\cdot(-1)-3\cdot3, 3\cdot(-2)-2\cdot(-1), 2\cdot3-(-1)\cdot(-2))=(-8,-4,4)$.
(나) $\mathbf{u}\times\mathbf{v}=((-2)\cdot(-1)-3\cdot1, 3\cdot2-3\cdot(-1), 3\cdot1-(-2)\cdot2)=(-1,9.7)$. □

예제 4.8 꼭짓점이 $A(2,-1,3), B(1,2,3), C(2,2,1)$인 삼각형의 넓이를 구하라.

풀이. 작용점이 A인 벡터 $\overrightarrow{AB} = (-1, 3, 0)$와 $\overrightarrow{AC} = (0, 3, -2)$의 벡터곱은

$$\begin{aligned}\overrightarrow{AB} \times \overrightarrow{AC} &= (3 \cdot (-2) - 0 \cdot 3, 0 \cdot 0 - (-1) \cdot (-2), (-1) \cdot 3 - 3 \cdot 0) \\ &= (-6, -2, -3)\end{aligned}$$

이다. 구하는 삼각형의 넓이는 벡터 $\overrightarrow{AB}$와 $\overrightarrow{AC}$가 만드는 평행사변형 넓이의 반이므로, 구하는 삼각형의 넓이는

$$\frac{\|\overrightarrow{AB} \times \overrightarrow{AC}\|}{2} = \frac{\sqrt{36+4+9}}{2} = \frac{\sqrt{49}}{2} = \frac{7}{2}$$

이다. □

사상 $L\colon \mathbb{E}^3 \times \mathbb{E}^3 \to \mathbb{E}^3$에 대하여, 벡터 $\mathbf{u}_1, \mathbf{u}_2, \mathbf{v} \in \mathbb{E}^3$와 실수 a, b에 대하여

$$\begin{aligned}L(a\mathbf{u}_1 + b\mathbf{u}_2, \mathbf{v}) &= aL(\mathbf{u}_1, \mathbf{v}) + bL(\mathbf{u}_2, \mathbf{v}), \\ L(\mathbf{v}, a\mathbf{u}_1 + b\mathbf{u}_2) &= aL(\mathbf{v}, \mathbf{u}_1) + bL(\mathbf{v}, \mathbf{u}_2)\end{aligned}$$

이면 사상 L은 **이중선형사상**이라고 한다. 또한 벡터 $\mathbf{u}, \mathbf{v} \in \mathbb{E}^3$에 대하여 $L(\mathbf{u}, \mathbf{v}) = -L(\mathbf{v}, \mathbf{u})$이면 사상 L은 **교대사상**이라고 한다.

벡터곱의 교대성에 대하여 다음 정리를 살펴보자.

정리 4.7: 이중선형사상이 교대사상이기 위한 필요충분조건

이중선형사상 $L\colon \mathbb{E}^3 \times \mathbb{E}^3 \to \mathbb{E}^3$에 대하여, '벡터 $\mathbf{u}$에 대하여 $L(\mathbf{u}, \mathbf{u}) = \mathbf{o}$이다'는 사상 L이 교대사상이기 위한 필요충분조건이다.

증명. 벡터 $\mathbf{u}$에 대하여 $L(\mathbf{u}, \mathbf{u}) = \mathbf{o}$이면, 벡터 $\mathbf{u}$와 $\mathbf{v}$에 대하여

$$\begin{aligned}\mathbf{o} &= L(\mathbf{u} + \mathbf{v}, \mathbf{u} + \mathbf{v}) \\ &= L(\mathbf{u}, \mathbf{u}) + L(\mathbf{u}, \mathbf{v}) + L(\mathbf{v}, \mathbf{u}) + L(\mathbf{v}, \mathbf{v}) \\ &= L(\mathbf{u}, \mathbf{v}) + L(\mathbf{v}, \mathbf{u})\end{aligned}$$

이므로 $L(\mathbf{u}, \mathbf{v}) = -L(\mathbf{v}, \mathbf{u})$이다.

역으로 벡터 $\mathbf{u}, \mathbf{v} \in \mathbb{E}^3$에 대하여 $L(\mathbf{u}, \mathbf{v}) = -L(\mathbf{v}, \mathbf{u})$이면, 벡터 $\mathbf{u}$에 대하여

$$L(\mathbf{u}, \mathbf{u}) = -L(\mathbf{u}, \mathbf{u})$$

이므로 $L(\mathbf{u}, \mathbf{u}) = \mathbf{o}$이다. □

벡터곱의 정의에 따라서, 다음과 같이 벡터곱의 기본적인 성질을 알 수 있다.

정리 4.8: 벡터곱의 기본성질

벡터곱에 대하여 다음이 성립한다.

(가) (**이중선형성**) 벡터 $\mathbf{u}_1, \mathbf{u}_2, \mathbf{v} \in \mathbb{E}^3$와 실수 a, b에 대하여,

$$(a\mathbf{u}_1 + b\mathbf{u}_2) \times \mathbf{v} = a(\mathbf{u}_1 \times \mathbf{v}) + b(\mathbf{u}_2 \times \mathbf{v}),$$
$$\mathbf{v} \times (a\mathbf{u}_1 + b\mathbf{u}_2) = a(\mathbf{v} \times \mathbf{u}_1) + b(\mathbf{v} \times \mathbf{u}_2)$$

이다.

(나) (**교대성**) 벡터 $\mathbf{u}, \mathbf{v} \in \mathbb{E}^3$에 대하여, $\mathbf{u} \times \mathbf{v} = -(\mathbf{v} \times \mathbf{u})$이다.

(다) (**표준기저에 대한 벡터곱**) 표준기저 $(\mathbf{e}_1, \mathbf{e}_2, \mathbf{e}_3)$에 대하여

$$\mathbf{e}_1 \times \mathbf{e}_2 = \mathbf{e}_3, \qquad \mathbf{e}_2 \times \mathbf{e}_3 = \mathbf{e}_1, \qquad \mathbf{e}_3 \times \mathbf{e}_1 = \mathbf{e}_2$$

이다.

벡터곱의 교대성을 '벡터 $\mathbf{u} \in \mathbb{E}^3$에 대하여 $\mathbf{u} \times \mathbf{u} = \mathbf{o}$이다'로 바꿀 수 있다.
위의 정리의 (나)와 (다)에 따라서

$$\mathbf{e}_2 \times \mathbf{e}_1 = -\mathbf{e}_3, \qquad \mathbf{e}_3 \times \mathbf{e}_2 = -\mathbf{e}_1, \qquad \mathbf{e}_1 \times \mathbf{e}_3 = -\mathbf{e}_2$$

임을 알 수 있다.

위의 정리에 나타난 벡터곱의 이중선형성, 교대성 그리고 표준기저에 대한 성질은 벡터곱에 대한 기본적인 성질이다. 그런데 이 성질만으로 벡터곱이 규정됨을 다음과 같이 확인할 수 있다. 벡터 $\mathbf{u} = (u_1, u_2, u_3)$와 $\mathbf{v} = (v_1, v_2, v_3)$에 대하여,

$$\begin{aligned}
\mathbf{u} \times \mathbf{v} &= (u_1\mathbf{e}_1 + u_2\mathbf{e}_2 + u_3\mathbf{e}_3) \times (v_1\mathbf{e}_1 + v_2\mathbf{e}_2 + v_3\mathbf{e}_3) = \sum_{i=1}^{3}\sum_{j=1}^{3} u_i v_j \mathbf{e}_i \times \mathbf{e}_j \\
&= (u_2v_3 - u_3v_2)\mathbf{e}_2 \times \mathbf{e}_3 + (u_3v_1 - u_1v_3)\mathbf{e}_3 \times \mathbf{e}_1 + (u_1v_2 - u_2v_1)\mathbf{e}_1 \times \mathbf{e}_2 \\
&= (u_2v_3 - u_3v_2, u_3v_1 - u_1v_3, u_1v_2 - u_2v_1)
\end{aligned}$$

이다.

4.2.2 세 3차원 벡터가 만드는 평행육면체의 부호있는 부피

여기서는 벡터 $\mathbf{u}, \mathbf{v}, \mathbf{w} \in \mathbb{E}^3$가 만드는 평행육면체의 부호있는 부피 S를 규정한다.

만약 벡터 $\mathbf{u}$와 $\mathbf{v}$가 일차종속이면 벡터 $\mathbf{u}, \mathbf{v}, \mathbf{w} \in \mathbb{E}^3$가 만드는 평행육면체가 한 평면에 놓이므로 $S = 0$이다.

벡터 $\mathbf{u}$와 $\mathbf{v}$가 일차독립이라고 가정하자.

(가) 벡터 $\mathbf{u}$와 $\mathbf{v}$가 만드는 평행사변형을 구하는 평행육면체의 밑면으로 놓자. 그러면 밑면의 넓이는 $\|\mathbf{u} \times \mathbf{v}\|$이다.

(나) 이제 구하는 평행육면체의 높이의 양의 방향을 벡터 $\mathbf{u} \times \mathbf{v}$와 같은 방향으로 설정한다. 벡터 $\mathbf{u} \times \mathbf{v}$에 대한 벡터 $\mathbf{w}$의 사영벡터를 $\mathbf{b}$로 놓으면

$$\mathbf{b} = \operatorname{Proj}_{\mathbf{u} \times \mathbf{v}} \mathbf{w} = \frac{(\mathbf{u} \times \mathbf{v}) \cdot \mathbf{w}}{(\mathbf{u} \times \mathbf{v}) \cdot (\mathbf{u} \times \mathbf{v})} \mathbf{u} \times \mathbf{v} = \frac{(\mathbf{u} \times \mathbf{v}) \cdot \mathbf{w}}{\|\mathbf{u} \times \mathbf{v}\|} \frac{\mathbf{u} \times \mathbf{v}}{\|\mathbf{u} \times \mathbf{v}\|}$$

이다. 구하는 평행육면체 높이의 양의 방향이 $\mathbf{u} \times \mathbf{v}/\|\mathbf{u} \times \mathbf{v}\|$이므로 평행육면체의 높이는 $(\mathbf{u} \times \mathbf{v}) \cdot \mathbf{w}/\|\mathbf{u} \times \mathbf{v}\|$이다.

(다) 평행육면체의 밑면의 넓이가 $\|\mathbf{u} \times \mathbf{v}\|$이고 높이가 $(\mathbf{u} \times \mathbf{v}) \cdot \mathbf{w}/\|\mathbf{u} \times \mathbf{v}\|$이므로 평행육면체의 부호있는 부피는

$$S = \|\mathbf{u} \times \mathbf{v}\| \cdot \frac{(\mathbf{u} \times \mathbf{v}) \cdot \mathbf{w}}{\|\mathbf{u} \times \mathbf{v}\|} = (\mathbf{u} \times \mathbf{v}) \cdot \mathbf{w}$$

이다. 위의 식은 벡터 $\mathbf{u}$와 $\mathbf{v}$가 일차종속인 경우에도 성립한다.

세 벡터에 대한 다음 함수를 정의하자.

정의 4.6: 세 3차원 벡터가 만드는 평행육면체의 부호있는 부피

벡터 $\mathbf{u}, \mathbf{v}, \mathbf{w} \in \mathbb{E}^3$에 대하여,

$$M^3(\mathbf{u}, \mathbf{v}, \mathbf{w}) = (\mathbf{u} \times \mathbf{v}) \cdot \mathbf{w}$$

로 정의되는 함수 $M^3 \colon \mathbb{E}^3 \times \mathbb{E}^3 \times \mathbb{E}^3 \to \mathbb{R}$를 벡터 $\mathbf{u}, \mathbf{v}, \mathbf{w}$가 만드는 평행육면체의 **부호있는 부피**라고 한다.

벡터 $\mathbf{u} = (u_1, u_2, u_3)$, $\mathbf{v} = (v_1, v_2, v_3)$, $\mathbf{w} = (w_1, w_2, w_3)$에 대하여,

$$\mathbf{u} \times \mathbf{v} = (u_2v_3 - u_3v_2,\ u_3v_1 - u_1v_3,\ u_1v_2 - u_2v_1)$$

이므로

$$M^3(\mathbf{u},\mathbf{v},\mathbf{w}) = (u_2v_3 - u_3v_2)w_1 + (u_3v_1 - u_1v_3)w_2 + (u_1v_2 - u_2v_1)w_3$$

이다.

위 정의에서 나오는 $M^3(\mathbf{u},\mathbf{v},\mathbf{w})$를

$$\begin{vmatrix} u_1 & v_1 & w_1 \\ u_2 & v_2 & w_2 \\ u_3 & v_3 & w_3 \end{vmatrix}$$

로 나타내기도 한다. 그러면

$$\begin{vmatrix} u_1 & v_1 & w_1 \\ u_2 & v_2 & w_2 \\ u_3 & v_3 & w_3 \end{vmatrix} = w_1 \begin{vmatrix} u_2 & v_2 \\ u_3 & v_3 \end{vmatrix} + w_2 \begin{vmatrix} u_3 & v_3 \\ u_1 & v_1 \end{vmatrix} + w_3 \begin{vmatrix} u_1 & v_1 \\ u_2 & v_2 \end{vmatrix}$$

이다.

예제 4.9 다음 벡터에 대하여, $M^3(\mathbf{u},\mathbf{v},\mathbf{w})$를 구하라.

(가) $\mathbf{u} = (1,2,-1)$, $\mathbf{v} = (3,1,0)$, $\mathbf{w} = (3,1,0)$,
(나) $\mathbf{u} = (1,2,-1)$, $\mathbf{v} = (3,1,0)$, $\mathbf{w} = (1,0,-1)$,
(다) $\mathbf{u} = (1,0,0)$, $\mathbf{v} = (0,0,1)$, $\mathbf{w} = (0,1,0)$,
(라) $\mathbf{u} = (1,0,0)$, $\mathbf{v} = (0,1,0)$, $\mathbf{w} = (0,0,1)$.

풀이. (가) $M^3(\mathbf{u},\mathbf{v},\mathbf{w}) = 3(2\cdot 0-(-1)\cdot 1)+1((-1)\cdot 3-1\cdot 0)+0(1\cdot 1-2\cdot 3) = 0$.
(나) $M^3(\mathbf{u},\mathbf{v},\mathbf{w}) = 1(2\cdot 0-(-1)\cdot 1)+0((-1)\cdot 3-1\cdot 0)-(1\cdot 1-2\cdot 3) = 6$.
(다) $M^3(\mathbf{u},\mathbf{v},\mathbf{w}) = 0(0\cdot 1-0\cdot 0)+1(0\cdot 0-1\cdot 1)+0(1\cdot 0-0\cdot 0) = -1$.
(라) $M^3(\mathbf{u},\mathbf{v},\mathbf{w}) = 0(0\cdot 0-0\cdot 1)+0(0\cdot 0-1\cdot 0)+1(1\cdot 1-0\cdot 0) = 1$. □

4.2.3 부호있는 부피의 기본성질

여기서는 부호있는 부피 M^3의 기본성질인 삼중선형성과 교대성에 대하여 알아보고 이들 성질이 부호있는 부피를 규정함도 알아본다.

함수 $L\colon \mathbb{E}^3\times\mathbb{E}^3\times\mathbb{E}^3 \to \mathbb{R}$의 삼중선형성을 다음과 같이 정의한다.

정의 4.7: 삼중선형함수

함수 $L\colon \mathbb{E}^3 \times \mathbb{E}^3 \times \mathbb{E}^3 \to \mathbb{R}$에 대하여,

벡터 $\mathbf{u}_1, \mathbf{u}_2, \mathbf{v}, \mathbf{w}$와 실수 a, b에 대하여

$$\begin{aligned} L(a\mathbf{u}_1 + b\mathbf{u}_2, \mathbf{v}, \mathbf{w}) &= aL(\mathbf{u}_1, \mathbf{v}, \mathbf{w}) + bL(\mathbf{u}_2, \mathbf{v}, \mathbf{w}), \\ L(\mathbf{v}, a\mathbf{u}_1 + b\mathbf{u}_2, \mathbf{w}) &= aL(\mathbf{v}, \mathbf{u}_1, \mathbf{w}) + bL(\mathbf{v}, \mathbf{u}_2, \mathbf{w}), \\ L(\mathbf{v}, \mathbf{w}, a\mathbf{u}_1 + b\mathbf{u}_2) &= aL(\mathbf{v}, \mathbf{w}, \mathbf{u}_1) + bL(\mathbf{v}, \mathbf{w}, \mathbf{u}_2) \end{aligned}$$

이다

이면 L은 **삼중선형함수**라고 한다.

벡터곱과 점곱이 이중선형함수이므로 다음과 같이 부호있는 부피가 삼중선형함수임을 알 수 있다.

정리 4.9: 부호있는 부피의 삼중선형성

부호있는 부피 $M^3\colon \mathbb{E}^3 \times \mathbb{E}^3 \times \mathbb{E}^3 \to \mathbb{R}$는 삼중선형함수이다.

증명. 벡터 $\mathbf{u}_1, \mathbf{u}_2, \mathbf{v}, \mathbf{w} \in \mathbb{E}^3$에 대하여,

$$\begin{aligned} M^3(a\mathbf{u}_1 + b\mathbf{u}_2, \mathbf{v}, \mathbf{w}) &= (a\mathbf{u}_1 + b\mathbf{u}_2) \times \mathbf{v} \cdot \mathbf{w} \\ &= (a(\mathbf{u}_1 \times \mathbf{v}) + b(\mathbf{u}_2 \times \mathbf{v})) \cdot \mathbf{w} \\ &= a(\mathbf{u}_1 \times \mathbf{v}) \cdot \mathbf{w} + b(\mathbf{u}_2 \times \mathbf{v} \cdot \mathbf{w}) \\ &= aM^3(\mathbf{u}_1, \mathbf{v}, \mathbf{w}) + bM^3(\mathbf{u}_2, \mathbf{v}, \mathbf{w}), \end{aligned}$$

$$\begin{aligned} M^3(\mathbf{v}, a\mathbf{u}_1 + b\mathbf{u}_2, \mathbf{w}) &= \mathbf{v} \times (a\mathbf{u}_1 + b\mathbf{u}_2) \cdot \mathbf{w} \\ &= (a(\mathbf{v} \times \mathbf{u}_1) + b(\mathbf{v} \times \mathbf{u}_2)) \cdot \mathbf{w} \\ &= a(\mathbf{v} \times \mathbf{u}_1 \cdot \mathbf{w}) + b(\mathbf{v} \times \mathbf{u}_2 \cdot \mathbf{w}) \\ &= aM^3(\mathbf{v}, \mathbf{u}_1, \mathbf{w}) + bM^3(\mathbf{v}, \mathbf{u}_2, \mathbf{w}), \end{aligned}$$

$$\begin{aligned} M^3(\mathbf{v}, \mathbf{w}, a\mathbf{u}_1 + b\mathbf{u}_2) &= \mathbf{v} \times \mathbf{w} \cdot (a\mathbf{u}_1 + b\mathbf{u}_2) \\ &= a(\mathbf{v} \times \mathbf{w} \cdot \mathbf{u}_1) + b(\mathbf{v} \times \mathbf{w} \cdot \mathbf{u}_2) \\ &= aM^3(\mathbf{v}, \mathbf{w}, \mathbf{u}_1) + bM^3(\mathbf{v}, \mathbf{w}, \mathbf{u}_1), \end{aligned}$$

이다. □

함숫값 $L(\mathbf{u},\mathbf{v},\mathbf{w})$에서, 다음과 같이 $\mathbf{u},\mathbf{v},\mathbf{w}$ 중에서 두 개를 교환한 함숫값의 부호가 원래의 함숫값의 부호와 다른 함수를 다음과 같이 정의한다.

정의 4.8: 교대함수

함수 $L\colon \mathbb{E}^3\times\mathbb{E}^3\times\mathbb{E}^3\to\mathbb{R}$에 대하여,

벡터 $\mathbf{u},\mathbf{v},\mathbf{w}$에 대하여

$$L(\mathbf{u},\mathbf{v},\mathbf{w}) = -L(\mathbf{v},\mathbf{u},\mathbf{w}) = -L(\mathbf{w},\mathbf{v},\mathbf{u}) = -L(\mathbf{u},\mathbf{w},\mathbf{v})$$

이다

이면 L는 **교대함수**라고 한다.

세 벡터 $\mathbf{u},\mathbf{v},\mathbf{w}$가 만드는 평행육면체의 부호있는 부피 $M^3(\mathbf{u},\mathbf{v},\mathbf{w})$에 대하여, 세 벡터 $\mathbf{u},\mathbf{v},\mathbf{w}$ 중에서 두 벡터가 같으면 $M^3(\mathbf{u},\mathbf{v},\mathbf{w})=0$이다. 삼중선형함수에 대해서는 교대성을 위의 성질로 나타낼 수 있다.

정리 4.10: 삼중선형함수가 교대함수이기 위한 필요충분조건

삼중선형함수 $L\colon \mathbb{E}^3\times\mathbb{E}^3\times\mathbb{E}^3\to\mathbb{R}$에 대하여,

모든 벡터 $\mathbf{u},\mathbf{v}$에 대하여, $L(\mathbf{u},\mathbf{u},\mathbf{v}) = L(\mathbf{u},\mathbf{v},\mathbf{u}) = L(\mathbf{v},\mathbf{u},\mathbf{u}) = 0$이다

는 L이 교대함수이기 위한 필요충분조건이다.

증명. 벡터 $\mathbf{u},\mathbf{v}$에 대하여, $L(\mathbf{u},\mathbf{u},\mathbf{v}) = L(\mathbf{u},\mathbf{v},\mathbf{u}) = L(\mathbf{v},\mathbf{u},\mathbf{u}) = 0$이라고 가정하자. 그러면 벡터 $\mathbf{u},\mathbf{v},\mathbf{w}$에 대하여,

$$\begin{aligned} 0 &= L(\mathbf{u}+\mathbf{v},\mathbf{u}+\mathbf{v},\mathbf{w}) \\ &= L(\mathbf{u},\mathbf{u},\mathbf{w}) + L(\mathbf{u},\mathbf{v},\mathbf{w}) + L(\mathbf{v},\mathbf{u},\mathbf{w}) + L(\mathbf{v},\mathbf{v},\mathbf{w}) \\ &= L(\mathbf{u},\mathbf{v},\mathbf{w}) + L(\mathbf{v},\mathbf{u},\mathbf{w}) \end{aligned}$$

이므로 $L(\mathbf{u},\mathbf{v},\mathbf{w}) = -L(\mathbf{v},\mathbf{u},\mathbf{w})$이다. 위와 같은 방식으로

$$L(\mathbf{u},\mathbf{v},\mathbf{w}) = -L(\mathbf{w},\mathbf{v},\mathbf{u}) \quad \text{그리고} \quad L(\mathbf{u},\mathbf{v},\mathbf{w}) = -L(\mathbf{u},\mathbf{w},\mathbf{v})$$

를 확인할 수 있다.

역으로 함수 L가 교대함수라고 가정하자. 그러면 벡터 $\mathbf{u}, \mathbf{v}$에 대하여

$$L(\mathbf{u}, \mathbf{u}, \mathbf{v}) = -L(\mathbf{u}, \mathbf{u}, \mathbf{v})$$

이고 자신이 덧셈에 대한 역원인 수는 0뿐이므로 $L(\mathbf{u}, \mathbf{u}, \mathbf{v}) = 0$이다. 같은 방식으로

$$L(\mathbf{u}, \mathbf{v}, \mathbf{u}) = 0 \quad \text{그리고} \quad L(\mathbf{v}, \mathbf{u}, \mathbf{u}) = 0$$

를 확인할 수 있다. □

부호있는 부피는 교대함수이다. 또한 $\mathbf{e}_1 = (1,0,0), \mathbf{e}_2 = (0,1,0), \mathbf{e}_3 = (0,0,1)$일 때

$$M^3(\mathbf{e}_1, \mathbf{e}_2, \mathbf{e}_3) = \mathbf{e}_1 \times \mathbf{e}_2 \cdot \mathbf{e}_3 = \mathbf{e}_3 \cdot \mathbf{e}_3 = 1$$

이다. 앞의 내용을 정리하면 다음과 같다.

정리 4.11: 부호있는 부피의 기본성질

부호있는 부피 $M^3 \colon \mathbb{E}^3 \times \mathbb{E}^3 \times \mathbb{E}^3 \to \mathbb{R}$에 대하여,

(가) 부호있는 부피 M^3는 삼중선형함수이고,

(나) 부호있는 부피 M^3는 교대함수이며,

(다) $M^3((1,0,0),(0,1,0),(0,0,1)) = 1$

이다.

부호있는 부피 M^3가 삼중선형함수이고 교대함수이며 $M^3(\mathbf{e}_1, \mathbf{e}_2, \mathbf{e}_3) = 1$임은 쉽게 이해할 수 있다. 그런데 그 역도 성립함을 다음에서 알 수 있다.

정리 4.12: 정의역이 벡터공간 세제곱인 함수가 부호있는 부피이기 위한 필요충분조건

함수 $L \colon \mathbb{E}^3 \times \mathbb{E}^3 \times \mathbb{E}^3 \to \mathbb{R}$에 대하여,

함수 L는 삼중선형함수이고 교대함수이고 $L(\mathbf{e}_1, \mathbf{e}_2, \mathbf{e}_3) = 1$이다

임은 $L = M^3$이기 위한 필요충분조건이다. 여기서 $(\mathbf{e}_1, \mathbf{e}_2, \mathbf{e}_3)$은 표준기저이다.

증명. 함수 $L \colon \mathbb{E}^3 \times \mathbb{E}^3 \times \mathbb{E}^3 \to \mathbb{R}$에 대하여, L이 삼중선형함수이고 교대함수이며

$L(\mathbf{e}_1, \mathbf{e}_2, \mathbf{e}_3) = 1$라고 가정하자. 그러면, 벡터 $\mathbf{u} = (u_1, u_2, u_3), \mathbf{v} = (v_1, v_2, v_3), \mathbf{w} = (w_1, w_2, w_3)$에 대하여

$$\begin{aligned} L(\mathbf{u}, \mathbf{v}, \mathbf{w}) &= L(u_1\mathbf{e}_1 + u_2\mathbf{e}_2 + u_3\mathbf{e}_3, v_1\mathbf{e}_1 + v_2\mathbf{e}_2 + v_3\mathbf{e}_3, w_1\mathbf{e}_1 + w_2\mathbf{e}_2 + w_3\mathbf{e}_3) \\ &= u_1v_2w_3L(\mathbf{e}_1, \mathbf{e}_2, \mathbf{e}_3) + u_1v_3w_2L(\mathbf{e}_1, \mathbf{e}_3, \mathbf{e}_2) \\ &\quad + u_2v_3w_1L(\mathbf{e}_2, \mathbf{e}_3, \mathbf{e}_1) + u_2v_1w_3L(\mathbf{e}_2, \mathbf{e}_1, \mathbf{e}_3) \\ &\quad + u_3v_1w_2L(\mathbf{e}_3, \mathbf{e}_1, \mathbf{e}_2) + u_3v_2w_1L(\mathbf{e}_3, \mathbf{e}_2, \mathbf{e}_1) \\ &= w_1(u_2v_3 - u_3v_2) + w_2(u_3v_1 - u_1v_3) + w_3(u_1v_2 - u_2v_1) \\ &= M^3(\mathbf{u}, \mathbf{v}, \mathbf{w}) \end{aligned}$$

이다. □

예제 4.10 실수 a, b, c에 대하여,

$$M^3((1, a, a^2), (1, b, b^2), (1, c, c^2)) = (a-b)(b-c)(c-a)$$

임을 증명하라.

풀이. 실수 a, b, c에 대하여,

$$\begin{aligned} M^3((1, a, a^2), (1, b, b^2), (1, c, c^2)) &= 1(ab^2 - a^2b) + c(a^2 - b^2) + c^2(b-a) \\ &= (a-b)(-ab + c(a+b) - c^2) \\ &= (a-b)(b-c)(c-a) \end{aligned}$$

이다. □

연습문제 4.2

1. 벡터 $\mathbf{u}, \mathbf{v} \in \mathbb{E}^3$에 대하여, $\mathbf{v} = a\mathbf{u}$ 또는 $\mathbf{u} = a\mathbf{v}$인 실수 a가 존재함은 $(\mathbf{u}, \mathbf{v})$이 일차종속이기 위한 필요충분조건임을 증명하라.

2. 다음 두 벡터 $\mathbf{u}$와 $\mathbf{v}$가 일차독립인지 판별하라.

   (가) $\mathbf{u} = (1,3,-2)$, $\mathbf{v} = (3,-1,1)$, (나) $\mathbf{u} = (2,-2,1)$, $\mathbf{v} = (1,1,-3)$,
   (다) $\mathbf{u} = (1,-2,1)$, $\mathbf{v} = (2,-4,2)$, (라) $\mathbf{u} = (2,3,-1)$, $\mathbf{v} = (3,3,1)$.

3. 다음 두 벡터의 벡터곱을 구하라.

   (가) $\mathbf{u} = (1,3,-2)$, $\mathbf{v} = (3,-1,1)$, (나) $\mathbf{u} = (2,-2,1)$, $\mathbf{v} = (1,1,-3)$,
   (다) $\mathbf{u} = (1,-2,1)$, $\mathbf{v} = (1,-3,1)$, (라) $\mathbf{u} = (2,3,-1)$, $\mathbf{v} = (3,3,1)$.

4. 부호있는 부피 M^3에 대하여, 다음을 증명하라.

   (가) 부호있는 부피 M^3은 삼중선형사상이다.

   (나) 부호있는 부피 M^3은 교대사상이다.

   (다) 표준기저 $(\mathbf{e}_1, \mathbf{e}_2, \mathbf{e}_3)$에 대하여, $M^3(\mathbf{e}_1, \mathbf{e}_2, \mathbf{e}_3) = 1$이다.

5. 다음 벡터에 대하여, $M^3(\mathbf{u}, \mathbf{v}, \mathbf{w})$를 구하라.

   (가) $\mathbf{u} = (1,1,1)$, $\mathbf{v} = (2,1,3)$, $\mathbf{w} = (-1,1,3)$,

   (나) $\mathbf{u} = (1,1,1)$, $\mathbf{v} = (1,3,-2)$, $\mathbf{w} = (2,2,2)$,

   (다) $\mathbf{u} = (1,1,1)$, $\mathbf{v} = (2,-1,3)$, $\mathbf{w} = (3,0,4)$,

   (라) $\mathbf{u} = (1,1,1)$, $\mathbf{v} = (2,-1,4)$, $\mathbf{w} = (3,4,-1)$.

6. 교대삼중선형사상 $L\colon \mathbb{E}^3 \times \mathbb{E}^3 \to \mathbb{E}^3$에 대하여, $L(\mathbf{e}_1, \mathbf{e}_2, \mathbf{e}_3) = 2$일 때 다음 벡터에 대하여 $L(\mathbf{u}, \mathbf{v}, \mathbf{w})$를 구하라.

   (가) $\mathbf{u} = (1,1,1)$, $\mathbf{v} = (2,1,3)$, $\mathbf{w} = (-1,1,3)$,

   (나) $\mathbf{u} = (1,1,1)$, $\mathbf{v} = (1,3,-2)$, $\mathbf{w} = (2,2,2)$,

   (다) $\mathbf{u} = (1,1,1)$, $\mathbf{v} = (2,-1,3)$, $\mathbf{w} = (3,0,4)$,

   (라) $\mathbf{u} = (1,1,1)$, $\mathbf{v} = (2,-1,4)$, $\mathbf{w} = (3,4,-1)$.

4.3 대칭군

이 절에서는 유한개의 집합에 대한 대칭군을 탐구한다. 대칭군의 원소인 치환의 부호는 다음 절에 나오는 일반적인 행렬식의 성분 표현에 활용된다.

4.3.1 치환과 대칭군

유한개의 집합에 대한 대칭군과 치환을 다음과 같이 정의한다.

정의 4.9: 치환과 대칭군

자연수 n에 대한 집합 $N = \{1, 2, \ldots, n\}$에 대하여, 일대일 대응 $\sigma\colon N \to N$을 N의 **치환**이라고 한다. 집합 N의 모든 치환들의 집합을 N에 대한 **대칭군**이라고 하고 S_n으로 나타낸다.

치환 $\sigma \in S_n$를

$$\langle \sigma(1), \sigma(2), \ldots, \sigma(n) \rangle \qquad \text{또는} \qquad \begin{bmatrix} 1 & 2 & \cdots & n \\ \sigma(1) & \sigma(2) & \cdots & \sigma(n) \end{bmatrix}$$

로 나타내기도 한다.

보기 4.1 집합 $N = \{1, 2\}$에 대하여,

$$\sigma_0 = \langle 1, 2 \rangle, \qquad \sigma_1 = \langle 2, 1 \rangle$$

로 놓으면 $S_2 = \{\sigma_0, \sigma_1\}$이다. 이때 $\sigma_0\colon N \to N$은 항등변환이다.

보기 4.2 집합 $N = \{1, 2, 3\}$에 대하여,

$$\sigma_1^1 = \langle 1, 2, 3 \rangle, \qquad \sigma_2^1 = \langle 1, 3, 2 \rangle, \qquad \sigma_1^2 = \langle 2, 1, 3 \rangle,$$

$$\sigma_2^2 = \langle 2, 3, 1 \rangle, \qquad \sigma_1^3 = \langle 3, 1, 2 \rangle, \qquad \sigma_2^3 = \langle 3, 2, 1 \rangle$$

로 놓으면 $S_3 = \{\sigma_1^1, \sigma_2^1, \sigma_1^2, \sigma_2^2, \sigma_1^3, \sigma_2^3\}$이다. 이때 $\sigma_1^1\colon N \to N$은 항등변환이다.

보기 4.3 대칭군 S_4의 원소의 개수를 세어보자. 치환 $\sigma \in S_4$에 대하여, σ의 함숫값을 탐구하여 다음과 같이 대칭군 S_4의 원소의 개수를 센다.

(가) $\sigma(1)$은 $1, 2, 3, 4$ 중에 한 값이다.

(나) $\sigma(1) = 3$이라고 가정하자. 이 경우 $\sigma(2)$는 $1, 2, 4$ 중에 한 값이다.

(다) $\sigma(1) = 3$ 그리고 $\sigma(2) = 1$이라고 가정하자. 이 경우 $\sigma(3)$는 $2, 4$ 중에 한 값이다.

(라) $\sigma(1) = 3$, $\sigma(2) = 1$, $\sigma(3) = 4$라고 가정하자. 그러면 $\sigma(4) = 2$이다.

따라서 대칭군 S_4의 원소의 개수는 $4 \cdot 3 \cdot 2 \cdot 1 = 4!$이다.

일반적인 대칭군 S_n의 원소의 개수를 위의 보기에서와 같은 방법으로 알 수 있다. 치환 $\sigma \in S_n$에 대하여, σ의 함숫값을 탐구하여 다음과 같이 대칭군 S_n의 원소의 개수를 센다.

(가) $\sigma(1)$은 n개의 값 $1, 2, \ldots, n$ 중에 하나이다.

(나) 만약 $\sigma(1)$이 고정되면 $\sigma(2)$는 $1, 2, \ldots, n$ 중에서 $\sigma(1)$을 제외한 나머지 $(n-1)$개의 값 중에 하나이다.

(다) 만약 $\sigma(1), \sigma(2)$가 고정되면 $\sigma(3)$은 $1, 2, \ldots, n$ 중에서 $\sigma(1)$과 $\sigma(2)$를 제외한 나머지 $(n-2)$개의 값 중에 하나이다.

이를 계속 진행하면

$$|S_n| = n \cdot (n-1) \cdot (n-2) \cdot \cdots \cdot 2 \cdot 1 = n!$$

임을 알 수 있다. 이를 정리하면 다음과 같다.

정리 4.13: 유한개의 집합에 대한 대칭군의 원소의 개수

집합 S_n의 원소의 개수는 $n!$이다

4.3.2 치환의 부호

치환 중에서 다음 특정 치환을 정의하자.

정의 4.10: 호환

치환 $\sigma \in S_n$에 대하여, 2개의 원소만 서로 자리가 바뀌고 나머지 원소들은 고정된 치환을 **호환**이라고 한다.

즉, $1 \le i < j \le n$일 때

$$\langle 1, 2, \cdots, i-1, j, i+1, \cdots, j-1, i, j+1, \cdots, n \rangle$$

인 치환이 호환이다. 이 호환을 (i, j)로 나타낸다.

보기 4.4 대칭군 $S_2 = \{\langle 1,2\rangle, \langle 2,1\rangle\}$에 대하여, $(1,2) = \langle 2,1\rangle$이 유일한 호환이다.

보기 4.5 대칭군 S_3에 대하여,

$$(1,2) = \langle 2,1,3\rangle, \qquad (1,3) = \langle 3,2,1\rangle, \qquad (2,3) = \langle 1,3,2\rangle$$

이 모든 호환들이다.

호환에 대하여 다음을 알 수 있다.

보조정리 4.14: 치환이 호환이기 위한 필요조건

치환 $\sigma \in S_n$에 대하여, σ가 호환이면 $\sigma \circ \sigma = \mathrm{Id}$이다.

모든 치환은 유한개의 호환의 합성으로 나타낼 수 있음을 다음 보기에서 확인하자.

보기 4.6 치환 $\sigma = \langle 3,1,4,2\rangle$를 호환들의 합성으로 나타내 보자.

(가) $\sigma(1) = 3$이므로 호환

$$(1,3) = \langle 3,2,1,4\rangle$$

부터 시작하자.

(나) $\sigma(2) = 1$이므로 (가)의 호환에 호환 $(1,2)$를 합성하면

$$(1,2) \circ (1,3) = \langle 3,1,2,4\rangle$$

이다.

(다) $\sigma(3) = 4$이므로 (나)의 치환에 호환 $(2,4)$를 합성하면

$$(2,4) \circ (1,2) \circ (1,3) = \langle 3,1,4,2\rangle = \sigma$$

이다.

위의 보기와 같은 방식으로 치환 $\sigma \in S_n$에 대하여, 차례대로 $\sigma(1), \sigma(2), \ldots, \sigma(n)$의 값에 따라서 적당한 호환을 합성하면 다음이 성립함을 알 수 있다.

정리 4.15: 치환에 대한 유한개의 호환의 합성 표현

치환 $\sigma \in S_n$에 대하여,

$$\sigma = \tau_k \circ \tau_{k-1} \circ \cdots \circ \tau_1$$

인 유한개의 호환 $\tau_1, \ldots, \tau_k$가 존재한다.

치환 $\sigma \in S_n$에 대하여, σ를 나타내는 유한개의 호환의 합성이 여러 가지 가능하지만 즉,

$$\tau_k \circ \tau_{k-1} \circ \cdots \circ \tau_1 = \sigma = \mu_\ell \circ \mu_{\ell-1} \circ \cdots \circ \mu_1$$

인 호환 $\tau_1, \ldots, \tau_k, \mu_1, \ldots, \mu_\ell$이 존재하지만, 이때 k와 ℓ은 동시에 짝수이거나 동시에 홀수이어야 함을 보일 수 있다. 다시 말하면 $(-1)^k = (-1)^\ell$임을 보일 수 있다. 이를 보이기 위하여 **부호판별함수** $\Phi\colon S_n \to \mathbb{Z}$를

$$\Phi(\sigma) = \prod_{1 \le i < j \le n} (\sigma(i) - \sigma(j))$$

로 정의하자. 여기서 함숫값 $\Phi(\sigma)$ 자체가 중요하지 않고 부호가 중요하므로, 뒤에서 함숫값을 정확히 계산할 필요는 없다.

보기 4.7 치환 $\sigma = \langle 3, 2, 1, 4 \rangle$에 대하여,

$$\Phi(\sigma) = (3-2) \cdot (3-1) \cdot (3-4) \cdot (2-1) \cdot (2-4) \cdot (1-4)$$

이다.

예제 4.11 대칭군 S_4에 대하여, 다음 치환 σ에 대한 $\Phi(\sigma)$를 구하라.

(가) $\sigma = \langle 1, 4, 2, 3 \rangle$, (나) $\sigma = \langle 3, 2, 4, 1 \rangle$.

풀이. (가) $\Phi(\sigma) = (1-4) \cdot (1-2) \cdot (1-3) \cdot (4-2) \cdot (4-3) \cdot (2-3)$.

(나) $\Phi(\sigma) = (3-2) \cdot (3-4) \cdot (3-1) \cdot (2-4) \cdot (2-1) \cdot (4-1)$. □

다음 보조정리는 치환의 부호를 정의하는 방법을 제시한다. 치환 $\sigma \in S_n$에 호환 $\tau \in S_n$을 합성할 때 다음을 확인할 수 있다.

보조정리 4.16: 호환 합성에 따른 부호판별함수의 부호 변화

치환 $\sigma \in S_n$와 호환 $\tau \in S_n$에 대하여,

$$\Phi(\tau \circ \sigma) = -\Phi(\sigma)$$

이다.

증명. 치환 $\sigma = \langle \sigma(1), \sigma(2), \ldots, \sigma(n) \rangle$에 대하여,

$$\tau = (\sigma(i), \sigma(j)), \qquad 1 \leq i < j \leq n$$

인 i, j가 존재한다. 그러면

$$\tau \circ \sigma = \langle \sigma(1), \ldots, \sigma(i-1), \sigma(j), \sigma(i+1), \ldots, \sigma(j-1), \sigma(i), \sigma(j-1), \ldots, \sigma(n) \rangle$$

이다.

(가) $k < i$일 때, $\Phi(\tau \circ \sigma)$와 $\Phi(\sigma)$에서 $\sigma(k)$와 관련된 모든 항의 값이 같다.

(나) $j < k$일 때, $\Phi(\tau \circ \sigma)$와 $\Phi(\sigma)$에서 $\sigma(k)$와 관련된 모든 항의 값이 같다.

(다) $i < k < j$일 때, $\Phi(\tau \circ \sigma)$와 $\Phi(\sigma)$에서 $\sigma(k)$와 관련된 항 중에서 값이 다른 것은 두 가지이다. $\Phi(\tau \circ \sigma)$에서 다른 항은 $(\sigma(j) - \sigma(k))$와 $(\sigma(k) - \sigma(i))$이고, $\Phi(\sigma)$에서 다른 항은 $(\sigma(i) - \sigma(k))$와 $(\sigma(k) - \sigma(j))$이다. 이때

$$(\sigma(j) - \sigma(k)) \cdot (\sigma(k) - \sigma(i)) = (\sigma(i) - \sigma(k)) \cdot (\sigma(k) - \sigma(j))$$

이므로, 이와 관련된 $\Phi(\tau \circ \sigma)$와 $\Phi(\sigma)$에서 값의 변화는 없다.

(라) 위의 (가), (나), (다)에서 다루지 않은 항 중에서 $\Phi(\tau \circ \sigma)$와 $\Phi(\sigma)$에서 다른 항은 하나이다. 이것은 $\Phi(\tau \circ \sigma)$에서 $(\sigma(j) - \sigma(i))$이고, $\Phi(\sigma)$에서 $(\sigma(i) - \sigma(j))$이다. 여기서 $(\sigma(j) - \sigma(i)) = -(\sigma(i) - \sigma(j))$이다.

(가), (나), (다), (라)에 따라서 $\Phi(\tau \circ \sigma) = -\Phi(\sigma)$이다. □

이제 치환의 부호를 다음에서 결정할 수 있다.

정리 4.17: 치환의 부호

치환 $\sigma \in S_n$에 대하여, $\tau_k \circ \tau_{k-1} \circ \cdots \circ \tau_1 = \sigma = \mu_\ell \circ \mu_{\ell-1} \circ \cdots \circ \mu_1$인 호환 $\tau_1, \ldots, \tau_k, \mu_1, \ldots, \mu_\ell$이 존재하면

$$(-1)^k = (-1)^\ell$$

이다.

증명. 치환 σ에 대하여, $\sigma = \tau_k \circ \tau_{k-1} \circ \cdots \circ \tau_1$인 호환 $\tau_1, \ldots, \tau_k$가 존재하면

$$\begin{aligned}\Phi(\sigma) &= \Phi(\tau_k \circ \tau_{k-1} \circ \cdots \circ \tau_1) \\ &= -\Phi(\tau_{k-1} \circ \tau_{k-2} \circ \cdots \circ \tau_1) \\ &= (-1)^2\Phi(\tau_{k-2} \circ \cdots \circ \tau_1) \\ &\vdots \\ &= (-1)^k\Phi(\mathrm{Id})\end{aligned}$$

이다. 만약 $\sigma = \mu_\ell \circ \cdots \circ \mu_1$인 호환 $\mu_1, \ldots, \mu_\ell$이 존재하면 위와 같은 방식으로

$$\Phi(\sigma) = (-1)^\ell\Phi(\mathrm{Id})$$

임을 알 수 있다. 따라서 $(-1)^k\Phi(\mathrm{Id}) = \Phi(\sigma) = (-1)^\ell\Phi(\mathrm{Id})$이므로 $(-1)^k = (-1)^\ell$이다. □

위의 정리에 따라서 다음과 같이 치환의 부호를 정의할 수 있다.

정의 4.11: 치환의 부호

치환 $\sigma \in S_n$에 대하여, $\sigma = \tau_k \circ \tau_{k-1} \circ \cdots \circ \tau_1$인 호환 $\tau_1, \ldots, \tau_k \in S_n$가 존재하면 $(-1)^k$을 σ의 **부호**라고 하고 $\operatorname{sgn}\sigma$로 나타낸다.

예제 4.12 치환 $\sigma = \langle 3, 1, 4, 2\rangle \in S_4$의 부호를 구하라.

풀이. 치환 σ에 대하여,

$$\sigma = (2, 4) \circ (1, 2) \circ (1, 3)$$

이므로 $\operatorname{sgn}\sigma = (-1)^3 = -1$이다. □

연습문제 4.3

1. 집합 $N = \{1, 2\}$에 대한 대칭군 S_2에 대하여, $\sigma_0 = \langle 1, 2 \rangle$와 $\sigma_1 = \langle 2, 1 \rangle$로 놓을 때 다음을 구하라.

   (가) $\sigma_0 \circ \sigma_0$,　　(나) $\sigma_0 \circ \sigma_1$,
   (다) $\sigma_1 \circ \sigma_0$,　　(라) $\sigma_1 \circ \sigma_1$.

2. 집합 $N = \{1, 2, 3\}$에 대한 대칭군 S_3에 대하여, 다음을 구하라.

   (가) $\langle 2, 3, 1 \rangle \circ \langle 1, 3, 2 \rangle$,　　(나) $\langle 3, 1, 2 \rangle \circ \langle 1, 3, 2 \rangle$,
   (다) $\langle 2, 1, 3 \rangle \circ \langle 3, 2, 1 \rangle$,　　(라) $\langle 2, 1, 3 \rangle \circ \langle 2, 3, 1 \rangle$.

3. 대칭군 S_4에서 다음을 구하라.

   (가) $(2, 3) \circ (1, 4)$,　　(나) $(1, 2) \circ (1, 3)$,
   (다) $(1, 4) \circ (1, 3) \circ (1, 2)$,　　(라) $(1, 2) \circ (1, 3) \circ (1, 4)$.

4. 대칭군 S_4에 대하여, 다음 치환 σ에 대한 $\Phi(\sigma)$를 항등변환 $\mathrm{Id} \in S_4$에 대한 $\Phi(\mathrm{Id})$를 이용하여 나타내라.

   (가) $\sigma = \langle 2, 4, 1, 3 \rangle$,　　(나) $\sigma = \langle 3, 1, 2, 4 \rangle$,
   (다) $\sigma = \langle 3, 1, 4, 2 \rangle$,　　(라) $\sigma = \langle 1, 3, 4, 2 \rangle$.

5. 대칭군 S_4에 대하여, 다음 치환 σ의 부호 $\operatorname{sgn} \sigma$를 구하라.

   (가) $\sigma = \langle 1, 4, 2, 3 \rangle$,　　(나) $\sigma = \langle 3, 2, 4, 1 \rangle$,
   (다) $\sigma = \langle 2, 3, 1, 4 \rangle$,　　(라) $\sigma = \langle 2, 3, 4, 1 \rangle$.

6. 대칭군 S_5에 대하여, 다음 치환 σ의 부호 $\operatorname{sgn} \sigma$를 구하라.

   (가) $\sigma = \langle 2, 3, 4, 5, 1 \rangle$,　　(나) $\sigma = \langle 3, 4, 5, 1, 2 \rangle$,
   (다) $\sigma = \langle 4, 5, 1, 2, 3 \rangle$,　　(라) $\sigma = \langle 5, 4, 3, 2, 1 \rangle$.

4.4 평행다면체의 부호있는 측도

앞에서 1차원 벡터의 부호있는 크기, 두 2차원 벡터가 만드는 평행사변형의 부호있는 넓이, 세 3차원 벡터가 만드는 평행육면체의 부호있는 부피를 구했다. 이 절에서는 일반적인 유클리드 벡터공간 $\mathbb{E}^n$에 놓인 n개의 벡터 $\mathbf{v}_1, \mathbf{v}_2, \ldots, \mathbf{v}_n$이 만드는 평행다면체의 부호있는 측도 $M^n(\mathbf{v}_1, \ldots, \mathbf{v}_n)$에 대하여 알아본다.

유클리드 벡터공간 $\mathbb{E}^n$에서 평행다면체의 부호있는 측도를 함수

$$M^n \colon \underbrace{\mathbb{E}^n \times \mathbb{E}^n \times \cdots \times \mathbb{E}^n}_{n} \to \mathbb{R}$$

로 나타낼 수 있다. 평행다면체의 부호있는 측도 M^n에 대하여, 기본적으로 다중선형성과 교대성이 성립한다.

4.4.1 다중선형함수

함수의 다중선형성은 다음과 같이 정의된다.

정의 4.12: 다중선형함수

함수 $L \colon \underbrace{\mathbb{E}^n \times \mathbb{E}^n \times \cdots \times \mathbb{E}^n}_{n} \to \mathbb{R}$에 대하여, $1 \le i \le n$인 모든 i와 벡터 $\mathbf{v}_1, \mathbf{v}_2, \ldots, \mathbf{v}_{i-1}, \mathbf{v}_{i+1}, \ldots, \mathbf{v}_n, \mathbf{w}_1, \mathbf{w}_2$와 실수 a, b에 대하여

$$\begin{aligned} &L(\mathbf{v}_1, \ldots, \mathbf{v}_{i-1}, a\mathbf{w}_1 + b\mathbf{w}_2, \mathbf{v}_{i+1}, \ldots, \mathbf{v}_n) \\ &\quad = aL(\mathbf{v}_1, \ldots, \mathbf{v}_{i-1}, \mathbf{w}_1, \mathbf{v}_{i+1}, \ldots, \mathbf{v}_n) + bL(\mathbf{v}_1, \ldots, \mathbf{v}_{i-1}, \mathbf{w}_2, \mathbf{w}_{i+1}, \ldots, \mathbf{v}_n) \end{aligned}$$

이면 L은 **다중선형함수**라고 한다.

함수 L이 다중선형함수이라 함은 $1 \le i \le n$인 모든 i에 대하여 i번째 성분을 제외한 나머지 벡터 $\mathbf{v}_1, \mathbf{v}_2, \ldots, \mathbf{v}_{i-1}, \mathbf{v}_{i+1}, \ldots, \mathbf{v}_n$이 고정될 때 함수

$$L(\mathbf{v}_1, \mathbf{v}_2, \ldots, \mathbf{v}_{i-1}, \cdot, \mathbf{v}_{i+1}, \ldots, \mathbf{v}_n) \colon \mathbb{E}^n \to \mathbb{R}$$

이 선형함수임을 의미한다.

앞에서 부호있는 넓이는 이중선형함수이고 부호있는 부피는 삼중선형함수임을 살펴봤다. 평행다면체의 부호있는 측도 M^n은 다중선형함수이다.

함수 $L \colon \underbrace{\mathbb{E}^n \times \mathbb{E}^n \times \cdots \times \mathbb{E}^n}_{n} \to \mathbb{R}$에 대하여, 함수 L이 성분으로 표현될 때 함수

L이 다중선형함수임의 판별을 다음과 같이 쉽게 할 수 있다. 함수 L에 대하여,

$$\begin{aligned}
L((x_{11}, x_{21}, \dots x_{n1}), (x_{12}, x_{22}, \dots, x_{n2}), \dots, (x_{1n}, x_{2n}, \dots, x_{nn}))& \\
= L\left(\sum_{i=1}^{n} x_{i1}\mathbf{e}_i, \sum_{i=1}^{n} x_{i2}\mathbf{e}_i, \dots, \sum_{i=1}^{n} x_{in}\mathbf{e}_i\right)& \\
= \sum_{i_1=1}^{n}\sum_{i_2=1}^{n}\cdots\sum_{i_n=1}^{n} x_{i_1 1}x_{i_2 2}\cdots x_{i_n n} L(\mathbf{e}_{i_1}, \mathbf{e}_{i_2}, \dots, \mathbf{e}_{i_n})&
\end{aligned}$$

이다. 여기서 $1 \le i_1, i_2, \dots, i_n \le n$일 때 $a_{i_1, i_2, \dots, i_n} = L(\mathbf{e}_{i_1}, \mathbf{e}_{i_2}, \dots, \mathbf{e}_{i_n})$로 놓으면

$$\begin{aligned}
L((x_{11}, x_{21}, \dots x_{n1}), (x_{12}, x_{22}, \dots, x_{n2}), \dots, (x_{1n}, x_{2n}, \dots, x_{nn}))& \\
= \sum_{i_1=1}^{n}\sum_{i_2=1}^{n}\cdots\sum_{i_n=1}^{n} a_{i_1, i_2, \dots, i_n} x_{i_1 1}x_{i_2 2}\cdots x_{i_n n}&
\end{aligned}$$

이다.

예제 4.13 다음 함수가 삼중선형함수인지 판별하라.

(가) $L((x_1, y_1, z_1), (x_2, y_2, z_2), (x_3, y_3, z_3)) = x_1 y_2 z_3$,

(나) $L((x_1, y_1, z_1), (x_2, y_2, z_2), (x_3, y_3, z_3)) = 3 + x_1 y_2 z_3 + y_1 z_2 x_3 + z_1 x_2 y_3$,

(다) $L((x_1, y_1, z_1), (x_2, y_2, z_2), (x_3, y_3, z_3)) = x_1 x_1 x_1 + x_1 y_2 z_3$,

(라) $L((x_1, y_1, z_1), (x_2, y_2, z_2), (x_3, y_3, z_3)) = x_1 y_2 z_3 + x_1 x_2 y_1 y_2$.

풀이. (가) 함수 L은 $1 \le i, j, k \le$일 때 함숫값 $L(\mathbf{e}_i, \mathbf{e}_j, \mathbf{e}_k)$이 $i = 1,\ j = 2,\ k = 3$이면 1이고 그렇지 않으면 0인 삼중선형함수이다.

(나) 첫 번째 항이 3으로 상수이므로 함수 L은 삼중선형함수가 아니다.

(다) 첫 번째 항 $x_1 x_1 x_1$이 함수 L의 첫 인수에 대하여 3차이므로 함수 L은 삼중선형함수가 아니다.

(라) 두 번째 항 $x_1 x_2 y_1 y_2$가 4차이므로 함수 L은 삼중선형함수가 아니다. □

4.4.2 교대함수

함수의 교대성은 다음과 같이 정의된다.

정의 4.13: 교대함수

함수 $L\colon \underbrace{\mathbb{E}^n \times \mathbb{E}^n \times \cdots \times \mathbb{E}^n}_{n} \to \mathbb{R}$에 대하여, $1 \le i < j \le n$인 모든 i와 j와 벡터 $\mathbf{v}_1, \mathbf{v}_2, \ldots, \mathbf{v}_n$에 대하여

$$\begin{aligned} &L(\mathbf{v}_1, \ldots, \mathbf{v}_{i-1}, \mathbf{v}_i, \mathbf{v}_{i+1}, \ldots, \mathbf{v}_{j-1}, \mathbf{v}_j, \mathbf{v}_{j+1}, \ldots, \mathbf{v}_n) \\ &\qquad = -L(\mathbf{v}_1, \ldots, \mathbf{v}_{i-1}, \mathbf{v}_j, \mathbf{v}_{i+1}, \ldots, \mathbf{v}_{j-1}, \mathbf{v}_i, \mathbf{v}_{j+1}, \ldots, \mathbf{v}_n) \end{aligned}$$

이면 L은 **교대함수**라고 한다.

다중선형함수이면서 교대함수를 **교대다중선형함수**라고 한다.

교대함수 L에 대하여, n개의 벡터 $\mathbf{v}_1, \ldots, \mathbf{v}_n$ 중에서 서로 같은 벡터가 존재하면 $L(\mathbf{v}_1, \ldots, \mathbf{v}_n) = 0$임을 다음과 같이 확인할 수 있다.

보조정리 4.18: 교대함수의 성질

함수 $L\colon \underbrace{\mathbb{E}^n \times \mathbb{E}^n \times \cdots \times \mathbb{E}^n}_{n} \to \mathbb{R}$에 대하여, L이 교대함수이면 $1 \le i < j \le n$인 모든 i와 j와 벡터 $\mathbf{v}_1, \ldots, \mathbf{v}_n, \mathbf{v}$에 대하여

$$L(\mathbf{v}_1, \ldots, \mathbf{v}_{i-1}, \mathbf{v}, \mathbf{v}_{i+1}, \ldots, \mathbf{v}_{j-1}, \mathbf{v}, \mathbf{v}_{j+1}, \ldots, \mathbf{v}_n) = 0$$

이다.

증명. 함수 L이 교대함수라고 가정하자. 그러면 $1 \le i < j \le n$인 모든 i와 j와 벡터 $\mathbf{v}_1, \ldots, \mathbf{v}_n, \mathbf{v}$에 대하여

$$\begin{aligned} &L(\mathbf{v}_1, \ldots, \mathbf{v}_{i-1}, \mathbf{v}, \mathbf{v}_{i+1}, \ldots, \mathbf{v}_{j-1}, \mathbf{v}, \mathbf{v}_{j+1}, \ldots, \mathbf{v}_n) \\ &\qquad = -L(\mathbf{v}_1, \ldots, \mathbf{v}_{i-1}, \mathbf{v}, \mathbf{v}_{i+1}, \ldots, \mathbf{v}_{j-1}, \mathbf{v}, \mathbf{v}_{j+1}, \ldots, \mathbf{v}_n) \end{aligned}$$

이므로

$$L(\mathbf{v}_1, \ldots, \mathbf{v}_{i-1}, \mathbf{v}, \mathbf{v}_{i+1}, \ldots, \mathbf{v}_{j-1}, \mathbf{v}, \mathbf{v}_{j+1}, \ldots, \mathbf{v}_n) = 0$$

이다. □

다중선형함수의 경우에는 위의 보조정리의 역도 성립한다.

보조정리 4.19: 다중선형함수가 교대함수이기 위한 충분조건

다중선형함수 $L : \underbrace{\mathbb{E}^n \times \mathbb{E}^n \times \cdots \times \mathbb{E}^n}_{n} \to \mathbb{R}$에 대하여, $1 \le i < j \le n$인 모든 i와 j와 벡터 $\mathbf{v}_1, \ldots, \mathbf{v}_n, \mathbf{v}$에 대하여

$$L(\mathbf{v}_1, \ldots, \mathbf{v}_{i-1}, \mathbf{v}, \mathbf{v}_{i+1}, \ldots, \mathbf{v}_{j-1}, \mathbf{v}, \mathbf{v}_{j+1}, \ldots, \mathbf{v}_n) = 0$$

이면 L은 교대함수이다.

증명. $1 \le i < j \le n$인 모든 i와 j와 벡터 $\mathbf{v}_1, \ldots, \mathbf{v}_n, \mathbf{v}$에 대하여

$$L(\mathbf{v}_1, \ldots, \mathbf{v}_{i-1}, \mathbf{v}, \mathbf{v}_{i+1}, \ldots, \mathbf{v}_{j-1}, \mathbf{v}, \mathbf{v}_{j+1}, \ldots, \mathbf{v}_n) = 0$$

라고 가정하자. 그러면 $1 \le i < j \le n$인 모든 i와 j와 벡터 $\mathbf{v}_1, \mathbf{v}_2, \ldots, \mathbf{v}_n$에 대하여

$$\begin{aligned}
0 &= L(\mathbf{v}_1, \ldots, \mathbf{v}_{i-1}, \mathbf{v}_i + \mathbf{v}_j, \mathbf{v}_{i+1}, \ldots, \mathbf{v}_{j-1}, \mathbf{v}_i + \mathbf{v}_j, \mathbf{v}_{j+1}, \ldots, \mathbf{v}_n) \\
&= L(\mathbf{v}_1, \ldots, \mathbf{v}_{i-1}, \mathbf{v}_i, \mathbf{v}_{i+1}, \ldots, \mathbf{v}_{j-1}, \mathbf{v}_i, \mathbf{v}_{j+1}, \ldots, \mathbf{v}_n) \\
&\quad\quad + L(\mathbf{v}_1, \ldots, \mathbf{v}_{i-1}, \mathbf{v}_i, \mathbf{v}_{i+1}, \ldots, \mathbf{v}_{j-1}, \mathbf{v}_j, \mathbf{v}_{j+1}, \ldots, \mathbf{v}_n) \\
&\quad\quad + L(\mathbf{v}_1, \ldots, \mathbf{v}_{i-1}, \mathbf{v}_j, \mathbf{v}_{i+1}, \ldots, \mathbf{v}_{j-1}, \mathbf{v}_i, \mathbf{v}_{j+1}, \ldots, \mathbf{v}_n) \\
&\quad\quad + L(\mathbf{v}_1, \ldots, \mathbf{v}_{i-1}, \mathbf{v}_j, \mathbf{v}_{i+1}, \ldots, \mathbf{v}_{j-1}, \mathbf{v}_j, \mathbf{v}_{j+1}, \ldots, \mathbf{v}_n) \\
&= 0 + L(\mathbf{v}_1, \ldots, \mathbf{v}_{i-1}, \mathbf{v}_i, \mathbf{v}_{i+1}, \ldots, \mathbf{v}_{j-1}, \mathbf{v}_j, \mathbf{v}_{j+1}, \ldots, \mathbf{v}_n) \\
&\quad\quad + L(\mathbf{v}_1, \ldots, \mathbf{v}_{i-1}, \mathbf{v}_j, \mathbf{v}_{i+1}, \ldots, \mathbf{v}_{j-1}, \mathbf{v}_i, \mathbf{v}_{j+1}, \ldots, \mathbf{v}_n) + 0 \\
&= L(\mathbf{v}_1, \ldots, \mathbf{v}_{i-1}, \mathbf{v}_i, \mathbf{v}_{i+1}, \ldots, \mathbf{v}_{j-1}, \mathbf{v}_j, \mathbf{v}_{j+1}, \ldots, \mathbf{v}_n) \\
&\quad\quad + L(\mathbf{v}_1, \ldots, \mathbf{v}_{i-1}, \mathbf{v}_j, \mathbf{v}_{i+1}, \ldots, \mathbf{v}_{j-1}, \mathbf{v}_i, \mathbf{v}_{j+1}, \ldots, \mathbf{v}_n)
\end{aligned}$$

이므로 L은 교대함수이다. □

교대다중선형함수 $L : \underbrace{\mathbb{E}^n \times \mathbb{E}^n \times \cdots \times \mathbb{E}^n}_{n} \to \mathbb{R}$와 치환 $\sigma \in S_n$에 대하여, 표준기저 $(\mathbf{e}_1, \mathbf{e}_2, \ldots, \mathbf{e}_n)$을 다음과 같이 적용할 수 있다.

보조정리 4.20: 교대다중선형함수와 치환

교대다중선형함수 $L\colon \underbrace{\mathbb{E}^n \times \mathbb{E}^n \times \cdots \times \mathbb{E}^n}_{n} \to \mathbb{R}$와 치환 $\sigma \in S_n$에 대하여,

$$L(\mathbf{e}_{\sigma(1)}, \mathbf{e}_{\sigma(2)}, \ldots, \mathbf{e}_{\sigma(n)}) = \operatorname{sgn}(\sigma) L(\mathbf{e}_1, \mathbf{e}_2, \ldots, \mathbf{e}_n)$$

이다.

증명. 치환 σ에 대하여, $\sigma = \tau_k \circ \tau_{k-1} \circ \cdots \circ \tau_1$인 호환 $\tau_1, \ldots, \tau_k$가 존재한다. 그러면

$$\begin{aligned} L(\mathbf{e}_{\sigma(1)}, \mathbf{e}_{\sigma(2)}, \ldots, \mathbf{e}_{\sigma(n)}) &= -L(\mathbf{e}_{(\tau_{k-1}\circ\cdots\circ\tau_1)(1)}, \ldots, \mathbf{e}_{(\tau_{k-1}\circ\cdots\circ\tau_1)(n)}) \\ &= (-1)^2 L(\mathbf{e}_{(\tau_{k-2}\circ\cdots\circ\tau_1)(1)}, \ldots, \mathbf{e}_{(\tau_{k-2}\circ\cdots\circ\tau_1)(n)}) \\ &\ \ \vdots \\ &= (-1)^k L(\mathbf{e}_1, \ldots, \mathbf{e}_n) \end{aligned}$$

이다. □

$\operatorname{sgn}(\sigma)^2 = 1$이므로, 교대다중선형함수 L에 대하여

$$\operatorname{sgn}(\sigma) L(\mathbf{e}_{\sigma(1)}, \mathbf{e}_{\sigma(2)}, \ldots, \mathbf{e}_{\sigma(n)}) = L(\mathbf{e}_1, \mathbf{e}_2, \ldots, \mathbf{e}_n)$$

도 성립한다.

예제 4.14 교대다중선형함수 $L\colon \mathbb{E}^4 \times \mathbb{E}^4 \times \mathbb{E}^4 \times \mathbb{E}^4 \to \mathbb{R}$와 표준기저 $(\mathbf{e}_1, \mathbf{e}_2, \mathbf{e}_3, \mathbf{e}_4)$에 대하여, $L(\mathbf{e}_1, \mathbf{e}_2, \mathbf{e}_3, \mathbf{e}_4) = 3$일 때 다음을 구하라.

(가) $L(\mathbf{e}_3, \mathbf{e}_2, \mathbf{e}_1, \mathbf{e}_4)$,　　(나) $L(\mathbf{e}_4, \mathbf{e}_1, \mathbf{e}_2, \mathbf{e}_3)$,

(다) $L(\mathbf{e}_2, \mathbf{e}_3, \mathbf{e}_4, \mathbf{e}_1)$,　　(라) $L(\mathbf{e}_4, \mathbf{e}_1, \mathbf{e}_3, \mathbf{e}_2)$.

풀이. (가) $L(\mathbf{e}_3, \mathbf{e}_2, \mathbf{e}_1, \mathbf{e}_4) = -L(\mathbf{e}_1, \mathbf{e}_2, \mathbf{e}_3, \mathbf{e}_4) = -3$.

(나) $L(\mathbf{e}_4, \mathbf{e}_1, \mathbf{e}_2, \mathbf{e}_3) = -L(\mathbf{e}_1, \mathbf{e}_4, \mathbf{e}_2, \mathbf{e}_3) = L(\mathbf{e}_1, \mathbf{e}_2, \mathbf{e}_4, \mathbf{e}_3) = -L(\mathbf{e}_1, \mathbf{e}_2, \mathbf{e}_3, \mathbf{e}_4) = -3$.

(다) $L(\mathbf{e}_2, \mathbf{e}_3, \mathbf{e}_4, \mathbf{e}_1) = -L(\mathbf{e}_1, \mathbf{e}_3, \mathbf{e}_4, \mathbf{e}_2) = L(\mathbf{e}_1, \mathbf{e}_2, \mathbf{e}_4, \mathbf{e}_3) = -L(\mathbf{e}_1, \mathbf{e}_2, \mathbf{e}_3, \mathbf{e}_4) = -3$.

(라) $L(\mathbf{e}_4, \mathbf{e}_1, \mathbf{e}_3, \mathbf{e}_2) = -L(\mathbf{e}_1, \mathbf{e}_4, \mathbf{e}_3, \mathbf{e}_2) = L(\mathbf{e}_1, \mathbf{e}_2, \mathbf{e}_3, \mathbf{e}_4) = 3$. □

4.4.3 부호있는 측도

벡터 $\mathbf{v}_1, \mathbf{v}_2, \ldots, \mathbf{v}_n \in \mathbb{E}^n$이 만드는 **평행다면체의 부호있는 측도** M^n을 구할 때, n개의 벡터 중에서 두 벡터가 같으면 n개의 벡터가 n차원 평행다면체를 만들지 못하므로 부호있는 측도는 0이다. 다시 말하면 $1 \le i < j \le n$인 모든 i, j에 대한 벡터

$$\mathbf{v}_1, \ldots, \mathbf{v}_{i-1}, \mathbf{v}_{i+1}, \ldots, \mathbf{v}_{j-1}, \mathbf{v}_j, \ldots, \mathbf{v}_n, \mathbf{v}$$

에 대하여

$$M^n(\mathbf{v}_1, \ldots, \mathbf{v}_{i-1}, \mathbf{v}, \mathbf{v}_{i+1}, \ldots, \mathbf{v}_{j-1}, \mathbf{v}, \mathbf{v}_{j+1}, \ldots, \mathbf{v}_n) = 0$$

이다. 그런데 평행다면체의 부호있는 측도 M^n은 다중선형함수이므로, 보조정리 4.19에 따라서 M^n은 교대함수이다. 즉 평행다면체의 부호있는 측도 M^n은 교대다중선형함수이다. 또한 $M^n(\mathbf{e}_1, \mathbf{e}_2, \ldots, \mathbf{e}_n) = 1$로 설정하자. 따라서

(가) M^n은 다중선형함수이고;

(나) M^n는 교대함수이며;

(다) $M^n(\mathbf{e}_1, \mathbf{e}_2, \ldots, \mathbf{e}_n) = 1$

이다. 그런데 위의 세 가지 성질이 성립하는 함수는 유일하게 존재한다.

정리 4.21: 함수가 부호있는 측도이기 위한 충분조건

함수 $L\colon \underbrace{\mathbb{E}^n \times \mathbb{E}^n \times \cdots \times \mathbb{E}^n}_{n} \to \mathbb{R}$에 대하여, L이 다중선형함수이고 교대함수이며 $L(\mathbf{e}_1, \mathbf{e}_2, \ldots, \mathbf{e}_n) = 1$이면 벡터

$$\begin{aligned}
\mathbf{v}_1 &= a_{11}\mathbf{e}_1 + a_{21}\mathbf{e}_2 + \cdots + a_{n1}\mathbf{e}_n, \\
\mathbf{v}_2 &= a_{12}\mathbf{e}_1 + a_{22}\mathbf{e}_2 + \cdots + a_{n2}\mathbf{e}_n, \\
&\vdots \\
\mathbf{v}_n &= a_{1n}\mathbf{e}_1 + a_{2n}\mathbf{e}_2 + \cdots + a_{nn}\mathbf{e}_n
\end{aligned}$$

에 대하여

$$L(\mathbf{v}_1, \ldots, \mathbf{v}_n) = \sum_{\sigma \in S_n} \operatorname{sgn}(\sigma) a_{\sigma(1)1} a_{\sigma(2)2} \cdots a_{\sigma(n)n}$$

이다.

증명. 함수 L이 교대다중선형함수이고 $L(\mathbf{e}_1, \mathbf{e}_2, \ldots, \mathbf{e}_n) = 1$라고 가정하자. 그러면

$$\begin{aligned} L(\mathbf{v}_1, \ldots, \mathbf{v}_n) &= \sum_{\sigma \in S_n} L(a_{\sigma(1)1}\mathbf{e}_{\sigma(1)}, a_{\sigma(2)2}\mathbf{e}_{\sigma(2)}, \ldots, a_{\sigma(n)n}\mathbf{e}_{\sigma(n)}) \\ &= \sum_{\sigma \in S_n} a_{\sigma(1)1}a_{\sigma(2)2}\cdots a_{\sigma(n)n} L(\mathbf{e}_{\sigma(1)}, \mathbf{e}_{\sigma(2)}, \ldots, \mathbf{e}_{\sigma(n)}) \\ &= \sum_{\sigma \in S_n} a_{\sigma(1)1}a_{\sigma(2)2}\cdots a_{\sigma(n)n}\, \mathrm{sgn}(\sigma) L(\mathbf{e}_1, \mathbf{e}_2, \ldots, \mathbf{e}_n) \\ &= \sum_{\sigma \in S_n} \mathrm{sgn}(\sigma) a_{\sigma(1)1}a_{\sigma(2)2}\cdots a_{\sigma(n)n} \end{aligned}$$

이다. □

이제 n차 정사각행렬의 행렬식을 정의하자.

정의 4.14: 정사각행렬의 행렬식

n차 정사각행렬 $A = [a_{ij}]_{n\times n}$에 대하여,

$$\sum_{\sigma \in S_n} \mathrm{sgn}(\sigma) a_{\sigma(1)1}a_{\sigma(2)2}\cdots a_{\sigma(n)n}$$

을 행렬 A의 **행렬식**이라고 하고 $\det A$로 나타낸다.

행렬 A의 열벡터를 차례대로 $\mathbf{c}_1, \mathbf{c}_2, \ldots, \mathbf{c}_n$로 놓으면

$$\det A = M^n(\mathbf{c}_1, \mathbf{c}_2, \ldots, \mathbf{c}_n)$$

이다. 다시 말하면, 행렬식 $\det A$는 열벡터 $\mathbf{c}_1, \mathbf{c}_2, \ldots, \mathbf{c}_n$이 만드는 평행다면체의 부호있는 측도이다. 따라서 행렬식 det를 함수 $\det\colon \underbrace{\mathbb{E}^n \times \cdots \times \mathbb{E}^n}_{n} \to \mathbb{R}$로 이해하면

(가) det는 다중선형함수이며;

(나) det는 교대함수이고;

(다) $\det(\mathbf{e}_1, \mathbf{e}_2, \ldots, \mathbf{e}_n) = 1$

이다. 역으로 위의 세 성질이 성립하는 함수는 행렬식뿐이다.

예제 4.15 행렬

$$A = \begin{bmatrix} 1 & 2 & -1 \\ 0 & -1 & 1 \\ 2 & 2 & 3 \end{bmatrix}$$

의 행렬식 $\det A$를 구하라.

풀이. 행렬식은 열벡터들로 만들어지는 평행다면체의 부호있는 측도이므로

$$\begin{aligned} \det A &= M^3(\mathbf{e}_1 + 2\mathbf{e}_3, 2\mathbf{e}_1 - \mathbf{e}_2 + 2\mathbf{e}_3, -\mathbf{e}_1 + \mathbf{e}_2 + 3\mathbf{e}_3) \\ &= -3M^3(\mathbf{e}_1, \mathbf{e}_2, \mathbf{e}_3) + 2M^3(\mathbf{e}_1, \mathbf{e}_3, \mathbf{e}_2) + 4M^3(\mathbf{e}_3, \mathbf{e}_1, \mathbf{e}_2) + 2M^3(\mathbf{e}_3, \mathbf{e}_2, \mathbf{e}_1) \\ &= -3 + 2 \cdot (-1) + 4 \cdot (-1)^2 + 2 \cdot (-1)^3 = -3 \end{aligned}$$

이다. □

연습문제 4.4

1. 삼중선형함수

$$L((x_1, y_1, z_1), (x_2, y_2, z_2), (x_3, y_3, z_3)) = x_1y_2x_3 + 3y_1x_2z_3 + 4x_1z_2z_3$$

에 대하여 다음을 구하라.

(가) $L(\mathbf{e}_2, \mathbf{e}_1, \mathbf{e}_3)$, (나) $L(\mathbf{e}_2, \mathbf{e}_3, \mathbf{e}_2)$,
(다) $L(\mathbf{e}_1, \mathbf{e}_1, \mathbf{e}_3)$, (라) $L(\mathbf{e}_1, \mathbf{e}_3, \mathbf{e}_3)$.

2. 유클리드 벡터공간 $\mathbb{E}^3$에 정의된 다음 함수가 삼중선형함수인지 판별하라.

(가) $L((x_1, y_1, z_1), (x_2, y_2, z_2), (x_3, y_3, z_3)) = x_1x_2x_3 - 2y_1y_2y_3 + 3z_1z_2z_3$,

(나) $L((x_1, y_1, z_1), (x_2, y_2, z_2), (x_3, y_3, z_3)) = x_1x_2 + 2y_1y_2y_3 + z_1z_2z_3$,

(다) $L((x_1, y_1, z_1), (x_2, y_2, z_2), (x_3, y_3, z_3)) = x_1x_1x_1 + y_2y_2y_2 + z_3z_3z_3$,

(라) $L((x_1, y_1, z_1), (x_2, y_2, z_2), (x_3, y_3, z_3)) = 2x_1x_2y_3 - y_1x_2x_3 + 4z_1x_2y_3$.

3. 교대다중선형함수 $L\colon \mathbb{E}^4 \times \mathbb{E}^4 \times \mathbb{E}^4 \times \mathbb{E}^4 \to \mathbb{R}$와 표준기저 $(\mathbf{e}_1, \mathbf{e}_2, \mathbf{e}_3, \mathbf{e}_4)$에 대하여, $L(\mathbf{e}_1, \mathbf{e}_2, \mathbf{e}_3, \mathbf{e}_4) = 2$일 때 다음을 구하라.

(가) $L(\mathbf{e}_2, \mathbf{e}_1, \mathbf{e}_4, \mathbf{e}_3)$, (나) $L(\mathbf{e}_3, \mathbf{e}_1, \mathbf{e}_2, \mathbf{e}_4)$,
(다) $L(\mathbf{e}_2, \mathbf{e}_4, \mathbf{e}_3, \mathbf{e}_1)$, (라) $L(\mathbf{e}_4, \mathbf{e}_2, \mathbf{e}_1, \mathbf{e}_3)$.

4. 행렬

$$A = \begin{bmatrix} a_1 & a_2 & a_3 \\ b_1 & b_2 & b_3 \\ c_1 & c_2 & c_3 \end{bmatrix}$$

에 대하여, $\det A = 3$일 때 다음 행렬의 행렬식을 구하라.

(가) $B = \begin{bmatrix} a_3 & a_1 & a_2 \\ b_3 & b_1 & b_2 \\ c_3 & c_1 & c_2 \end{bmatrix}$, (나) $C = \begin{bmatrix} a_1 & 4a_2 & a_3 \\ b_1 & 4b_2 & b_3 \\ c_1 & 4c_2 & c_3 \end{bmatrix}$,

(다) $D = \begin{bmatrix} 2a_1 & -a_2 & 3a_3 \\ 2b_1 & -b_2 & 3b_3 \\ 2c_1 & -c_2 & 3c_3 \end{bmatrix}$, (라) $E = \begin{bmatrix} 2a_3 & a_1 + a_2 & a_1 \\ 2b_3 & b_1 + b_2 & b_1 \\ 2c_3 & c_1 + c_2 & c_1 \end{bmatrix}$,

(마) $F = 2A$, (바) $G = 3A^{-1}$.

5. 다음 행렬의 행렬식을 구하라.

(가) $A = \begin{bmatrix} 3 & 2 & 6 \\ 2 & -1 & 4 \\ 1 & 2 & 2 \end{bmatrix}$, (나) $B = \begin{bmatrix} 1 & 2 & 3 \\ -2 & 4 & 2 \\ 3 & 1 & 4 \end{bmatrix}$,

(다) $C = \begin{bmatrix} 2 & 1 & 3 \\ 1 & 3 & -1 \\ 4 & 1 & 1 \end{bmatrix}$, (라) $D = \begin{bmatrix} 0 & 3 & -1 \\ 3 & 2 & -1 \\ 0 & 1 & 3 \end{bmatrix}$.

6. $3 \leq n$일 때, (i, j) 성분이 $a_{ij} = i + j$ $(1 \leq i, j \leq n)$이고 n차 정사각행렬 $A = [a_{ij}]$에 대하여, $\det A = 0$임을 증명하라.

4.5 행렬식의 기본 성질

이 절에서는 행렬식에 대한 기본 성질들에 대하여 알아본다. 즉 n차 정사각행렬 A와 B에 대하여 다음이 성립함을 알아본다.

(가) $\det A \neq 0$은 행렬 A가 가역행렬이기 위한 필요충분조건이다.

(나) $\det(AB) = \det A \cdot \det B$.

(다) $\det A^T = \det A$.

4.5.1 기본행렬의 행렬식

기본행렬의 행렬식의 성질을 이용하면 정사각행렬의 행렬식의 기본 성질을 증명할 수 있다. 따라서 먼저 기본행렬들에 대한 행렬식을 탐구하자.

정리 4.22: 기본행렬의 행렬식

기본행렬의 행렬식은 다음과 같다.

(가) 기본행렬 E가 (I) 형태이면, 즉 제i행과 제j행을 서로 바꾸는 기본행연산에 해당하는 행렬이면

$$\det E = -1 = \det E^T$$

이다.

(나) 기본행렬 E가 (II) 행태이면, 즉 0이 아닌 상수 a에 대하여 제i행을 a배 하는 기본행연산에 해당하는 행렬이면

$$\det E = a = \det E^T$$

이다.

(다) 기본행렬 E가 (III) 행태이면, 즉 상수 b에 대하여 제j행에 제i행의 b배를 더하는 기본행연산에 해당하는 행렬이면

$$\det E = 1 = \det E^T$$

이다.

증명. (가) 행렬 E에 대하여, $E = E^T$이고

$$\begin{aligned}\det E &= M^n(\mathbf{e}_1, \ldots, \mathbf{e}_{i-1}, \mathbf{e}_j, \mathbf{e}_{i+1}, \ldots, \mathbf{e}_{j-1}, \mathbf{e}_i, \mathbf{e}_{j+1}, \ldots, \mathbf{e}_n) \\ &= -M^n(\mathbf{e}_1, \ldots, \mathbf{e}_n) = -1\end{aligned}$$

이므로 $\det E = -1 = \det E^T$이다.

(나) 행렬 E에 대하여, $E = E^T$이고

$$\begin{aligned}\det E &= M^n(\mathbf{e}_1, \ldots, \mathbf{e}_{i-1}, a\mathbf{e}_i, \mathbf{e}_{i+1}, \ldots, \mathbf{e}_n) \\ &= aM^n(\mathbf{e}_1, \ldots, \mathbf{e}_n) = a\end{aligned}$$

이므로 $\det E = a = \det E^T$이다.

(다) 행렬 E에 대하여,

$$\begin{aligned}\det E &= M^n(\mathbf{e}_1, \ldots, \mathbf{e}_{i-1}, \mathbf{e}_i + b\mathbf{e}_j, \mathbf{e}_{i+1}, \ldots, \mathbf{e}_n) \\ &= M^n(\mathbf{e}_1, \ldots, \mathbf{e}_n) \\ &\qquad + bM^n(\mathbf{e}_1, \ldots, \mathbf{e}_{i-1}, \mathbf{e}_j, \mathbf{e}_{i+1}, \ldots, \mathbf{e}_{j-1}, \mathbf{e}_j, \mathbf{e}_{j+1}, \ldots, \mathbf{e}_n) \\ &= 1\end{aligned}$$

이고 행렬 E^T에 대하여

$$\begin{aligned}\det E^T &= M^n(\mathbf{e}_1, \ldots, \mathbf{e}_{j-1}, b\mathbf{e}_i + \mathbf{e}_j, \mathbf{e}_{j+1}, \ldots, \mathbf{e}_n) \\ &= bM^n(\mathbf{e}_1, \ldots, \mathbf{e}_{i-1}, \mathbf{e}_i, \mathbf{e}_{i+1}, \ldots, \mathbf{e}_{j-1}, \mathbf{e}_i, \mathbf{e}_{j+1}, \ldots, \mathbf{e}_n) \\ &\qquad + M^n(\mathbf{e}_1, \ldots, \mathbf{e}_n) \\ &= 1\end{aligned}$$

이므로 $\det E = 1 = \det E^T$이다. □

예제 4.16 다음 기본행렬의 행렬식을 구하라.

$$(가)\ E_1 = \begin{bmatrix} 0 & 0 & 1 \\ 0 & 1 & 0 \\ 1 & 0 & 0 \end{bmatrix}, \qquad (나)\ E_2 = \begin{bmatrix} 1 & 0 & 0 \\ 0 & 1 & 0 \\ 0 & 0 & 3 \end{bmatrix}, \qquad (다)\ E_3 = \begin{bmatrix} 1 & 0 & 0 \\ 0 & 1 & 0 \\ 2 & 0 & 1 \end{bmatrix}.$$

풀이. (가) $\det E_1 = -\det \begin{bmatrix} 1 & 0 & 0 \\ 0 & 1 & 0 \\ 0 & 0 & 1 \end{bmatrix} = -1.$

(나) $\det E_2 = 3\det \begin{bmatrix} 1 & 0 & 0 \\ 0 & 1 & 0 \\ 0 & 0 & 1 \end{bmatrix} = 3.$

(다) $\det E_3 = \det \begin{bmatrix} 1 & 0 & 0 \\ 0 & 1 & 0 \\ 0 & 0 & 1 \end{bmatrix} + \det \begin{bmatrix} 0 & 0 & 0 \\ 0 & 1 & 0 \\ 2 & 0 & 1 \end{bmatrix} = 1 + 0 = 1.$ □

기본행렬 E를 기본행연산으로 이해할 수도 있지만, 기본열연산으로 이해할 수도 있다. 정사각행렬 A에 대하여, AE는 행렬 A의 열벡터들에 기본열연산을 적용한 것이다. 이때 행렬 AE의 행렬식과 행렬 A의 행렬식에 대하여 다음이 성립한다.

보조정리 4.23: 정사각행렬과 기본행렬 곱의 행렬식

정사각행렬 A와 기본행렬 E에 대하여, $\det(AE) = \det A \det E$이다.

증명. 행렬 A의 열벡터들을 차례로 $\mathbf{c}_1, \ldots, \mathbf{c}_n$으로 놓자.

(가) 기본행렬 E가 (I)형태이면, 즉 제i행과 제j행을 서로 바꾸는 기본행연산에 해당하는 행렬이면, $\det E = -1$이므로

$$\begin{aligned} \det(AE) &= M^n(\mathbf{c}_1, \ldots, \mathbf{c}_{i-1}, \mathbf{c}_j, \mathbf{c}_{i+1}, \ldots, \mathbf{c}_{j-1}, \mathbf{c}_i, \mathbf{c}_{j+1}, \ldots, \mathbf{c}_n) \\ &= -M^n(\mathbf{c}_1, \ldots, \mathbf{c}_n) \\ &= \det A \det E \end{aligned}$$

이다.

(나) 기본행렬 E가 (II) 행태이면, 즉 0이 아닌 상수 a에 대하여 제i행을 a배 하는 기본행연산에 해당하는 행렬이면, $\det E = a$이므로

$$\begin{aligned} \det(AE) &= M^n(\mathbf{c}_1, \ldots, \mathbf{c}_{i-1}, a\mathbf{c}_i, \mathbf{c}_{i+1}, \ldots, \mathbf{c}_n) \\ &= aM^n(\mathbf{c}_1, \ldots, \mathbf{c}_n) \\ &= \det A \det E \end{aligned}$$

이다.

(다) 기본행렬 E가 (III) 행태이면, 즉 상수 b에 대하여 제j행에 제i행의 b배를 더

하는 기본행연산에 해당하는 행렬이면, $\det E = 1$이므로

$$\begin{aligned}\det(AE) &= M^n(\mathbf{c}_1, \ldots, \mathbf{c}_{i-1}, \mathbf{c}_i + b\mathbf{c}_j, \mathbf{c}_{i+1}, \ldots, \mathbf{c}_n) \\ &= M^n(\mathbf{c}_1, \ldots, \mathbf{c}_n) \\ &\qquad + bM^n(\mathbf{c}_1, \ldots, \mathbf{c}_{i-1}, \mathbf{c}_j, \mathbf{c}_{i+1}, \ldots, \mathbf{c}_{j-1}, \mathbf{c}_j, \mathbf{c}_{j+1}, \ldots, \mathbf{c}_n) \\ &= \det A \det E\end{aligned}$$

이다. □

4.5.2 행렬식의 기본 성질

행렬식의 성질을 이용하면 삼각행렬의 행렬식은 쉽게 구할 수 있다.

보조정리 4.24: 삼각행렬의 행렬식

삼각행렬 A의 행렬식은 모든 대각선 성분들의 곱과 같다.

증명. n차 정사각행렬 $A = [a_{ij}]$가 위삼각행렬이라고 가정하자. A의 열벡터들을 차례로 $\mathbf{c}_1, \mathbf{c}_2, \ldots, \mathbf{c}_n$으로 놓자. 그러면

$$\begin{aligned}\det A &= M^n(\mathbf{c}_1, \mathbf{c}_2, \ldots, \mathbf{c}_n) \\ &= M^n(a_{11}\mathbf{e}_1, a_{12}\mathbf{e}_1 + a_{22}\mathbf{e}_2, \ldots, a_{1n}\mathbf{e}_1 + a_{2n}\mathbf{e}_2 + \cdots + a_{nn}\mathbf{e}_n) \\ &= M^n(a_{11}\mathbf{e}_1, a_{22}\mathbf{e}_2, \ldots, a_{nn}\mathbf{e}_n) \\ &= a_{11}a_{22}\cdots a_{nn}\end{aligned}$$

이다. A가 아래삼각행렬일 때도 같은 방식으로 결과를 보일 수 있다. □

이제 행렬식에 대한 다음의 첫 번째 중요한 성질을 증명하자.

정리 4.25: 정사각행렬이 가역행렬이기 위한 필요충분조건

정사각행렬 A에 대하여, $\det A \neq 0$는 A이 가역행렬이기 위한 필요충분조건이다.

증명. 정사각행렬 A에 대하여,

$$B = AE_1 \cdots E_{k-1}E_k$$

이 기약열사다리꼴행렬인 기본행렬 $E_1, E_2, \ldots, E_k$가 존재한다. 이때

$$\det B = \det A \det E_1 \cdots \det E_{k-1} \det E_k$$

이다. 여기서 기본행렬은 가역행렬이고 B는 기약열사다리꼴행렬이므로, $B = I_n$이 A가 가역행렬이기 위한 필요충분조건이고, 또한 이것은 $\det B \neq 0$이기 위한 필요충분조건이다. 그런데,

$$\det E_1 \neq 0, \quad \ldots, \quad \det E_{k-1} \neq 0, \quad \det E_k \neq 0$$

이므로, $\det A \neq 0$은 $\det B \neq 0$이기 위한 필요충분조건이다. 따라서 $\det A \neq 0$은 A가 가역행렬이기 위한 필요충분조건이다. □

기본행렬의 행렬식에 대한 성질을 이용하여, 다음의 성질을 보일 수 있다.

정리 4.26: 정사각행렬 곱의 행렬식

정사각행렬 A와 B에 대하여, $\det(AB) = \det A \det B$이다.

증명. B가 가역행렬이 아니면 AB도 가역행렬이 아니므로

$$\det(AB) = 0 = \det A \det B$$

이다.

이제 B가 가역행렬이라고 가정하자. 그러면

$$B = E_k E_{k-1} \cdots E_1$$

인 기본행렬 $E_1, \ldots, E_k$가 존재한다. 그러면

$$\begin{aligned} \det(AB) &= \det(AE_k E_{k_1} \cdots E_1) \\ &= \det A \det E_k \det E_{k-1} \cdots \det E_1 \\ &= \det A \det(E_k E_{k-1} \cdots E_1) \\ &= \det A \det B \end{aligned}$$

이다. □

따름정리 4.27: 역행렬의 행렬식

정사각행렬 A에 대하여, A가 가역행렬이면 $\det A^{-1} = (\det A)^{-1}$이다.

증명. A가 가역행렬이라고 가정하자. 그러면 A의 역행렬 A^{-1}이 존재하고, $AA^{-1} = I_n$이다. 따라서 $(\det A)(\det A^{-1}) = \det I_n = 1$이다. □

따름정리 4.28: 곱이 항등행렬인 두 정사각행렬

정사각행렬 A와 B에 대하여, $AB = I_n$이면 A와 B는 가역행렬이고 $A^{-1} = B$이다.

증명. 정사각행렬 A와 B에 대하여, $AB = I_n$이라고 가정하자. 그러면

$$(\det A)(\det B) = \det(AB) = \det I_n = 1$$

이므로, $\det A \neq 0$이고 $\det B \neq 0$이다. 따라서 정리 4.25에 따라서 A와 B는 가역행렬이고 $A^{-1} = B$이며 $B^{-1} = A$이다. □

정사각행렬 A에 대하여, A^T의 행렬식은 A의 행렬식과 같음을 보이자. 먼저 치환행렬에 대한 다음의 성질을 알아보자.

보조정리 4.29: 치환행렬과 그 전치행렬의 행렬식

정사각행렬 P에 대하여, P가 치환행렬이면

$$\det P = \det P^T$$

이다.

증명. 정사각행렬 P가 치환행렬이라고 가정하자. 그러면

$$P = E_k E_{k-1} \cdots E_1$$

인, (I)형태의 기본행렬 $E_1, \ldots, E_k$가 존재한다. 각 $i = 1, \ldots, k$에 대하여, $E_i = E_i^T$이고 $\det E_i = -1 = \det E_i^T$이므로

$$\det P = \det(E_k \cdots E_1) = (\det E_k) \cdots (\det E_1) = (-1)^k$$

이고

$$\det P^T = \det(E_1^T E_2^T \cdots E_k^T) = (\det E_1^T) \cdots (\det E_k^T) = (-1)^k$$

이다. □

행렬의 LDU 분해를 이용하여, A^T의 행렬식이 A의 행렬식과 같음을 보이자.

정리 4.30: 전치행렬의 행렬식

정사각행렬 A에 대하여, $\det A^T = \det A$이다.

증명. 만약 A가 가역행렬이 아니면 A^T도 가역행렬이 아니므로,

$$\det A = 0 = \det A^T$$

이다. 이제 A가 가역행렬이라고 가정하자. 그러면

$$PA = LDU$$

로 LDU 분해되는 치환행렬 P가 존재한다. 여기서

$$\det L^T = 1 = \det L, \quad \det U^T = 1 = \det U, \quad \det D^T = \det D$$

이고 $\det P^T = \det P$이므로,

$$\begin{aligned}
\det A^T \det P^T &= \det(A^T P^T) = \det(PA)^T \\
&= \det(U^T D^T L^T) = \det U^T \det D^T \det L^T \\
&= \det L \det D \det U = \det(PA) \\
&= \det P \det A
\end{aligned}$$

즉 $\det A^T = \det A$이다. □

연습문제 4.5

1. 다음 기본행렬의 행렬식을 구하라.

(가) $E_1 = \begin{bmatrix} 1 & 0 & 0 & 0 \\ 0 & 0 & 0 & 1 \\ 0 & 0 & 1 & 0 \\ 0 & 1 & 0 & 0 \end{bmatrix}$, (나) $E_2 = \begin{bmatrix} 1 & 0 & 0 & 0 \\ 0 & 1 & 0 & 0 \\ 0 & 0 & 4 & 0 \\ 0 & 0 & 0 & 1 \end{bmatrix}$,

(다) $E_3 = \begin{bmatrix} 1 & 0 & 0 & 0 \\ 0 & 1 & 0 & 3 \\ 0 & 0 & 1 & 0 \\ 0 & 0 & 0 & 1 \end{bmatrix}$, (라) $E_4 = \begin{bmatrix} 1 & 0 & 0 & 0 \\ 0 & 1 & 0 & 0 \\ 0 & 0 & 1 & 0 \\ 0 & 2 & 0 & 1 \end{bmatrix}$.

2. 다음 행렬이 가역행렬인지 판별하라.

(가) $A = \begin{bmatrix} 3 & 1 \\ 2 & 2 \end{bmatrix}$, (나) $B = \begin{bmatrix} 2 & 3 \\ 6 & 9 \end{bmatrix}$,

(다) $C = \begin{bmatrix} 1 & -2 & 3 \\ 2 & 2 & -1 \\ 1 & -2 & 3 \end{bmatrix}$, (라) $D = \begin{bmatrix} 1 & 1 & 3 \\ 2 & -1 & 4 \\ 3 & 0 & 7 \end{bmatrix}$.

3. 행렬

$$A = \begin{bmatrix} 2 & -1 & 3 \\ 1 & 1 & -2 \\ 0 & 1 & 0 \end{bmatrix}, \qquad B = \begin{bmatrix} 1 & 0 & 3 \\ -2 & 1 & 2 \\ 3 & 1 & 2 \end{bmatrix}$$

에 대하여, 다음을 구하라.

(가) $\det A$, (나) $\det B$,
(다) $\det(A^2B)$, (라) $\det(B^{-1}A^2)$,
(마) A^T, (바) $\det A^T$.

4. 크기가 n인 정사각행렬 A에 대하여, 모든 행에서 성분들의 합이 0이면 $\det A = 0$임을 증명하라.

4.6 행렬식의 라플라스 전개

n차 정사각행렬 A에 대하여, A의 행렬식은 공식

$$\det A = \sum_{\sigma \in S_n} \operatorname{sgn}(\sigma) a_{\sigma(1)1} a_{\sigma(2)2} \cdots a_{\sigma(n)n}$$

또는

$$\det A = \det A^T = \sum_{\sigma \in S_n} \operatorname{sgn}(\sigma) a_{1\sigma(1)} a_{2\sigma(2)} \cdots a_{n\sigma(n)}$$

을 이용하여 계산할 수 있다. 이때 자연수 n이 크면 위의 공식으로 행렬식을 계산하는 과정이 복잡하다. 이 절에서는 정사각행렬의 행렬식을 계산하는 과정의 복잡성을 낮추어 계산할 수 있는 방식인 행렬식의 라플라스 전개에 대하여 알아본다.

예제 4.17 행렬

$$A = \begin{bmatrix} 1 & 2 \\ 0 & -1 \end{bmatrix}$$

의 행렬식을 구하라.

풀이. 행렬 A에 대하여,

$$\det A = \sum_{\sigma \in S_2} \operatorname{sgn}(\sigma) a_{\sigma(1)1} a_{\sigma(2)2} = (-1)^0 \cdot 1 \cdot (-1) + (-1)^1 \cdot 0 \cdot 2 = -1 + 0 = -1$$

이다. □

예제 4.18 행렬

$$A = \begin{bmatrix} 1 & 2 & -1 \\ 0 & -1 & 1 \\ 2 & 2 & 3 \end{bmatrix}$$

의 행렬식을 구하라.

풀이. 행렬 A에 대하여,

$$\begin{aligned} \det A &= \sum_{\sigma \in S_3} \operatorname{sgn}(\sigma) a_{\sigma(1)1} a_{\sigma(2)2} a_{\sigma(3)3} \\ &= (-1)^0 \cdot 1 \cdot (-1) \cdot 3 + (-1)^1 \cdot 1 \cdot 1 \cdot 2 + (-1)^1 \cdot 0 \cdot 2 \cdot 3 \\ &\quad + (-1)^2 \cdot 0 \cdot 2 \cdot (-1) + (-1)^1 \cdot 2 \cdot (-1) \cdot (-1) + (-1)^2 \cdot 2 \cdot 2 \cdot 1 \\ &= -3 + (-2) + 0 + 0 + (-2) + 4 = -3 \end{aligned}$$

이다. □

4.6.1 행렬식의 라플라스 전개

먼저 정사각행렬의 성분에 대한 다음을 정의한다.

정의 4.15: 행렬 성분의 소행렬식과 여인수

n차 정사각행렬 $A = [a_{ij}]$에 대한 (i, j) 성분 a_{ij}에 대하여, A의 제 i행과 제 j열을 제거하고 만든 크기가 $(n-1) \times (n-1)$인 행렬의 행렬식을 A에 대한 a_{ij}의 **소행렬식**이라고 하고 $\det_{ij} A$로 나타낸다. 그리고 $(-1)^{i+j} \det_{ij} A$를 A에 대한 a_{ij}의 **여인수**라고 하고 A_{ij}로 나타낸다.

예제 4.19 행렬

$$A = \begin{bmatrix} 1 & 2 & -1 \\ 0 & -1 & 1 \\ 2 & 2 & 3 \end{bmatrix}$$

에 대하여, 다음을 구하라.

(가) $\det_{11} A$, (나) A_{12},

(다) $\det_{22} A$, (라) A_{32}.

풀이. (가) $\det_{11} A = \begin{vmatrix} -1 & 1 \\ 2 & 3 \end{vmatrix} = (-1) \cdot 3 - 1 \cdot 2 = -5.$

(나) $A_{12} = (-1)^{1+2} \begin{vmatrix} 0 & 1 \\ 2 & 3 \end{vmatrix} = -1(0 \cdot 3 - 1 \cdot 2) = 2.$

(다) $\det_{22} A = \begin{vmatrix} 1 & -1 \\ 2 & 3 \end{vmatrix} = 1 \cdot 3 - (-1) \cdot 2 = 5.$

(라) $A_{32} = (-1)^{3+2} \begin{vmatrix} 1 & -1 \\ 0 & 1 \end{vmatrix} = -1(1 \cdot 1 - (-1) \cdot 0) = -1.$ □

크기 n이 클 때, n차 정사각행렬 A의 행렬식 $\det A$를 계산하는 것은 매우 복잡하지만 행렬 A에 대한 성분 a_{ij}의 여인수 A_{ij}의 계산은 $\det A$의 계산보다 매우 간단하다. 이들 여인수 A_{ij}를 이용하여 행렬식 $\det A$를 다음과 같이 구할 수 있다.

보조정리 4.31: 행렬식의 제1행에 대한 라플라스 전개

n차 정사각행렬 $A = [a_{ij}]$에 대하여,

$$\det A = a_{11}A_{11} + a_{12}A_{12} + \cdots + a_{1n}A_{1n}$$

이다.

증명. $1 \le i \le n$일 때, $T_i = \{\sigma \in S_n : \sigma(1) = i\}$로 놓으면 집합 T_i들은 서로 만나지 않는 집합들이며 $S_n = T_1 \cup T_2 \cup \cdots \cup T_n$이다. 따라서

$$\begin{aligned}\det A &= \sum_{\sigma \in S_n} \operatorname{sgn}(\sigma) a_{1\sigma(1)} a_{2\sigma(2)} \cdots a_{n\sigma(n)} \\ &= a_{11} \sum_{\sigma \in T_1} \operatorname{sgn}(\sigma) a_{2\sigma(2)} \cdots a_{n\sigma(n)} + a_{12} \sum_{\sigma \in T_2} \operatorname{sgn}(\sigma) a_{2\sigma(2)} \cdots a_{n\sigma(n)} \\ &\quad + \cdots + a_{1n} \sum_{\sigma \in T_n} \operatorname{sgn}(\sigma) a_{2\sigma(2)} \cdots a_{n\sigma(n)}\end{aligned} \tag{4.1}$$

이다.

(가) 등식 (4.1)의 제1항은

$$a_{11} \sum_{\sigma \in T_1} \operatorname{sgn}(\sigma) a_{2\sigma(2)} \cdots a_{n\sigma(n)} = a_{11}\det_{11}A = a_{11}(-1)^{1+1}\det_{11}A = a_{11}A_{11}$$

이다.

(나) $2 \le i \le n$일 때, $\sigma \in T_i$에 대하여 $\tau = \sigma \circ (1, i) \circ (1, i-1) \circ \cdots \circ (1, 3) \circ (1, 2)$로 놓자. 그러면 $\operatorname{sgn}(\sigma) = (-1)^{i-1} \operatorname{sgn}(\tau)$이고

$$\begin{aligned}&\tau(1) = \sigma(2),\ \ \tau(2) = \sigma(3),\ \ \ldots, \tau(i-1) = \sigma(i), \tau(i) = i, \\ &\qquad\qquad \tau(i+1) = \sigma(i+1),\ \ \ldots,\ \ \tau(n) = \sigma(n)\end{aligned}$$

이다. 여기서 $D_i = \{\tau \in S_n \,|\, \tau(i) = i\}$로 놓으면, 등식 (4.1)의 제$i$항은

$$\begin{aligned}&a_{1i} \sum_{\sigma \in T_i} \operatorname{sgn}(\sigma) a_{2\sigma(2)} \cdots a_{n\sigma(n)} \\ &\quad = a_{1i}(-1)^{i-1} \sum_{\tau \in D_i} \operatorname{sgn}(\tau) a_{2\tau(1)} a_{3\tau(2)} \cdots a_{i\tau(i-1)} a_{(i+1)\tau(i+1)} \cdots a_{n\tau(n)} \\ &\quad = a_{1i}(-1)^{i-1}\det_{1i}A = a_{1i}A_{1i}\end{aligned}$$

이다. □

위의 보조정리에서는 A의 제1행에 대한 $\det A$의 라플라스 전개를 구한다. 같은 방식으로 제i행에 대한 $\det A$의 라플라스 전개를 구하면 다음과 같다.

정리 4.32: 행렬식의 일반 행에 대한 라플라스 전개

n차 정사각행렬 A과 $1 \le i \le n$인 i에 대하여,

$$\det A = a_{i1}A_{i1} + a_{i2}A_{i2} + \cdots + a_{in}A_{in}$$

이다.

$\det A = \det A^T$이므로 제i열에 대한 $\det A$의 라플라스 전개는 다음과 같다.

따름정리 4.33: 행렬식의 일반 열에 대한 라플라스 전개

n차 정사각행렬 A에 대하여, $1 \le i \le n$일 때

$$\det A = a_{1i}A_{1i} + a_{2i}A_{2i} + \cdots + a_{ni}A_{ni}$$

이다.

예제 4.20 행렬

$$A = \begin{bmatrix} 1 & -1 & 0 & 2 \\ 0 & 1 & 1 & -1 \\ 0 & 0 & 1 & 3 \\ -1 & -1 & 0 & 1 \end{bmatrix}$$

의 행렬식을 구하라.

풀이. 행렬 A의 제1열에 대한 라플라스 전개를 이용하면

$$\det A = 1 \cdot \begin{vmatrix} 1 & 1 & -1 \\ 0 & 1 & 3 \\ -1 & 0 & 1 \end{vmatrix} + (-1) \cdot (-1) \cdot \begin{vmatrix} -1 & 0 & 2 \\ 1 & 1 & -1 \\ 0 & 1 & 3 \end{vmatrix}$$

이다. 한편

$$\begin{vmatrix} 1 & 1 & -1 \\ 0 & 1 & 3 \\ -1 & 0 & 1 \end{vmatrix} = 1 \cdot \begin{vmatrix} 1 & 3 \\ 0 & 1 \end{vmatrix} + (-1) \cdot \begin{vmatrix} 1 & -1 \\ 1 & 3 \end{vmatrix}$$
$$= (1 \cdot 1 - 3 \cdot 0) - (1 \cdot 3 - (-1) \cdot 1)$$
$$= 1 - 4 = -3$$

그리고

$$\begin{vmatrix} -1 & 0 & 2 \\ 1 & 1 & -1 \\ 0 & 1 & 3 \end{vmatrix} = (-1) \cdot \begin{vmatrix} 1 & -1 \\ 1 & 3 \end{vmatrix} + 1 \cdot (-1) \cdot \begin{vmatrix} 0 & 2 \\ 1 & 3 \end{vmatrix}$$
$$= (-1) \cdot (1 \cdot 3 - (-1) \cdot 1) - (0 \cdot 3 - 2 \cdot 1)$$
$$= -4 + 2 = -2$$

이므로 $\det A = -3 - 2 = -5$이다. □

4.6.2 딸림행렬과 역행렬

n차 정사각행렬 A에 대하여, $1 \le i < j \le n$일 때, 행렬 A에서 제j행을 제i행으로 바꾼 행렬을 B라고 놓자. 그러면 행렬 B의 제i행과 제j행이 같기 때문에 $\det B = 0$이다. 이때 제j행에 대하여 $\det B$를 라플라스 전개하면

$$0 = \det B = a_{i1}A_{j1} + a_{i2}A_{j2} + \cdots + a_{in}A_{jn}$$

이다. 따라서 다음이 성립한다.

보조정리 4.34: 일반 행에 대한 변형 라플라스 전개

n차 정사각행렬 A에 대하여, $1 \le i \le j \le n$일 때

$$a_{i1}A_{j1} + a_{i2}A_{j2} + \cdots + a_{in}A_{jn} = \begin{cases} \det A & i = j\text{일 때}, \\ 0 & i \ne j\text{일 때} \end{cases}$$

이다.

또한 $\det A = \det A^T$이므로 다음이 성립한다.

따름정리 4.35: 일반 열에 대한 변형 라플라스 전개

n차 정사각행렬 A에 대하여, $1 \le i \le j \le n$일 때

$$a_{1i}A_{1j} + a_{2i}A_{2j} + \cdots + a_{ni}A_{nj} = \begin{cases} \det A & i = j\text{일 때,} \\ 0 & i \neq j\text{일 때} \end{cases}$$

이다.

위의 보조정리와 따름정리에 나오는 식을 행렬에 대한 식으로 나타내기 위하여, 정사각행렬의 여인수에 대한 다음 행렬을 정의한다.

정의 4.16: 정사각행렬의 여인수행렬과 딸림행렬

n차 정사각행렬 A에 대하여, A에 대한 여인수 A_{ij}를 성분으로 하는 행렬 $[A_{ij}]_{n\times n}$를 행렬 A의 **여인수행렬**이라고 한다. 이때 여인수행렬 $[A_{ij}]$의 전치행렬 $[A_{ij}]^T$을 행렬 A의 **딸림행렬**이라고 하고 $\operatorname{Adj} A$로 나타낸다.[a]

[a]딸림행렬을 **수반행렬**이라고도 한다.

그러면 보조정리 4.34에 따라서 다음을 알 수 있다.

정리 4.36: 딸림행렬과 역행렬

n차 정사각행렬 A에 대하여,

$$A(\operatorname{Adj} A) = (\operatorname{Adj} A)A = (\det A)I_n$$

이다. 따라서 A가 가역행렬이면

$$A^{-1} = \frac{1}{\det A}\operatorname{Adj} A$$

이다.

예제 4.21 행렬

$$A = \begin{bmatrix} 1 & 0 & 2 \\ -1 & 1 & 3 \\ 2 & 1 & 1 \end{bmatrix}$$

의 딸림행렬 Adj A와 역행렬 A^{-1}을 구하라.

풀이. 행렬 A에 대하여,

$$A_{11} = (-1)^{1+1}\begin{vmatrix}1 & 3\\ 1 & 1\end{vmatrix} = 1\cdot(1\cdot 1 - 3\cdot 1) = -2,$$

$$A_{12} = (-1)^{1+2}\begin{vmatrix}-1 & 3\\ 2 & 1\end{vmatrix} = -1\cdot((-1)\cdot 1 - 3\cdot 2) = 7,$$

$$A_{13} = (-1)^{1+3}\begin{vmatrix}-1 & 1\\ 2 & 1\end{vmatrix} = ((-1)\cdot 1 - 1\cdot 2) = -3,$$

$$A_{21} = (-1)^{2+1}\begin{vmatrix}0 & 2\\ 1 & 1\end{vmatrix} = -(0\cdot 1 - 2\cdot 1) = 2,$$

$$A_{22} = (-1)^{2+2}\begin{vmatrix}1 & 2\\ 2 & 1\end{vmatrix} = (1\cdot 1 - 2\cdot 2) = -3,$$

$$A_{23} = (-1)^{2+3}\begin{vmatrix}1 & 0\\ 2 & 1\end{vmatrix} = -(1\cdot 1 - 0\cdot 2) = -1,$$

$$A_{31} = (-1)^{3+1}\begin{vmatrix}0 & 2\\ 1 & 3\end{vmatrix} = (0\cdot 3 - 2\cdot 1) = -2,$$

$$A_{32} = (-1)^{3+2}\begin{vmatrix}1 & 2\\ -1 & 3\end{vmatrix} = -(1\cdot 3 - 2\cdot(-1)) = -5,$$

$$A_{33} = (-1)^{3+3}\begin{vmatrix}1 & 0\\ -1 & 1\end{vmatrix} = (1\cdot 1 - 0\cdot(-1)) = 1$$

이므로

$$\operatorname{Adj} A = [A_{ij}]^T = \begin{bmatrix}-2 & 2 & -2\\ 7 & -3 & -5\\ -3 & -1 & 1\end{bmatrix}$$

이다. 또한

$$\det A = a_{11}A_{11} + a_{12}A_{12} + a_{13}A_{13} = 1\cdot(-2) + 0\cdot 7 + 2\cdot(-3) = -8$$

이므로

$$A^{-1} = \frac{1}{\det A}\operatorname{Adj} A = \frac{1}{-8}\begin{bmatrix}-2 & 2 & -2\\ 7 & -3 & -5\\ -3 & -1 & 1\end{bmatrix} = \begin{bmatrix}\frac{1}{4} & -\frac{1}{4} & \frac{1}{4}\\ -\frac{7}{8} & \frac{3}{8} & \frac{5}{8}\\ \frac{3}{8} & \frac{1}{8} & -\frac{1}{8}\end{bmatrix}$$

이다. □

크래머 공식 가역행렬 A의 역행렬을 딸림행렬 $\text{Adj}\,A$을 이용하여 나타낼 수 있다는 사실을 이용하면, 연립일차방정식 $A\mathbf{x} = \mathbf{b}$의 해를 구하는 공식을 찾을 수 있다.

정리 4.37: 크래머 공식

미지수 $x_1, x_2, \ldots, x_n$에 대한 n개의 일차방정식으로 이루어진 연립일차방정식

$$A\mathbf{x} = \mathbf{b}$$

에 대하여, $\det A \neq 0$이면 주어진 연립일차방정식의 해는

$$x_1 = \frac{\det C_1}{\det A}, \quad x_2 = \frac{\det C_2}{\det A}, \quad \ldots, \quad x_n = \frac{\det C_n}{\det A}$$

로서 유일하다. 여기서 행렬 C_i는 행렬 A에서 i열의 열벡터를 벡터 $\mathbf{b}$로 바꾼 행렬이다.

증명. $\det A \neq 0$이라고 가정하자. 그러면 역행렬 A^{-1}이 존재하므로 연립일차방정식 $A\mathbf{x} = \mathbf{b}$의 해는 $\mathbf{x} = A^{-1}\mathbf{b}$으로 유일하다. 그런데

$$\mathbf{x} = A^{-1}\mathbf{b} = \frac{1}{\det A}(\text{Adj}\,A)\mathbf{b}$$

이므로, $1 \le i \le n$일 때

$$x_i = \frac{b_1 A_{1i} + b_2 A_{2i} + \cdots + b_n A_{ni}}{\det A} = \frac{\det C_i}{\det A}$$

이다. □

예제 4.22 연립일차방정식

$$\begin{cases} x - 2y + z = 0, \\ x + y - z = 2, \\ y + 2z = 1 \end{cases}$$

의 해를 구하라.

풀이. 행렬

$$A = \begin{bmatrix} 1 & -2 & 1 \\ 1 & 1 & -1 \\ 0 & 1 & 2 \end{bmatrix}, \qquad \mathbf{x} = \begin{bmatrix} x \\ y \\ z \end{bmatrix}, \qquad \mathbf{b} = \begin{bmatrix} 0 \\ 2 \\ 1 \end{bmatrix}$$

에 대하여, 주어진 연립일차방정식은 $A\mathbf{x} = \mathbf{b}$이다. 이때

$$C_1 = \begin{bmatrix} 0 & -2 & 1 \\ 2 & 1 & -1 \\ 1 & 1 & 2 \end{bmatrix}, \qquad C_2 = \begin{bmatrix} 1 & 0 & 1 \\ 1 & 2 & -1 \\ 0 & 1 & 2 \end{bmatrix}, \qquad C_3 = \begin{bmatrix} 1 & -2 & 0 \\ 1 & 1 & 2 \\ 0 & 1 & 1 \end{bmatrix}$$

로 놓으면

$$\begin{aligned}
\det A &= 1 \cdot \begin{vmatrix} 1 & -1 \\ 1 & 2 \end{vmatrix} + (-1) \cdot \begin{vmatrix} -2 & 1 \\ 1 & 2 \end{vmatrix} \\
&= (1 \cdot 2 - (-1) \cdot 1) - ((-2) \cdot 2 - 1 \cdot 1) = 3 + 5 = 8, \\
\det C_1 &= (-2) \cdot \begin{vmatrix} -2 & 1 \\ 1 & 2 \end{vmatrix} + 1 \cdot \begin{vmatrix} -2 & 1 \\ 1 & -1 \end{vmatrix} \\
&= (-2) \cdot ((-2) \cdot 2 - 1 \cdot 1) + ((-2) \cdot (-1) - 1 \cdot 1) \\
&= (-2) \cdot (-5) + 1 = 11, \\
\det C_2 &= 1 \cdot \begin{vmatrix} 2 & -1 \\ 1 & 2 \end{vmatrix} + (-1) \cdot \begin{vmatrix} 0 & 1 \\ 1 & 2 \end{vmatrix} \\
&= (2 \cdot 2 - (-1) \cdot 1) - (0 \cdot 2 - 1 \cdot 1) \\
&= 5 + 1 = 6, \\
\det C_3 &= 1 \cdot \begin{vmatrix} 1 & 2 \\ 1 & 1 \end{vmatrix} + (-1) \cdot \begin{vmatrix} -2 & 0 \\ 1 & 1 \end{vmatrix} \\
&= (1 \cdot 1 - 2 \cdot 1) - ((-2) \cdot 1 - 0 \cdot 1) \\
&= -1 + 2 = 1,
\end{aligned}$$

이므로, 크래머 공식에 따라서

$$x = \frac{\det C_1}{\deg A} = \frac{11}{8}, \qquad y = \frac{\det C_2}{\deg A} = \frac{6}{8} = \frac{3}{4}, \qquad z = \frac{\det C_3}{\deg A} = \frac{1}{8}$$

이다. □

연습문제 4.6

1. 행렬

$$A = \begin{bmatrix} 2 & 3 & -1 \\ 3 & -1 & 1 \\ 2 & -3 & 3 \end{bmatrix}$$

에 대하여, 다음을 구하라.

(가) $\det_{21} A$, (나) A_{23}.

(다) $\det_{22} A$, (라) A_{32}.

2. 라플라스 전개를 활용하여 다음 행렬의 행렬식을 구하라.

(가) $A = \begin{bmatrix} 3 & 0 & 0 \\ 2 & -1 & 2 \\ 6 & 4 & 2 \end{bmatrix}$, (나) $B = \begin{bmatrix} 0 & -2 & 3 \\ 0 & 4 & 1 \\ 3 & 2 & 4 \end{bmatrix}$,

(다) $C = \begin{bmatrix} 2 & 0 & 3 \\ 1 & 3 & -1 \\ 4 & 0 & 1 \end{bmatrix}$, (라) $D = \begin{bmatrix} 0 & 3 & -1 \\ 3 & 2 & -1 \\ 0 & 1 & 3 \end{bmatrix}$.

3. 행렬

$$A = \begin{bmatrix} k-3 & 0 & 0 \\ 0 & k-2 & 3 \\ 0 & 1 & k \end{bmatrix}$$

에 대하여, $\det A = 0$이 되는 모든 k값을 구하라.

4. 실수 θ에 대한 행렬

$$A = \begin{bmatrix} 1 & 0 & 0 \\ 0 & \cos\theta & -\sin\theta \\ 0 & \sin\theta & \cos\theta \end{bmatrix}$$

에 대하여, 행렬 A가 가역행렬임을 증명하라.

5. 행렬

$$A = \begin{bmatrix} 2 & 0 & 0 \\ 2 & -2 & 1 \\ 1 & 0 & 1 \end{bmatrix}$$

에 대하여, 다음을 구하라.

(가) $\det A$, (나) $\operatorname{Adj} A$, (다) A^{-1}.

6. 크래머 공식을 활용하여 다음 연립일차방정식을 풀어라.

(가) $\begin{cases} x - y + 2z = 0, \\ 3x - z = 1, \\ x + 2y + 2z = 2, \end{cases}$ (나) $\begin{cases} 2x - y = 1, \\ x + 2y - z = 2, \\ 3x - y + 2z = 0. \end{cases}$

7. 점 $A(x_1, y_1), B(x_2, y_2), C(x_3, y_3)$에 대하여,

$$\det \begin{bmatrix} x_1 & y_1 & 1 \\ x_2 & y_2 & 1 \\ x_3 & y_3 & 1 \end{bmatrix} = 0$$

은 점 A, B, C가 일직선에 놓이기 위한 필요충분조건임을 증명하라.

제 5 장

행렬의 대각화

이 장에서는 선형사상의 행렬표현을 대각화하는 방법에 대하여 탐구한다.

유클리드 벡터공간에서 벡터를 기저에 대한 행렬로 나타낼 수 있다. 또한 선형사상을 정의역의 기저와 공역의 기저에 대한 행렬로 나타낼 수 있다. 이때 기저가 변하면 그에 따라서 선형사상의 행렬표현도 변환함을 살펴볼 수 있다.

선형사상의 행렬표현이 대각행렬이기 위한 조건을 탐구하기 위하여, 정사각행렬의 고윳값과 고유벡터를 정의한다. 정사각행렬의 특성방정식의 근이 정사각행렬의 고윳값이므로 특성방정식의 풀이가 고윳값을 구하는 것이다. 또한 관련된 동형연립일차방정식을 풀이가 고유벡터를 구하는 것이다.

정사각행렬에 대하여, 고유벡터로 이루어진 기저의 존재성은 정사각행렬이 대각화 가능하기 위한 필요충분조건이다.

5.1 선형사상의 기저에 대한 행렬표현

앞에서 선형사상 $L\colon \mathbb{E}^n \to \mathbb{E}^m$을 행렬

$$[a_{ji}]_{m\times n} = \begin{bmatrix} a_{11} & a_{12} & a_{13} & \cdots & a_{1n} \\ a_{21} & a_{22} & a_{23} & \cdots & a_{2n} \\ \vdots & \vdots & \vdots & \ddots & \vdots \\ a_{m1} & a_{m2} & a_{m3} & \cdots & a_{mn} \end{bmatrix}$$

로 나타낼 수 있음을 살펴봤다. 여기서 선형사상 L의 정의역인 유클리드 벡터공간 $\mathbb{E}^n$의 표준기저가 $(\mathbf{e}_1, \mathbf{e}_2, \ldots, \mathbf{e}_n)$이고 선형사상 L의 공역인 유클리드 벡터공간 $\mathbb{E}^m$의 표준기저가 $(\mathbf{f}_1, \mathbf{f}_2, \ldots, \mathbf{f}_m)$이면

$$\begin{aligned} L(\mathbf{e}_1) &= a_{11}\mathbf{f}_1 + a_{21}\mathbf{f}_2 + a_{31}\mathbf{f}_3 + \cdots + a_{m1}\mathbf{f}_m, \\ L(\mathbf{e}_2) &= a_{12}\mathbf{f}_1 + a_{22}\mathbf{f}_2 + a_{32}\mathbf{f}_3 + \cdots + a_{m2}\mathbf{f}_m, \\ &\vdots \\ L(\mathbf{e}_n) &= a_{1n}\mathbf{f}_1 + a_{2n}\mathbf{f}_2 + a_{3n}\mathbf{f}_3 + \cdots + a_{mn}\mathbf{f}_m \end{aligned}$$

이다. 이 절에서는 선형사상의 일반적인 기저에 대한 행렬표현에 대하여 탐구한다.

5.1.1 벡터와 선형사상의 기저에 대한 행렬표현

순서 다중쌍 $\mathcal{A} = (\mathbf{v}_1, \mathbf{v}_2, \ldots, \mathbf{v}_n)$와 $\mathcal{B} = (\mathbf{w}_1, \mathbf{w}_2 \ldots, \mathbf{w}_m)$가 각각 유클리드 벡터공간 $\mathbb{E}^n$와 $\mathbb{E}^m$의 기저라고 놓자. 그러면 벡터 $\mathbf{v} \in \mathbb{E}^n$에 대하여, $\mathbf{v} = v_1\mathbf{v}_1 + v_2\mathbf{v}_2 + \cdots + v_n\mathbf{v}_n$인 실수 $v_1, \ldots, v_n$이 유일하게 존재한다. 이때 열행렬

$$\begin{bmatrix} v_1 \\ v_2 \\ \vdots \\ v_n \end{bmatrix}$$

을 벡터 $\mathbf{v}$의 기저 $\mathcal{A}$에 대한 **행렬표현**이라고 하고 $[\mathbf{v}]^{\mathcal{A}}$로 나타낸다. 마찬가지로 벡터 $\mathbf{w} \in \mathbb{E}^m$에 대하여, $\mathbf{w} = w_1\mathbf{w}_1 + w_2\mathbf{w}_2 + \cdots + w_m\mathbf{w}_m$인 실수 $w_1, \ldots, w_m$이 유일하게 존재한다. 이때 열행렬

$$\begin{bmatrix} w_1 \\ w_2 \\ \vdots \\ w_m \end{bmatrix}$$

을 벡터 $\mathbf{w}$의 기저 $\mathcal{B}$에 대한 **행렬표현**이라고 하고 $[\mathbf{w}]^{\mathcal{B}}$로 나타낸다. 그러면

$$\begin{aligned} L(\mathbf{v}_1) &= a_{11}\mathbf{w}_1 + a_{21}\mathbf{w}_2 + a_{31}\mathbf{w}_3 + \cdots + a_{m1}\mathbf{w}_m, \\ L(\mathbf{v}_2) &= a_{12}\mathbf{w}_1 + a_{22}\mathbf{w}_2 + a_{23}\mathbf{w}_3 + \cdots + a_{m2}\mathbf{w}_m, \\ &\vdots \\ L(\mathbf{v}_n) &= a_{1n}\mathbf{w}_1 + a_{2n}\mathbf{w}_2 + a_{3n}\mathbf{w}_3 + \cdots + a_{mn}\mathbf{w}_m \end{aligned}$$

로 정의된 선형사상 $L\colon \mathbb{E}^n \to \mathbb{E}^m$에 대하여, $m \times n$ 행렬

$$\begin{bmatrix} a_{11} & a_{12} & a_{13} & \cdots & a_{1n} \\ a_{21} & a_{22} & a_{23} & \cdots & a_{2n} \\ \vdots & \vdots & \vdots & \ddots & \vdots \\ a_{m1} & a_{m2} & a_{m3} & \cdots & a_{mn} \end{bmatrix}$$

을 선형사상 L의 정의역 기저 $\mathcal{A}$와 공역 기저 $\mathcal{B}$에 대한 **행렬표현**이라고 하고 $[L]^{\mathcal{B}}_{\mathcal{A}}$로 나타낸다. 이때

$$[L(\mathbf{v}_1)]^{\mathcal{B}},\ [L(\mathbf{v}_2)]^{\mathcal{B}},\ [L(\mathbf{v}_3)]^{\mathcal{B}},\ \ldots,\ [L(\mathbf{v}_n)]^{\mathcal{B}}$$

은 행렬 $[L]^{\mathcal{B}}_{\mathcal{A}}$의 열행렬들이다. 그러면 벡터 $\mathbf{v} = v_1\mathbf{v}_1 + v_2\mathbf{v}_2 + \cdots + v_n\mathbf{v}_n \in \mathbb{E}^n$에 대하여

$$L(\mathbf{v}) = L\left(\sum_{i=1}^{n} v_i\mathbf{v}_i\right) = \sum_{i=1}^{n} v_i L(\mathbf{v}_i) = \sum_{i=1}^{n}(v_i a_{1i}\mathbf{w}_1 + \cdots + v_i a_{mi}\mathbf{w}_m)$$

이므로

$$[L(\mathbf{v})]^{\mathcal{B}} = [L]^{\mathcal{B}}_{\mathcal{A}}[\mathbf{v}]^{\mathcal{A}}$$

이다.

예제 5.1 유클리드 벡터공간 $\mathbb{E}^3$과 $\mathbb{E}^2$의 표준기저 $\mathcal{A} = (\mathbf{e}_1, \mathbf{e}_2, \mathbf{e}_3)$와 $\mathcal{B} = (\mathbf{f}_1, \mathbf{f}_2)$에 대한 선형사상 $T(x, y, z) = (x + 2y - z, 3x - y + z)$의 행렬표현을 구하라.

풀이. 선형사상 T에 대하여,

$$\begin{aligned} T(\mathbf{e}_1) &= T(1,0,0) = (1,3) = 1\mathbf{f}_1 + 3\mathbf{f}_2, \\ T(\mathbf{e}_2) &= T(0,1,0) = (2,-1) = 2\mathbf{f}_1 + (-1)\mathbf{f}_2, \\ T(\mathbf{e}_3) &= T(0,0,1) = (-1,1) = (-1)\mathbf{f}_1 + 1\mathbf{f}_2 \end{aligned}$$

이므로 구하는 T의 행렬표현은

$$[T]_{\mathcal{A}}^{\mathcal{B}} = \begin{bmatrix} 1 & 2 & -1 \\ 3 & -1 & 1 \end{bmatrix}$$

이다. □

예제 5.2 벡터 $\mathbf{v}_1 = (1,0,0)$, $\mathbf{v}_2 = (1,1,0)$, $\mathbf{v}_3 = (1,0,1)$, $\mathbf{w}_1 = (1,0)$, $\mathbf{w}_2 = (2,1)$에 대한 유클리드 벡터공간 $\mathbb{E}^3$과 $\mathbb{E}^2$의 기저 $\mathcal{A} = (\mathbf{v}_1, \mathbf{v}_2, \mathbf{v}_3)$와 $\mathcal{B} = (\mathbf{w}_1, \mathbf{w}_2)$에 대하여, 선형사상 $T(x,y,z) = (x+2y-z, 3x-y+z)$의 기저 $\mathcal{A}$와 $\mathcal{B}$에 대한 행렬표현을 구하라.

풀이. 선형사상 T에 대하여

$$\begin{aligned} T(\mathbf{v}_1) &= T(1,0,0) = (1,3) = (-5)(1,0) + 3(2,1) = (-5)\mathbf{w}_1 + 3\mathbf{w}_2, \\ T(\mathbf{v}_2) &= T(1,1,0) = (3,2) = (-1)(1,0) + 2(2,1) = (-1)\mathbf{w}_1 + 2\mathbf{w}_2, \\ T(\mathbf{v}_3) &= T(1,0,1) = (0,4) = (-8)(1,0) + 4(2,1) = (-8)\mathbf{w}_1 + 4\mathbf{w}_2 \end{aligned}$$

이므로, 구하는 T의 행렬표현은

$$[T]_{\mathcal{A}}^{\mathcal{B}} = \begin{bmatrix} -5 & -1 & -8 \\ 3 & 2 & 4 \end{bmatrix}$$

이다. □

선형사상 합성의 행렬표현은 행렬 곱으로 나타난다. 이때 선형사상 합성의 기저에 대한 행렬표현은 다음과 같다.

정리 5.1: 선형사상 합성의 기저에 대한 행렬표현

선형사상 $L_1 \colon \mathbb{E}^n \to \mathbb{E}^m$와 $L_2 \colon \mathbb{E}^m \to \mathbb{E}^\ell$에 대하여, 유클리드 벡터공간 $\mathbb{E}^n$의 기저가 $\mathcal{A}$이고 유클리드 벡터공간 $\mathbb{E}^m$의 기저가 $\mathcal{B}$이고 유클리드 벡터공간 $\mathbb{E}^\ell$의 기저가 $\mathcal{C}$일 때

$$[L_2 \circ L_1]_{\mathcal{A}}^{\mathcal{C}} = [L_2]_{\mathcal{B}}^{\mathcal{C}} \, [L_1]_{\mathcal{A}}^{\mathcal{B}}$$

이다.

증명. 기저 $\mathcal{A} = (\mathbf{u}_1, \mathbf{u}_2, \ldots, \mathbf{u}_n)$에서 $\mathcal{B} = (\mathbf{v}_1, \mathbf{v}_2, \ldots, \mathbf{v}_m)$로 선형사상 L_1의 행렬표

현을 $[a_{ji}]_{m\times n} = [L]_{\mathcal{A}}^{\mathcal{B}}$로 놓으면

$$\begin{aligned}
L_1(\mathbf{u}_1) &= a_{11}\mathbf{v}_1 + a_{21}\mathbf{v}_2 + \cdots + a_{m1}\mathbf{v}_m,\\
L_1(\mathbf{u}_2) &= a_{12}\mathbf{v}_1 + a_{22}\mathbf{v}_2 + \cdots + a_{m2}\mathbf{v}_m,\\
&\vdots\\
L_1(\mathbf{u}_n) &= a_{1n}\mathbf{v}_1 + a_{2n}\mathbf{v}_2 + \cdots + a_{mn}\mathbf{v}_m
\end{aligned}$$

이다. 기저 $\mathcal{B} = (\mathbf{v}_1, \mathbf{v}_2, \ldots, \mathbf{v}_m)$에서 기저 $\mathcal{C} = (\mathbf{w}_1, \mathbf{w}_2, \ldots, \mathbf{w}_\ell)$로 선형사상 L_2의 행렬표현을 $[b_{kj}]_{\ell\times m} = [M]_{\mathcal{B}}^{\mathcal{C}}$로 놓으면

$$\begin{aligned}
L_2(\mathbf{v}_1) &= b_{11}\mathbf{w}_1 + b_{21}\mathbf{w}_2 + \cdots + b_{\ell 1}\mathbf{w}_\ell,\\
L_2(\mathbf{v}_2) &= b_{12}\mathbf{w}_1 + b_{22}\mathbf{w}_2 + \cdots + b_{\ell 2}\mathbf{w}_\ell,\\
&\vdots\\
L_2(\mathbf{v}_m) &= b_{1n}\mathbf{w}_1 + b_{2n}\mathbf{w}_2 + \cdots + b_{\ell n}\mathbf{w}_\ell
\end{aligned}$$

이다. 따라서 $i = 1, 2, \ldots, n$일 때

$$(L_2 \circ L_1)(\mathbf{u}_i) = L_2(L_1(\mathbf{u}_i)) = L_2\left(\sum_{j=1}^{m} a_{ji}\mathbf{v}_j\right) = \sum_{j=1}^{m} a_{ji}L_2(\mathbf{v}_j) = \sum_{k=1}^{\ell}\sum_{j=1}^{m} a_{ji}b_{kj}\mathbf{w}_k$$

이므로 $[L_2 \circ L_1]_{\mathcal{A}}^{\mathcal{C}} = \left[\sum_{j=1}^{m} a_{ji}b_{kj}\right] = [b_{kj}]_{\ell\times m}[a_{ji}]_{m\times n} = [L_2]_{\mathcal{B}}^{\mathcal{C}}[L_1]_{\mathcal{A}}^{\mathcal{B}}$이다. □

예제 5.3 선형사상

$$L_1(x_1, x_2, x_3) = (2x_1 + x_2 - x_3, x_1 - x_2 + x_3), \quad L_2(y_1, y_2) = (y_1 + y_2, y_1 - y_2)$$

에 대하여, 유클리드 벡터공간 $\mathbb{E}^3$의 표준기저가 $\mathcal{A} = (\mathbf{e}_1, \mathbf{e}_2, \mathbf{e}_3)$이고 유클리드 벡터공간 $\mathbb{E}^2$의 표준기저가 $\mathcal{B} = (\mathbf{f}_1, \mathbf{f}_2)$일 때 다음 물음에 답하라.

(가) 선형사상 L_1의 표준기저 $\mathcal{A}$에서 표준기저 $\mathcal{B}$로 행렬표현 $[L_1]_{\mathcal{A}}^{\mathcal{B}}$를 구하라.

(나) 선형사상 L_2의 표준기저 $\mathcal{B}$에서 표준기저 $\mathcal{B}$로 행렬표현 $[L_2]_{\mathcal{B}}^{\mathcal{B}}$를 구하라.

(다) 선형사상의 합성 $L_2 \circ L_1$의 표준기저 $\mathcal{A}$에서 표준기저 $\mathcal{B}$로 행렬표현 $[L_2 \circ L_1]_{\mathcal{A}}^{\mathcal{B}}$를 구하라.

풀이. (가) 선형사상 L_1에 대하여,

$$L_1(\mathbf{e}_1) = L(1,0,0) = (2,1) = 2\mathbf{f}_1 + \mathbf{f}_2,$$
$$L_1(\mathbf{e}_2) = L(0,1,0) = (1,-1) = \mathbf{f}_1 - \mathbf{f}_2,$$
$$L_1(\mathbf{e}_3) = L(0,0,1) = (-1,1) = -\mathbf{f}_1 + \mathbf{f}_2$$

이므로

$$[L_1]_{\mathcal{A}}^{\mathcal{B}} = \begin{bmatrix} 2 & 1 & -1 \\ 1 & -1 & 1 \end{bmatrix}$$

이다.

(나) 선형사상 L_2에 대하여,

$$L_2(\mathbf{f}_1) = L_2(1,0) = (1,1) = \mathbf{f}_1 + \mathbf{f}_2,$$
$$L_2(\mathbf{f}_2) = L_2(0,1) = (1,-1) = \mathbf{f}_1 - \mathbf{f}_2$$

이므로

$$[L_2]_{\mathcal{B}}^{\mathcal{B}} = \begin{bmatrix} 1 & 1 \\ 1 & -1 \end{bmatrix}$$

이다.

(다) 선형사상 L_1과 L_2에 대하여,

$$[L_2 \circ L_1]_{\mathcal{A}}^{\mathcal{B}} = [L_2]_{\mathcal{B}}^{\mathcal{B}}\,[L_1]_{\mathcal{A}}^{\mathcal{B}} = \begin{bmatrix} 1 & 1 \\ 1 & -1 \end{bmatrix} \begin{bmatrix} 2 & 1 & -1 \\ 1 & -1 & 1 \end{bmatrix} = \begin{bmatrix} 3 & 0 & 0 \\ 1 & 2 & -2 \end{bmatrix}$$

이다. □

5.1.2 기저 변환에 대한 벡터와 선형사상 행렬표현의 변환

앞에서 벡터공간의 기저에 대한 선형사상의 행렬표현을 살펴봤다. 여기서는 벡터공간의 기저가 변할 때, 벡터와 선형사상의 행렬표현의 변환을 살펴본다.

추이행렬 먼저 항등변환에 대한 다음의 행렬표현을 정의하자.

정의 5.1: 추이행렬

유클리드 벡터공간 $\mathbb{E}^n$의 기저 $\mathcal{A}$와 $\mathcal{B}$에 대하여, 항등변환 $\mathrm{Id}\colon \mathbb{E}^n \to \mathbb{E}^n$의 행렬표현 $[\mathrm{Id}]_{\mathcal{A}}^{\mathcal{B}}$를 $\mathcal{A}$에서 $\mathcal{B}$로 **추이행렬**이라고 한다.

항등변환은 가역변환이므로 추이행렬이 가역임을 다음과 같이 알 수 있다.

정리 5.2: 추이행렬의 가역성

유클리드 벡터공간 $\mathbb{E}^n$의 기저 $\mathcal{A}$와 $\mathcal{B}$에 대하여, $\mathcal{A}$에서 $\mathcal{B}$로 추이행렬 $[\mathrm{Id}]_{\mathcal{A}}^{\mathcal{B}}$은 가역행렬이고 이때 역행렬은

$$([\mathrm{Id}]_{\mathcal{A}}^{\mathcal{B}})^{-1} = [\mathrm{Id}]_{\mathcal{B}}^{\mathcal{A}}$$

이다.

증명. 항등변환 $\mathrm{Id}\colon \mathbb{E}^n \to \mathbb{E}^n$에 대하여, $\mathrm{Id} = \mathrm{Id} \circ \mathrm{Id}$이고 $I_n = [\mathrm{Id}]_{\mathcal{A}}^{\mathcal{A}} = [\mathrm{Id}]_{\mathcal{B}}^{\mathcal{B}}$이므로

$$I_n = [\mathrm{Id}]_{\mathcal{A}}^{\mathcal{A}} = [\mathrm{Id}]_{\mathcal{B}}^{\mathcal{A}}[\mathrm{Id}]_{\mathcal{A}}^{\mathcal{B}}, \qquad I_n = [\mathrm{Id}]_{\mathcal{B}}^{\mathcal{B}} = [\mathrm{Id}]_{\mathcal{A}}^{\mathcal{B}}[\mathrm{Id}]_{\mathcal{B}}^{\mathcal{A}}$$

이다. 따라서 행렬 $[\mathrm{Id}]_{\mathcal{A}}^{\mathcal{B}}$은 가역행렬이고 이때 $([\mathrm{Id}]_{\mathcal{A}}^{\mathcal{B}})^{-1} = [\mathrm{Id}]_{\mathcal{B}}^{\mathcal{A}}$이다. □

추이행렬은 가역행렬이다. 그런데 그 역도 성립한다. 즉 임의의 가역행렬이 추이행렬임을 다음과 같이 알 수 있다.

정리 5.3: 가역행렬의 추이성

가역행렬은 추이행렬이다.

증명. 가역행렬을 $Q = [q_{ij}]_{n \times n}$로 놓자. 그러면 표준기저 $\mathcal{A} = (\mathbf{e}_1, \ldots, \mathbf{e}_n)$에 대하여,

$$\begin{aligned}
\mathbf{w}_1 &= q_{11}\mathbf{e}_1 + q_{21}\mathbf{e}_2 + \cdots + q_{n1}\mathbf{e}_n \\
\mathbf{w}_2 &= q_{12}\mathbf{e}_1 + q_{22}\mathbf{e}_2 + \cdots + q_{n2}\mathbf{e}_n \\
&\vdots \\
\mathbf{w}_n &= q_{1n}\mathbf{e}_1 + q_{2n}\mathbf{e}_2 + \cdots + q_{nn}\mathbf{e}_n
\end{aligned}$$

인 순서 다중쌍 $\mathcal{B} = (\mathbf{w}_1, \ldots, \mathbf{w}_n)$은 유클리드 벡터공간 $\mathbb{E}^n$의 기저이며 $Q = [\mathrm{Id}]_{\mathcal{B}}^{\mathcal{A}}$이다. □

기저가 바뀌면 벡터의 기저에 대한 행렬표현도 바뀐다. 이를 추이행렬을 이용하여 다음과 같이 구할 수 있다. 기저 $\mathcal{A} = (\mathbf{v}_1, \mathbf{v}_2, \ldots, \mathbf{v}_n)$에서 $\mathcal{B} = (\mathbf{w}_1, \mathbf{w}_2, \ldots, \mathbf{w}_n)$로 추이행렬을 $[a_{ij}] = [\mathrm{Id}]_{\mathcal{A}}^{\mathcal{B}}$로 놓으면

$$\mathbf{v}_j = \mathrm{Id}(\mathbf{v}_j) = \sum_{i=1}^{m} a_{ij}\mathbf{w}_i \quad (j = 1, 2, \ldots, n)$$

이다. 따라서 벡터 $\mathbf{v} = \sum_{j=1}^{n} v_j \mathbf{v}_j$에 대하여,

$$\mathbf{v} = \mathrm{Id}(\mathbf{v}) = \sum_{j=1}^{n} v_j \,\mathrm{Id}(\mathbf{v}_j) = \sum_{j=1}^{n}\sum_{i=1}^{n} v_j a_{ij} \mathbf{w}_i$$

이므로

$$[\mathbf{v}]^{\mathcal{B}} = \begin{bmatrix} \sum_{j=1}^{n} a_{1j}v_j \\ \sum_{j=1}^{n} a_{2j}v_j \\ \vdots \\ \sum_{j=1}^{n} a_{nj}v_j \end{bmatrix} = \begin{bmatrix} a_{11} & a_{12} & \cdots & a_{1n} \\ a_{21} & a_{22} & \cdots & a_{2n} \\ \vdots & \vdots & \ddots & \vdots \\ a_{n1} & a_{n2} & \cdots & a_{nn} \end{bmatrix} \begin{bmatrix} v_1 \\ v_2 \\ \vdots \\ v_n \end{bmatrix} = [\mathrm{Id}]_{\mathcal{A}}^{\mathcal{B}} [\mathbf{v}]^{\mathcal{A}}$$

이다. 정리하면, 기저가 $\mathcal{A}$에서 $\mathcal{B}$로 바뀌면 기저에 대한 벡터의 행렬표현은

$$[\mathbf{v}]^{\mathcal{B}} = [\mathrm{Id}]_{\mathcal{A}}^{\mathcal{B}} [\mathbf{v}]^{\mathcal{A}}$$

와 같이 변환한다. 여기서

$$[\mathbf{v}_1]^{\mathcal{A}} = \begin{bmatrix} 1 \\ 0 \\ 0 \\ \vdots \\ 0 \end{bmatrix}, \quad [\mathbf{v}_2]^{\mathcal{A}} = \begin{bmatrix} 0 \\ 1 \\ 0 \\ \vdots \\ 0 \end{bmatrix}, \quad \ldots, \qquad [\mathbf{v}_n]^{\mathcal{A}} = \begin{bmatrix} 0 \\ 0 \\ 0 \\ \vdots \\ 1 \end{bmatrix},$$

$$[\mathbf{v}_1]^{\mathcal{B}} = \begin{bmatrix} a_{11} \\ a_{21} \\ a_{31} \\ \vdots \\ a_{n1} \end{bmatrix}, \quad [\mathbf{v}_2]^{\mathcal{B}} = \begin{bmatrix} a_{12} \\ a_{22} \\ a_{32} \\ \vdots \\ a_{n2} \end{bmatrix}, \quad \ldots, \qquad [\mathbf{v}_n]^{\mathcal{B}} = \begin{bmatrix} a_{1n} \\ a_{2n} \\ a_{3n} \\ \vdots \\ a_{nn} \end{bmatrix}$$

이다.

예제 5.4 유클리드 벡터공간 $\mathbb{E}^2$에 대하여, $\mathbf{e}_1 = (1,0)$, $\mathbf{e}_2 = (0,1)$, $\mathbf{v}_1 = (1,0)$, $\mathbf{v}_2 = (1,1)$일 때 다음 물음에 답하라.

(가) 기저 $\mathcal{A} = (\mathbf{e}_1, \mathbf{e}_2)$에서 기저 $\mathcal{B} = (\mathbf{v}_1, \mathbf{v}_2)$로 추이행렬 $[\mathrm{Id}]_{\mathcal{A}}^{\mathcal{B}}$를 구하라.

(나) 벡터 $\mathbf{v} = (3,4)$를 기저 $\mathcal{B} = (\mathbf{v}_1, \mathbf{v}_2)$의 일차결합으로 나타내라.

풀이. (가) 항등변환 Id에 대하여

$$\begin{aligned}\mathrm{Id}(\mathbf{e}_1) &= (1,0) = \mathbf{v}_1 + 0\mathbf{v}_2,\\ \mathrm{Id}(\mathbf{e}_2) &= (0,1) = (-1)\mathbf{v}_1 + \mathbf{v}_2\end{aligned}$$

이므로

$$[\mathrm{Id}]_{\mathcal{A}}^{\mathcal{B}} = \begin{bmatrix} 1 & -1 \\ 0 & 1 \end{bmatrix}$$

이다.

(나) 벡터 $\mathbf{v}$에 대하여,

$$[\mathbf{v}]^{\mathcal{B}} = [\mathrm{Id}]_{\mathcal{A}}^{\mathcal{B}}[\mathbf{v}]^{\mathcal{A}} = \begin{bmatrix} 1 & -1 \\ 0 & 1 \end{bmatrix}\begin{bmatrix} 3 \\ 4 \end{bmatrix} = \begin{bmatrix} -1 \\ 4 \end{bmatrix}$$

이므로 $\mathbf{v} = -\mathbf{v}_1 + 4\mathbf{v}_2$이다. □

기저 변환에 대한 선형사상 행렬표현의 변환 선형사상 $L\colon \mathbb{E}^n \to \mathbb{E}^m$의 다음과 같은 행렬표현을 생각할 수 있다.

(가) $\mathcal{A}$가 유클리드 벡터공간 $\mathbb{E}^n$의 기저이고 $\mathcal{B}$가 유클리드 벡터공간 $\mathbb{E}^m$의 기저일 때, 행렬 $[L]_{\mathcal{A}}^{\mathcal{B}}$은 선형사상 L의 기저 $\mathcal{A}$와 $\mathcal{B}$에 대한 행렬표현이다.

(나) $\mathcal{A}'$가 유클리드 벡터공간 $\mathbb{E}^n$의 기저이고 $\mathcal{B}'$가 유클리드 벡터공간 $\mathbb{E}^m$의 기저일 때, 행렬 $[L]_{\mathcal{A}'}^{\mathcal{B}'}$은 선형사상 L의 기저 $\mathcal{A}'$와 $\mathcal{B}'$에 대한 행렬표현이다.

위의 두 행렬표현 사이에 다음의 관계가 성립함을 알 수 있다.

정리 5.4: 기저 변환에 대한 선형사상 행렬표현의 변환

선형사상 $L\colon \mathbb{E}^n \to \mathbb{E}^m$에 대하여, $\mathcal{A}$와 $\mathcal{A}'$이 $\mathbb{E}^n$의 기저이고 $\mathcal{B}$와 $\mathcal{B}'$이 $\mathbb{E}^m$의 기저이면

$$[L]_{\mathcal{A}'}^{\mathcal{B}'} = ([\mathrm{Id}_{\mathbb{E}^m}]_{\mathcal{B}'}^{\mathcal{B}})^{-1}[L]_{\mathcal{A}}^{\mathcal{B}}[\mathrm{Id}_{\mathbb{E}^n}]_{\mathcal{A}'}^{\mathcal{A}}$$

이다.

증명. 벡터 $\mathbf{v} \in \mathbb{E}^n$에 대하여,

$$[L]_{\mathcal{A}'}^{\mathcal{B}'}[\mathbf{v}]^{\mathcal{A}'} = [L(\mathbf{v})]^{\mathcal{B}'} = [\mathrm{Id}]_{\mathcal{B}}^{\mathcal{B}'}[L(\mathbf{v})]^{\mathcal{B}} = [\mathrm{Id}]_{\mathcal{B}}^{\mathcal{B}'}[L]_{\mathcal{A}}^{\mathcal{B}}[\mathbf{v}]^{\mathcal{A}} = [\mathrm{Id}]_{\mathcal{B}}^{\mathcal{B}'}[L]_{\mathcal{A}}^{\mathcal{B}}[\mathrm{Id}]_{\mathcal{A}'}^{\mathcal{A}}[\mathbf{v}]^{\mathcal{A}'}$$

이므로

$$[L]_{\mathcal{A}'}^{\mathcal{B}'} = [\mathrm{Id}_{\mathbb{E}^m}]_{\mathcal{B}}^{\mathcal{B}'}[L]_{\mathcal{A}}^{\mathcal{B}}[\mathrm{Id}_{\mathbb{E}^n}]_{\mathcal{A}'}^{\mathcal{A}} = ([\mathrm{Id}_{\mathbb{E}^m}]_{\mathcal{B}'}^{\mathcal{B}})^{-1}[L]_{\mathcal{A}}^{\mathcal{B}}[\mathrm{Id}_{\mathbb{E}^n}]_{\mathcal{A}'}^{\mathcal{A}}$$

이다. □

위 정리에서 $n = m$이면 다음과 같다.

따름정리 5.5: 기저 변환에 대한 선형변환 행렬표현의 변환

선형변환 $L\colon \mathbb{E}^n \to \mathbb{E}^n$에 대하여, $\mathcal{A}$와 $\mathcal{B}$가 유클리드 벡터공간 $\mathbb{E}^n$의 기저이면

$$[L]_{\mathcal{A}}^{\mathcal{A}} = ([\mathrm{Id}]_{\mathcal{A}}^{\mathcal{B}})^{-1}[L]_{\mathcal{B}}^{\mathcal{B}}[\mathrm{Id}]_{\mathcal{A}}^{\mathcal{B}}$$

이다.

닮은 정사각행렬 위의 따름정리의 식에서 다음을 정의할 수 있다.

정의 5.2: 닮은 정사각행렬

n차 정사각행렬 A와 B에 대하여,

$$B = Q^{-1}AQ$$

인 가역행렬 Q가 존재하면 행렬 A는 B와 **닮은 정사각행렬**이라고 한다.

n차 정사각행렬 A에 대하여,

$$A = [L]_{\mathcal{A}}^{\mathcal{A}}$$

인 유클리드 벡터공간 $\mathbb{E}^n$의 기저 $\mathcal{A}$와 선형변환 $L\colon \mathbb{E}^n \to \mathbb{E}^n$이 존재한다. 또한 가역행렬은 추이행렬이므로,

> 정사각행렬 A와 B에 대하여, 행렬 A가 B와 닮은 정사각행렬임은 정사각행렬 A와 B가 같은 선형변환 $L\colon \mathbb{E}^n \to \mathbb{E}^n$을 나타낼 수 있는 행렬이기 위한 필요충분조건이다

라고 이해할 수 있다.

크기가 n인 정사각행렬 A와 B에 대하여,

$$\mathrm{tr}(AB) = \mathrm{tr}(BA), \qquad \det(AB) = \det(A)\det B$$

이므로, 닮은 정사각행렬의 다음과 같은 성질을 알 수 있다.

정리 5.6: 닮은 정사각행렬의 대각합과 행렬식의 동일성

n차 정사각행렬 A와 B에 대하여, A가 B와 닮은 정사각행렬이면

$$\operatorname{tr} A = \operatorname{tr} B, \qquad \det A = \det B$$

이다.

증명. 행렬 B가 A와 닮은 정사각행렬이라고 가정하자. 그러면 $B = Q^{-1}AQ$인 가역행렬 Q가 존재하므로

$$\begin{aligned}\operatorname{tr} B &= \operatorname{tr}(Q^{-1}AQ) = \operatorname{tr}(Q^{-1}(AQ)) \\ &= \operatorname{tr}((AQ)Q^{-1}) = \operatorname{tr}(A(QQ^{-1})) = \operatorname{tr} A\end{aligned}$$

이고

$$\begin{aligned}\det B &= \det(Q^{-1}AQ) = (\det Q^{-1})(\det A)(\det Q) \\ &= (\det Q)^{-1}(\det A)(\det Q) = \det A\end{aligned}$$

이다. □

위의 정리의 역은 성립하지 않음을 다음의 예제에서 확인할 수 있다.

예제 5.5 정사각행렬

$$A = \begin{bmatrix} 1 & 0 \\ 0 & 1 \end{bmatrix}, \qquad B = \begin{bmatrix} 1 & 1 \\ 0 & 1 \end{bmatrix}$$

에 대하여, 다음 물음에 답하라.

(가) $\det A = \det B$ 그리고 $\operatorname{tr} A = \operatorname{tr} B$임을 보이라.

(나) 정사각행렬 A는 B와 닮은 정사각행렬이 아님을 보이라.

풀이. (가) $\det A = 1 \cdot 1 - 0 \cdot 0 = 1$ 그리고 $\det B = 1 \cdot 1 - 1 \cdot 0 = 1$이므로 $\det A = \det B$이다. 또한 $\operatorname{tr} A = 1 + 1 = \operatorname{tr} B$이다.

(나) 모든 2차 가역행렬 Q에 대하여 $Q^{-1}AQ = Q^{-1}Q = I_2 \neq B$이므로, 정사각행렬 A는 B와 닮은 정사각행렬이 아니다. □

예제 5.6 정사각행렬

$$A = \begin{bmatrix} 2 & 1 \\ 1 & -1 \end{bmatrix}, \qquad B = \begin{bmatrix} 1 & 2 \\ 1 & 0 \end{bmatrix}$$

에 대하여, 행렬 A가 B와 닮은 정사각행렬인지 판별하라.

풀이. $\det A = 2 \cdot (-1) - 1 \cdot 1 = -3$이고 $\det B = 1 \cdot 0 - 2 \cdot 1 = -2$이므로 $\det A = -3 \neq -2 = \det B$이다. 따라서 행렬 A는 B와 닮은 정사각행렬이 아니다. □

연습문제 5.1

1. 유클리드 벡터공간 $\mathbb{E}^2$에서 벡터 $\mathbf{v}_1 = (1,0)$와 $\mathbf{v}_2 = (1,1)$에 대한 기저 $\mathcal{A} = (\mathbf{v}_1, \mathbf{v_2})$에 대한 다음 벡터의 행렬표현을 구하라.

   (가) $\mathbf{w}_1 = (2,3)$,　　(나) $\mathbf{w}_2 = (2,1)$,
   (다) $\mathbf{w}_3 = (0,3)$,　　(라) $\mathbf{w}_4 = (2,-2)$.

2. 유클리드 벡터공간 $\mathbb{E}^3$과 $\mathbb{E}^2$의 표준기저 $\mathcal{A} = (\mathbf{e}_1, \mathbf{e}_2, \mathbf{e}_3)$와 $\mathcal{B} = (\mathbf{f}_1, \mathbf{f}_2)$에 대한 다음 선형사상의 행렬표현을 구하라.

   (가) $L_1(x,y,z) = (2x - y + 3z, 2x - 2y + z)$,
   (나) $L_2(x,y,z) = (3x - y + 2z, x + 2y)$.

3. 벡터 $\mathbf{v}_1 = (1,0,0)$, $\mathbf{v}_2 = (1,1,0)$, $\mathbf{v}_3 = (1,0,1)$에 대한 유클리드 벡터공간 $\mathbb{E}^3$의 기저 $\mathcal{A} = (\mathbf{v}_1, \mathbf{v}_2, \mathbf{v}_3)$와 벡터 $\mathbf{w}_1 = (1,0)$, $\mathbf{w}_2 = (2,1)$에 대한 유클리드 벡터공간 $\mathbb{E}^2$의 기저 $\mathcal{B} = (\mathbf{w}_1, \mathbf{w}_2)$에 대한 다음 선형사상의 행렬표현을 구하라.

   (가) $L_1(x,y,z) = (2x - y + 3z, 2x - 2y + z)$,
   (나) $L_2(x,y,z) = (3x - y + 2z, x + 2y)$.

4. 선형사상
$$L_1(x_1, x_2, x_3) = (2x_1 + x_2 - x_3, x_1 - x_2 + x_3),$$
$$L_2(y_1, y_2) = (y_1 + y_2, y_1 - y_2)$$
   에 대하여, $\mathbf{v}_1 = (1,1,0), \mathbf{v}_2 = (0,1,1), \mathbf{v}_3 = (1,0,1)$에 대한 유클리드 벡터공간 $\mathbb{E}^3$의 기저가 $\mathcal{A} = (\mathbf{v}_1, \mathbf{v}_2, \mathbf{v}_3)$이고 $\mathbf{w}_1 = (1,1), \mathbf{w}_2 = (1,-1)$에 대한 유클리드 벡터공간 $\mathbb{E}^2$의 기저가 $\mathcal{B} = (\mathbf{w}_1, \mathbf{w}_2)$일 때 다음 물음에 답하라.

   (가) 선형사상 L_1의 표준기저 $\mathcal{A}$에서 표준기저 $\mathcal{B}$로 행렬표현 $[L_1]_{\mathcal{A}}^{\mathcal{B}}$를 구하라.
   (나) 선형사상 L_2의 표준기저 $\mathcal{B}$에서 표준기저 $\mathcal{B}$로 행렬표현 $[L_2]_{\mathcal{B}}^{\mathcal{B}}$를 구하라.
   (다) 선형사상의 합성 $L_2 \circ L_1$의 행렬표현 $[L_2 \circ L_1]_{\mathcal{A}}^{\mathcal{B}}$를 구하라.

5. 유클리드 벡터공간 $\mathbb{E}^2$에 대하여, $\mathbf{v}_1 = (1,0)$, $\mathbf{v}_2 = (1,1)$, $\mathbf{w}_1 = (1,1)$, $\mathbf{w}_2 = (0,1)$일 때 다음 물음에 답하라.

   (가) 기저 $\mathcal{A} = (\mathbf{v}_1, \mathbf{v}_2)$에서 기저 $\mathcal{B} = (\mathbf{w}_1, \mathbf{w}_2)$로 추이행렬 $[\mathrm{Id}]_{\mathcal{A}}^{\mathcal{B}}$를 구하라.

(나) 벡터 $\mathbf{v} = 2\mathbf{v}_1 + 3\mathbf{v}_2$를 기저 $\mathcal{B} = (\mathbf{w}_1, \mathbf{w}_2)$의 일차결합으로 나타내라.

6. 행렬

$$A = \begin{bmatrix} 1 & 0 & 2 \\ 2 & 3 & -1 \\ 0 & 2 & 1 \end{bmatrix}, \qquad B = \begin{bmatrix} 3 & 1 & -2 \\ 1 & -2 & 1 \\ 2 & 1 & 1 \end{bmatrix}$$

에 대하여, A가 B와 닮은 정사각행렬인지 판별하라.

7. n차 정사각행렬 A와 B에 대하여, A가 B와 닮은 정사각행렬이면 A^2은 B^2와 닮은 정사각행렬임을 증명하라.

5.2 정사각행렬의 고윳값과 고유벡터

n차 정사각행렬 $A = [a_{ji}]_{n\times n}$에 대하여,

$$\begin{aligned} L_A(x_1, x_2, \ldots, x_n) = (&a_{11}x_1 + a_{12}x_2 + \cdots + a_{1n}x_n, \\ &a_{21}x_1 + a_{22}x_2 + \cdots + a_{2n}x_n, \ldots, a_{n1}x_1 + a_{n2}x_2 + \cdots + a_{nn}x_n) \end{aligned}$$

로 정의되는 선형변환 $L_A\colon \mathbb{E}^n \to \mathbb{E}^n$가 존재한다.

이때 유클리드 벡터공간 $\mathbb{E}^n$의 표준기저를 $\mathcal{A} = (\mathbf{e}_1, \ldots, \mathbf{e}_n)$로 놓으면

$$\begin{aligned} L(\mathbf{e}_1) &= (a_{11}, a_{21}, \ldots, a_{n1}) = a_{11}\mathbf{e}_1 + a_{21}\mathbf{e}_2 + \cdots + a_{n1}\mathbf{e}_n \\ L(\mathbf{e}_2) &= (a_{12}, a_{22}, \ldots, a_{n2}) = a_{12}\mathbf{e}_1 + a_{22}\mathbf{e}_2 + \cdots + a_{n2}\mathbf{e}_n \\ &\vdots \\ L(\mathbf{e}_n) &= (a_{1n}, a_{2n}, \ldots, a_{nn}) = a_{1n}\mathbf{e}_1 + a_{2n}\mathbf{e}_2 + \cdots + a_{nn}\mathbf{e}_n \end{aligned}$$

이므로 정사각행렬 A는 표준기저 $\mathcal{A}$에 대한 선형변환 L_A의 행렬표현 $[L_A]_{\mathcal{A}}^{\mathcal{A}}$이다. 이 절에서는 선형변환 L_A의 기저에 대한 행렬표현 $[L_A]_{\mathcal{B}}^{\mathcal{B}}$이 대각행렬이 되는 유클리드 벡터공간 $\mathbb{E}^n$의 기저 $\mathcal{B}$에 대하여 탐구한다. 행렬표현 $[L_A]_{\mathcal{B}}^{\mathcal{B}}$이 대각행렬이면 선형변환 L_A를 더욱 쉽게 이해할 수 있다.

보기 5.1 선형변환 $L(x_1, x_2, x_3) = (3x_1, 2x_2, x_3)$와 표준기저 $\mathcal{A} = (\mathbf{e}_1, \mathbf{e}_2, \mathbf{e}_3)$에 대하여,

$$\begin{aligned} L(\mathbf{e}_1) &= L(1,0,0) = (3,0,0) = 3\mathbf{e}_1 + 0\mathbf{e}_2 + 0\mathbf{e}_3, \\ L(\mathbf{e}_2) &= L(0,1,0) = (0,2,0) = 0\mathbf{e}_1 + 2\mathbf{e}_2 + 0\mathbf{e}_3, \\ L(\mathbf{e}_3) &= L(0,0,1) = (0,0,1) = 0\mathbf{e}_1 + 0\mathbf{e}_2 + \mathbf{e}_3 \end{aligned}$$

이므로 선형변환 L의 표준기저 $\mathcal{A}$에 대한 행렬표현

$$[L]_{\mathcal{A}}^{\mathcal{A}} = \begin{bmatrix} 3 & 0 & 0 \\ 0 & 2 & 0 \\ 0 & 0 & 1 \end{bmatrix}$$

은 대각행렬이다.

5.2.1 정사각행렬의 고윳값과 고유벡터

선형변환 $L\colon \mathbb{E}^n \to \mathbb{E}^n$와 유클리드 벡터공간 $\mathbb{E}^n$의 기저 $\mathcal{B} = (\mathbf{v}_1, \mathbf{v}_2, \ldots, \mathbf{v}_n)$에 대하여, 선형변환 L의 기저 $\mathcal{B}$에 대한 행렬표현

$$[L]_{\mathcal{B}}^{\mathcal{B}} = \begin{bmatrix} \lambda_1 & 0 & 0 & \cdots & 0 \\ 0 & \lambda_2 & 0 & \cdots & 0 \\ 0 & 0 & \lambda_3 & \cdots & 0 \\ \vdots & \vdots & \vdots & \ddots & \vdots \\ 0 & 0 & 0 & \cdots & \lambda_n \end{bmatrix}$$

이 대각행렬이면

$$L(\mathbf{v}_i) = \lambda_i \mathbf{v}_i \qquad (i = 1, 2, \ldots, n)$$

이다.

정사각행렬에 대하여 다음 값과 벡터를 정의한다.

정의 5.3: 정사각행렬의 고윳값과 고유벡터

n차 정사각행렬 A와 실수 λ에 대하여,

$$A[\mathbf{x}] = \lambda[\mathbf{x}]$$

인 영벡터가 아닌 벡터 $\mathbf{x} \in \mathbb{E}^n$가 존재하면 λ는 A의 **고윳값**이라고 한다. 이때 벡터 $\mathbf{x}$는 고윳값 λ에 대한 A의 **고유벡터**라고 한다.

만약 실수 λ가 행렬 A의 고윳값이고 벡터 $\mathbf{v}$가 관련된 고유벡터이면 행렬곱 $A[\mathbf{v}]$이 $[\mathbf{v}]$의 λ배인 $\lambda[\mathbf{v}]$로서 매우 간단한 형태가 됨을 알 수 있다. 다시 말하면 벡터 $\mathbf{v}$에 적용된 선형사상 L_A의 사상값 $L_A(\mathbf{v})$이 벡터 $\mathbf{v}$의 λ배 $\lambda\mathbf{v}$로 매우 간단히 나타남을 알 수 있다.

보기 5.2 정사각행렬

$$A = \begin{bmatrix} 2 & 0 \\ 6 & -1 \end{bmatrix}$$

에 대하여,

$$\begin{bmatrix} 2 & 0 \\ 6 & -1 \end{bmatrix} \begin{bmatrix} 1 \\ 2 \end{bmatrix} = \begin{bmatrix} 2 \\ 4 \end{bmatrix} = 2 \begin{bmatrix} 1 \\ 2 \end{bmatrix}$$

이므로 실수 2는 행렬 A의 고윳값이고 이때 벡터 $\mathbf{v} = (1, 2)$는 고윳값 2에 대한 행렬

A의 고유벡터이다.

정사각행렬의 고윳값에 대하여 다음 성질이 성립한다.

정리 5.7: 고윳값에 대한 정사각행렬 고유공간의 부분공간성

n차 정사각행렬 A와 실수 λ에 대하여, 집합

$$E_{A,\lambda} = \{\mathbf{x} \in \mathbb{E}^n \mid A[\mathbf{x}] = \lambda[\mathbf{x}]\}$$

는 $\mathbb{E}^n$의 부분공간이다.

증명. $A[\mathbf{0}] = [\mathbf{0}] = \lambda[\mathbf{0}]$이므로, $\mathbf{0} \in E_{A,\lambda}$ 따라서 $E_{A,\lambda}$는 공집합이 아니다.

벡터 $\mathbf{v}, \mathbf{w} \in E_{A,\lambda}$와 실수 $a \in \mathbb{R}$에 대하여

$$\begin{aligned} A[\mathbf{v}+\mathbf{w}] &= A[\mathbf{v}] + A[\mathbf{w}] = \lambda[\mathbf{v}] + \lambda[\mathbf{w}] = \lambda([\mathbf{v}+\mathbf{w}]), \\ A(a[\mathbf{v}]) &= aA[\mathbf{v}] = a(\lambda[\mathbf{v}]) = \lambda(a[\mathbf{v}]) \end{aligned}$$

이므로, $\mathbf{v}+\mathbf{w} \in E_{A,\lambda}$와 $a\mathbf{v} \in E_{A,\lambda}$이다. 따라서 $E_{A,\lambda}$는 $\mathbb{E}^n$의 부분공간이다. □

만약 실수 λ가 정사각행렬 A의 고윳값이 아니면 $A[\mathbf{0}] = \lambda[\mathbf{0}]$이지만 $A[\mathbf{v}] = \lambda[\mathbf{v}]$인 영벡터가 아닌 벡터 $\mathbf{v}$가 존재하지 않으므로 $E_{A,\lambda} = \{\mathbf{0}\}$이다.

실수 λ가 정사각행렬 A의 고윳값일 때 부분공간 $E_{A,\lambda} = \{\mathbf{x} \in \mathbb{E}^n \mid A[\mathbf{x}] = \lambda[\mathbf{x}]\}$를 λ에 대한 A의 **고유공간**이라고 한다.

정사각행렬의 곱에 대하여 고윳값의 다음 성질이 성립한다.

정리 5.8: 정사각행렬 곱과 역순곱의 고윳값의 동일성

n차 정사각행렬 A와 B에 대하여, AB의 고윳값은 BA의 고윳값과 같다.

증명. 0이 AB의 고윳값이라고 가정하자. 이것은 AB가 특이행렬이기 위한 즉 가역행렬이 아니기 위한 필요충분조건이다. 그런데 이것은 A 또는 B가 특이행렬이기 위한 필요충분조건이다. 따라서 이것은 BA가 특이행렬이기 위한 필요충분조건이고, 이것은 0이 BA의 고윳값이기 위한 필요충분조건이다.

이제 0이 아닌 실수 λ가 AB의 고윳값이고 $\mathbf{v}$가 λ에 대한 AB의 고유벡터라고 가정하자. $[L_B] = B$인 선형변환 $L_B\colon \mathbb{E}^n \to \mathbb{E}^n$에 대하여 $[L_B(\mathbf{v})] = B[\mathbf{v}]$이고, $AB[\mathbf{v}] =$

$\lambda[\mathbf{v}]$이므로 $B[\mathbf{v}]$는 영행렬이 아니다. 그러면

$$(BA)(B[\mathbf{v}]) = B(\lambda[\mathbf{v}]) = \lambda(B[\mathbf{v}])$$

이므로, λ는 BA의 고윳값이며 $L_B(\mathbf{v})$는 λ에 대한 BA의 고유벡터이다. □

5.2.2 정사각행렬의 특성방정식

이 절에서는 정사각행렬의 고윳값과 고유벡터를 찾는 방법을 알아본다.

보기 5.3 정사각행렬

$$A = \begin{bmatrix} 3 & 1 \\ 1 & 2 \end{bmatrix}$$

에 대하여, 변수 x에 대한 다항식

$$\det(xI_n - A) = \det \begin{bmatrix} x-3 & -1 \\ -1 & x-2 \end{bmatrix} = (x-3)(x-2) - 1 = x^2 - 5x + 5$$

는 2차 다항식이다.

n차 정사각행렬 $A = [a_{ij}]_{n \times n}$에 대하여, 변수 x에 대한 다항식

$$\det(xI_n - A) = \begin{bmatrix} x - a_{11} & -a_{12} & \cdots & -a_{1n} \\ -a_{21} & x - a_{22} & \cdots & -a_{2n} \\ \vdots & \vdots & \ddots & \vdots \\ -a_{n1} & -a_{n2} & \cdots & x - a_{nn} \end{bmatrix}$$

는 항상 최고차 항의 계수가 1인 n차 다항식이다. 정사각행렬의 고윳값을 구하기 위하여 다음 다항식과 방정식을 정의한다.

정의 5.4: 정사각행렬의 특성다항식과 특성방정식

n차 정사각행렬 A에 대하여, 변수 x에 대한 n차 다항식 $\det(xI_n - A)$를 정사각행렬 A의 **특성다항식**이라고 하고,[a] 변수 x에 대한 n차 방정식 $\det(xI_n - A) = 0$을 정사각행렬 A의 **특성방정식**이라고 한다.[b]

[a]특성다항식을 **고유다항식**이라고도 한다.
[b]특성방정식을 **고유방정식**이라고도 한다.

정사각행렬의 고윳값을 찾기 위한 방법을 다음 정리가 제시한다.

정리 5.9: 정사각행렬의 고윳값과 특성방정식의 근

n차 정사각행렬 A와 실수 x에 대하여,

$$\det(xI_n - A) = 0$$

은 x가 A의 고윳값이기 위한 필요충분조건이다.

증명. 벡터 $\mathbf{v} \in \mathbb{E}^n$에 대한 식 $A[\mathbf{v}] = x[\mathbf{v}]$은 $(xI_n - A)[\mathbf{v}] = [\mathbf{o}]$와 동치이다. 그런데 위의 식이 성립하는 영벡터가 아닌 벡터 $\mathbf{v} \in \mathbb{E}^n$가 존재함은 행렬 $xI_n - A$가 특이행렬이기 위한 필요충분조건이고 이는 $\det(xI_n - A) = 0$이기 위한 필요충분조건이다. □

위의 정리로부터

정사각행렬 A의 고윳값 구하기는 특성방정식 $\det(xI_n - A) = 0$의 근 구하기와 같다

임을 알 수 있다.

n차 방정식 $\det(xI_n - A) = 0$의 근은 중복을 허락하여 n개 이하 존재하므로 다음을 알 수 있다.

따름정리 5.10: 정사각행렬 고윳값의 개수

n차 정사각행렬 A에 대하여, A의 고윳값은 중복을 허락하여 n개 이하 존재한다.

예제 5.7 행렬

$$A = \begin{bmatrix} 3 & -2 \\ 1 & 0 \end{bmatrix}$$

의 고윳값을 구하라.

풀이. 행렬 A에 대하여

$$xI_2 - A = \begin{bmatrix} x & 0 \\ 0 & x \end{bmatrix} - \begin{bmatrix} 3 & -2 \\ 1 & 0 \end{bmatrix} = \begin{bmatrix} x-3 & 2 \\ -1 & x \end{bmatrix}$$

이므로, 행렬 A의 특성다항식은

$$\det(xI_2 - A) = \det\begin{bmatrix} x-3 & 2 \\ -1 & x \end{bmatrix} = x^2 - 3x + 2 = (x-2)(x-1)$$

이고 특성방정식은 $(x-2)(x-1) = 0$이다. 따라서 1과 2가 A의 고윳값이다. □

예제 5.8 행렬

$$A = \begin{bmatrix} 1 & 2 \\ 0 & 1 \end{bmatrix}$$

의 고윳값을 구하라.

풀이. 행렬 A에 대하여

$$xI_2 - A = \begin{bmatrix} x & 0 \\ 0 & x \end{bmatrix} - \begin{bmatrix} 1 & 2 \\ 0 & 1 \end{bmatrix} = \begin{bmatrix} x-1 & -2 \\ 0 & x-1 \end{bmatrix}$$

이므로, 행렬 A의 특성다항식은

$$\det(xI_2 - A) = \det\begin{bmatrix} x-1 & -2 \\ 0 & x-1 \end{bmatrix} = (x-1)^2$$

이고 특성방정식은 $(x-1)^2 = 0$이다. 따라서 1이 A의 고윳값이다. □

다음과 같이 고윳값이 없는 행렬도 존재한다.

예제 5.9 실수 θ에 대한 행렬

$$A = \begin{bmatrix} \cos\theta & -\sin\theta \\ \sin\theta & \cos\theta \end{bmatrix}$$

에 대하여 다음 물음에 답하라.

(가) $\theta = 0$일 때 정사각행렬 A의 고윳값을 구하라.

(나) $\theta = \pi$일 때 정사각행렬 A의 고윳값을 구하라.

(다) $0 < \theta < \pi$일 때 정사각행렬 A의 고윳값을 구하라.

풀이. (가) $\theta = 0$이면 $A = I_2$이므로

$$\det(xI_2 - A) = \begin{bmatrix} x-1 & 0 \\ 0 & x-1 \end{bmatrix} = (x-1)^2$$

이다. 따라서 1이 A의 고윳값이다.

(나) $\theta = \pi$이면 $A = -I_2$이므로

$$\det(xI_2 - A) = \begin{bmatrix} x+1 & 0 \\ 0 & x+1 \end{bmatrix} = (x+1)^2$$

이다. 따라서 -1이 A의 고윳값이다.

(다) 정사각행렬 A의 특성다항식이

$$\begin{aligned}\det(xI_2 - A) &= \det \begin{bmatrix} x - \cos\theta & \sin\theta \\ -\sin\theta & x - \cos\theta \end{bmatrix} \\ &= x^2 - 2\cos\theta \cdot x + 1\end{aligned}$$

이다. 특성다항식의 판별식이 $D/4 = \cos^2\theta - 1 < 0$이므로 특성다항식의 실근은 존재하지 않는다. 따라서 A의 고윳값은 존재하지 않는다. □

앞에서 정사각행렬의 고윳값은 이 정사각행렬의 특성방정식의 근임을 살펴봤다. 따라서 특성방정식을 풀어서 정사각행렬의 고윳값을 찾을 수 있다. 찾은 고윳값으로부터 다음과 같이 정사각행렬의 고유벡터를 구할 수 있다.

정리 5.11: 고윳값에 대한 정사각행렬의 고유공간

n차 정사각행렬 A와 실수 λ에 대하여, λ가 A의 고윳값이면

$$E_{A,\lambda} = \mathcal{N}(\lambda I_n - A)$$

이다.

증명. 실수 λ가 정사각행렬 A의 고윳값이라고 가정하자. 그러면 벡터 $\mathbf{v} \in \mathbb{E}^n$에 대하여, $A[\mathbf{v}] = \lambda[\mathbf{v}]$임은 $(\lambda I_n - A)[\mathbf{v}] = [\mathbf{o}]$이기 위한 필요충분조건이고 이는 벡터 $\mathbf{x}$가 정사각행렬 $\lambda I_n - A$의 영화공간에 속하기 위한 즉 $\mathbf{v} \in \mathcal{N}(\lambda I_n - A)$이기 위한 필요충분조건이다. □

위의 정리에서와 같이 실수 λ가 n차 정사각행렬 A의 고윳값일 때, 고윳값 λ에 대

한 정사각행렬 A의 고유공간 $E_{A,\lambda}$를 구함은 벡터 $\mathbf{v} = (v_1, v_2, \ldots, v^n)$에 대한 동형연립일차방정식

$$(\lambda I_n - A)[\mathbf{v}] = [\mathbf{o}]$$

의 해를 구함과 같다. 이때 다음을 알 수 있다.

(가) $A = \lambda I_n$이면 λ가 A의 유일한 고윳값이며 $E_{A,\lambda} = \mathbb{E}^n$이다.

(나) $A \neq \lambda I_n$이면 행렬의 계수-퇴화차수 정리에 따라서

$$\operatorname{rank}(\lambda I_n - A) + \operatorname{nullity}(\lambda I_n - A) = n$$

이므로

$$\boxed{\dim E_{A,\lambda} = n - \operatorname{rank}(\lambda I_n - A) \geq 1}$$

이다.

예제 5.10 정사각행렬

$$A = \begin{bmatrix} 3 & -1 & -1 \\ 0 & 2 & -1 \\ -2 & 2 & 0 \end{bmatrix}$$

의 고윳값과 그에 대한 고유공간을 구하라.

풀이. 정사각행렬 A의 특성다항식이

$$\begin{aligned} \det \begin{bmatrix} x-3 & 1 & 1 \\ 0 & x-2 & 1 \\ 2 & -2 & x \end{bmatrix} &= (x-3)(x(x-2)+2) + 2(1-(x-2)) \\ &= (x-3)(x^2-2x+2) - 2(x-3) \\ &= x(x-2)(x-3) \end{aligned}$$

이므로, 정사각행렬 A의 고윳값은 $0, 2, 3$이다.

고윳값 0에 대한 고유공간 $E_{A,0}$을 구하자. 벡터 $\mathbf{v} = (v_1, v_2, v_3)$에 대한 동형연립일차방정식 $(0I_n - A)[\mathbf{v}] = [\mathbf{o}]$이

$$\begin{bmatrix} -3 & 1 & 1 \\ 0 & -2 & 1 \\ 2 & -2 & 0 \end{bmatrix} \begin{bmatrix} v_1 \\ v_2 \\ v_3 \end{bmatrix} = \begin{bmatrix} 0 \\ 0 \\ 0 \end{bmatrix}$$

이므로 $v_1 = v_2$, $v_3 = 2v_2$이다. 따라서 $E_{A,0} = \{t(1,1,2) \in \mathbb{E}^3 \mid t \in \mathbb{R}\}$이다.

고윳값 2에 대한 고유공간 $E_{A,2}$을 구하자. 벡터 $\mathbf{v} = (v_1, v_2, v_3)$에 대한 동형연립 일차방정식 $(2I_n - A)[\mathbf{v}] = [\mathbf{o}]$이

$$\begin{bmatrix} -1 & 1 & 1 \\ 0 & 0 & 1 \\ 2 & -2 & 2 \end{bmatrix} \begin{bmatrix} v_1 \\ v_2 \\ v_3 \end{bmatrix} = \begin{bmatrix} 0 \\ 0 \\ 0 \end{bmatrix}$$

이므로 $v_1 = v_2$, $v_3 = 0$이다. 따라서 $E_{A,2} = \{t(1,1,0) \in \mathbb{E}^3 \mid t \in \mathbb{R}\}$이다.

고윳값 3에 대한 고유공간 $E_{A,3}$을 구하자. 벡터 $\mathbf{v} = (v_1, v_2, v_3)$에 대한 동형연립 일차방정식 $(3I_n - A)[\mathbf{v}] = [\mathbf{o}]$이

$$\begin{bmatrix} 0 & 1 & 1 \\ 0 & 1 & 1 \\ 2 & -2 & 3 \end{bmatrix} \begin{bmatrix} v_1 \\ v_2 \\ v_3 \end{bmatrix} = \begin{bmatrix} 0 \\ 0 \\ 0 \end{bmatrix}$$

이므로 $v_1 = (-5/2)v_3$, $v_2 = -v_3$이다. 따라서 $E_{A,3} = \{t(5,2,-2) \in \mathbb{E}^3 \mid t \in \mathbb{R}\}$ 이다. □

두 닮은 정사각행렬의 고윳값이 같음과 고윳값에 대한 정사각행렬의 고유벡터에 대한 닮은 정사각행렬의 고유벡터 변환형태를 다음과 같이 확인할 수 있다.

정리 5.12: 닮은 정사각행렬의 특성방정식 유지와 고유벡터 변환

정사각행렬 A와 B에 대하여, A가 B와 닮은 정사각행렬이면 즉 $B = Q^{-1}AQ$인 가역행렬 Q가 존재하면 다음이 성립한다.

(가) $\det(xI_n - B) = \det(xI_n - A)$이다. 따라서 A와 B의 고윳값은 같다.

(나) 실수 λ가 A의 고윳값이고 벡터 $\mathbf{x}$가 λ에 대한 A의 고유벡터이면 ${L_Q}^{-1}(\mathbf{x})$는 λ에 대한 B의 고유벡터이다.

증명. $B = Q^{-1}AQ$인 가역행렬 Q가 존재한다고 가정하자.

(가) 그러면

$$\begin{aligned} \det(xI_n - B) &= \det\left(Q^{-1}(xI_n)Q - Q^{-1}AQ\right) \\ &= \det\left(Q^{-1}(xI_n - A)Q\right) \\ &= \det Q^{-1} \det(xI_n - A) \det Q \\ &= \det(xI_n - A) \end{aligned}$$

이다.

(나) 실수 λ와 영벡터가 아닌 벡터 $\mathbf{x} \in \mathbb{E}^n$에 대하여, $A[\mathbf{x}] = \lambda[\mathbf{x}]$이면 $Q^{-1}[\mathbf{x}]$는 영행렬이 아니고 $B = Q^{-1}AQ$이므로 $B(Q^{-1}[\mathbf{x}]) = Q^{-1}A[\mathbf{x}] = Q^{-1}(\lambda[\mathbf{x}]) = \lambda(Q^{-1}[\mathbf{x}])$이다. □

정사각행렬의 특성다항식의 근은 정사각행렬의 고윳값임은 앞에서 확인하였다. 이때 근의 중복도는 고유공간의 차원을 제한함을 다음과 같이 알 수 있다.

정리 5.13: 특성방정식 근의 중복도에 대한 정사각행렬 고유공간의 차원

n차 정사각행렬 A와 실수 λ에 대하여, λ가 A의 특성다항식의 중복도가 m인 근이면

$$1 \leq \dim E_{A,\lambda} \leq m$$

이다.

증명. 실수 λ가 A의 특성다항식의 중복도가 m인 근이라고 가정하자.

먼저 $E_{A,\lambda} \neq \{\mathbf{0}\}$이므로 $1 \leq \dim E(\lambda)$이다.

이제 $(\mathbf{v}_1, \ldots, \mathbf{v}_r)$을 고유공간 $E_{A,\lambda}$의 기저로 놓고 $s = n - r$로 놓자. 그러면 순서다중쌍 $(\mathbf{v}_1, \ldots, \mathbf{v}_r, \mathbf{w}_1, \ldots, \mathbf{w}_s)$가 벡터공간 $\mathbb{E}^n$의 기저인 벡터 $\mathbf{w}_1, \ldots, \mathbf{w}_s$가 존재한다. 이 기저에 속하는 벡터의 행렬표현에 행렬 A를 곱하면

$$\begin{aligned}
A[\mathbf{v}_1] &= \lambda[\mathbf{v}_1] \\
&\vdots \\
A[\mathbf{v}_r] &= \qquad\qquad\quad \lambda[\mathbf{v}_r] \\
A[\mathbf{w}_1] &= b_{11}[\mathbf{v}_1] + \cdots + b_{r1}[\mathbf{v}_r] + c_{11}[\mathbf{w}_1] + \cdots + c_{s1}[\mathbf{w}_s] \\
&\vdots \\
A[\mathbf{w}_s] &= b_{1s}[\mathbf{v}_1] + \cdots + b_{rs}[\mathbf{v}_r] + c_{1s}[\mathbf{w}_1] + \cdots + c_{ss}[\mathbf{w}_s]
\end{aligned}$$

인 실수 $b_{ji}(1 \leq j \leq r,\ 1 \leq i \leq s)$와 $c_{ji}(1 \leq j \leq s,\ 1 \leq i \leq s)$가 존재한다. 따라서

기저 $(\mathbf{v}_1, \ldots, \mathbf{v}_r, \mathbf{w}_1, \ldots, \mathbf{w}_s)$에 대한 선형사상 L_A의 행렬표현

$$B = \begin{bmatrix} \lambda & 0 & \cdots & 0 & b_{11} & \cdots & b_{1s} \\ 0 & \lambda & \cdots & 0 & b_{21} & \cdots & b_{2s} \\ \vdots & \vdots & \ddots & 0 & \vdots & \ddots & \vdots \\ 0 & 0 & \cdots & \lambda & b_{r1} & \cdots & b_{rs} \\ 0 & 0 & \cdots & 0 & c_{11} & \cdots & c_{1s} \\ \vdots & \vdots & \ddots & \vdots & \vdots & \ddots & \vdots \\ 0 & 0 & \cdots & 0 & c_{s1} & \cdots & c_{ss} \end{bmatrix}$$

는 행렬 A와 닮은 행렬이다. 행렬 A는 B와 닮은 정사각행렬이므로 행렬 A의 특성다항식은 행렬 B의 특성다항식

$$\det(xI_n - B) = \begin{vmatrix} x-\lambda & 0 & \cdots & 0 & -b_{11} & \cdots & -b_{1s} \\ 0 & x-\lambda & \cdots & 0 & -b_{21} & \cdots & -b_{2s} \\ \vdots & \vdots & \ddots & 0 & \vdots & \ddots & \vdots \\ 0 & 0 & \cdots & x-\lambda & -b_{r1} & \cdots & -b_{rs} \\ 0 & 0 & \cdots & 0 & x-c_{11} & \cdots & -c_{1s} \\ \vdots & \vdots & \ddots & \vdots & \vdots & \ddots & \vdots \\ 0 & 0 & \cdots & 0 & -c_{s1} & \cdots & x-c_{ss} \end{vmatrix}$$

와 같다. 따라서

$$g(x) = \det \begin{bmatrix} x-c_{11} & \cdots & -c_{1s} \\ \vdots & \ddots & \vdots \\ -c_{s1} & \cdots & x-c_{ss} \end{bmatrix}$$

로 놓으면, 행렬 A의 특성다항식은

$$\begin{aligned} \det(xI_n - A) &= \det \begin{bmatrix} x-\lambda & 0 & \cdots & 0 \\ 0 & x-\lambda & \cdots & 0 \\ \vdots & \vdots & \ddots & 0 \\ 0 & 0 & \cdots & x-\lambda \end{bmatrix} \det \begin{bmatrix} x-c_{11} & \cdots & -c_{1s} \\ \vdots & \ddots & \vdots \\ -c_{s1} & \cdots & x-c_{ss} \end{bmatrix} \\ &= (x-\lambda)^r g(x) \end{aligned}$$

이다. 그런데 λ는 A의 특성다항식의 중복도가 m인 근이므로

$$\det(xI_n - A) = (x-\lambda)^m h(x), \quad h(\lambda) \neq 0$$

인 다항식 $h(x)$가 존재한다. 따라서 $\deg E_{A,\lambda} = r \leq m$이다. □

정리 5.14: 서로 다른 고윳값들에 대한 정사각행렬의 고유벡터들의 일차독립성

n차 정사각행렬 A에 대하여, 다음이 성립한다.

(가) 실수 λ와 μ가 행렬 A의 서로 다른 고윳값이면 $E_{A,\lambda} \cap E_{A,\mu} = \{\mathbf{0}\}$이다.

(나) $\mathbf{w}_1, \ldots, \mathbf{w}_r$이 A의 서로 다른 고윳값 $\lambda_1, \ldots, \lambda_r$에 대한 각각의 고유벡터들이면 $\mathbf{w}_1, \ldots, \mathbf{w}_r$은 일차독립이다.

증명. (가) 실수 λ와 μ가 A의 서로 다른 고윳값이라고 가정하자. 먼저 $\mathbf{0} \in E_{A,\lambda} \cap E_{A,\mu}$이므로 $\{\mathbf{0}\} \subseteq E_{A,\lambda} \cap E_{A,\mu}$이다. 역으로 만약에 $\mathbf{w} \in E_{A,\lambda} \cap E_{A,\mu}$이면 $\lambda[\mathbf{w}] = A[\mathbf{w}] = \mu[\mathbf{w}]$이고 $\lambda \neq \mu$이므로 $\mathbf{w} = \mathbf{0}$, 즉 $E_{A,\lambda} \cap E_{A,\mu} \subseteq \{\mathbf{0}\}$이다. 그러므로 $E_{A,\lambda} \cap E_{A,\mu} = \{\mathbf{0}\}$이다.

(나) 자연수 r에 대한 수학적 귀납법을 적용하자.

먼저 $r = 1$이면 $\mathbf{w}_1 \neq \mathbf{0}$이므로 $\mathbf{w}_1$은 일차독립이다.

$r = k - 1$이면 이 결과가 성립한다고 가정하자. 이제 $r = k > 1$이라고 가정하자. 실수 $a_1, \ldots, a_k$에 대하여,

$$a_1\mathbf{w}_1 + \cdots + a_k\mathbf{w}_k = \mathbf{o} \tag{5.1}$$

라고 가정하자. 식 (5.1)의 양변 행렬표현에 A를 곱하고, 또한 식 (5.1)의 양변에 λ_k를 곱하면

$$a_1\lambda_1\mathbf{w}_1 + \cdots + a_k\lambda_k\mathbf{w}_k = \mathbf{0}, \qquad a_1\lambda_k\mathbf{w}_1 + \cdots + a_k\lambda_k\mathbf{w}_k = \mathbf{0}$$

이다. 첫 번째 식에서 두 번째 식을 빼면

$$a_1(\lambda_1 - \lambda_k)\mathbf{w}_1 + \cdots + a_{k-1}(\lambda_{k-1} - \lambda_k)\mathbf{w}_{k-1} = \mathbf{0}$$

이다. 그러면 가정에 따라서

$$a_1(\lambda_1 - \lambda_k) = \cdots = a_{k-1}(\lambda_{k-1} - \lambda_k) = 0$$

이고, $\lambda_1, \ldots, \lambda_k$은 서로 다르므로 $a_1 = \cdots = a_{k-1} = 0$이다. 따라서 $a_k\mathbf{w}_k = \mathbf{0}$이고 여기서 $\mathbf{w}_k \neq \mathbf{0}$이므로 $a_k = 0$이다. □

예제 5.11 정사각행렬

$$A = \begin{bmatrix} 1 & 3 \\ 0 & 1 \end{bmatrix}$$

의 고윳값과 그에 대한 고유공간을 구하라.

풀이. 정사각행렬 A의 특성방정식 $\det(xI_2 - A) = 0$은 $(x-1)(x-1) = 0$이므로 1이 중복도가 2인 정사각행렬 A의 유일한 고윳값이다. 이때 벡터 $\mathbf{v} = (v_1, v_2)$에 대한 동형연립일차방정식 $(1I_2 - A)[\mathbf{v}] = [\mathbf{o}]$는

$$\begin{bmatrix} 0 & -3 \\ 0 & 0 \end{bmatrix} \begin{bmatrix} v_1 \\ v_2 \end{bmatrix} = \begin{bmatrix} 0 \\ 0 \end{bmatrix}$$

이므로 $v_2 = 0$이다. 따라서 $E_{A,1} = \{t(1,0) \mid t \in \mathbb{R}\}$이다. □

위의 예제에서

$$\dim E_{A,1} = 1 < 2 = \text{고윳값 1의 중복도}$$

이다.

예제 5.12 정사각행렬

$$A = \begin{bmatrix} 2 & -3 & 0 \\ -3 & 2 & 0 \\ 0 & 0 & 5 \end{bmatrix}$$

의 고윳값과 그에 대한 고유공간의 차원을 구하라.

풀이. 정사각행렬 A의 특성방정식 $\det(xI_2 - A) = 0$은

$$\det \begin{bmatrix} x-2 & 3 & 0 \\ 3 & x-2 & 0 \\ 0 & 0 & x-5 \end{bmatrix} = 0$$

이므로 $((x-2)(x-2) - 3^2)(x-5) = 0$ 즉 $(x+1)(x-5)^2 = 0$이다. 따라서 -1은 중복도가 1인 고윳값이고 5는 중복도가 2인 고윳값이다.

고윳값 -1에 대하여, 벡터 $\mathbf{v} = (v_1, v_2, v_3)$에 대한 동형연립일차방정식 $(-I_3 - A)[\mathbf{v}] = [\mathbf{o}]$는

$$\begin{bmatrix} -3 & 3 & 0 \\ 3 & -3 & 0 \\ 0 & 0 & -6 \end{bmatrix} \begin{bmatrix} v_1 \\ v_2 \\ v_3 \end{bmatrix} = \begin{bmatrix} 0 \\ 0 \\ 0 \end{bmatrix}$$

이므로 $v_2 = v_1, v_3 = 0$이다. 따라서 $E_{A,-1} = \{t(1,1,0) \mid t \in \mathbb{R}\}$이므로 $\dim E_{A,-1} = 1$이다.

고윳값 5에 대하여, 벡터 $\mathbf{v} = (v_1, v_2, v_3)$에 대한 동형연립일차방정식 $(5I_3 - A)[\mathbf{v}] =$

[o]는

$$\begin{bmatrix} 3 & 3 & 0 \\ 3 & 3 & 0 \\ 0 & 0 & 0 \end{bmatrix} \begin{bmatrix} v_1 \\ v_2 \\ v_3 \end{bmatrix} = \begin{bmatrix} 0 \\ 0 \\ 0 \end{bmatrix}$$

이므로 $v_2 = -v_1$이다. 따라서

$$E_{A,5} = \{s(1,-1,0) + t(0,0,1) \mid s, t \in \mathbb{R}\}$$

이므로 $\dim E_{A,5} = 2$이다. □

정사각행렬의 특성방정식은 전치행렬의 특성방정식과 같음을 다음에서 알 수 있다.

정리 5.15: 정사각행렬과 그 전치행렬의 특성다항식 동일성

정사각행렬 A에 대하여, A의 특성다항식은 A^T의 특성다항식과 같다.

증명. $\det A = \det A^T$이므로 $\det(xI_n - A^T) = \det((xI_n - A)^T) = \det(xI_n - A)$이다. □

5.2.3 특성다항식의 근에 대한 정사각행렬의 행렬식과 대각합

정사각행렬에 대하여, 특성다항식의 계수로부터 행렬식과 대각합을 다음과 같이 쉽게 구할 수 있다.

정리 5.16: 특성다항식의 계수에 대한 정사각행렬의 행렬식과 대각합

n차 정사각행렬 A에 대하여, A의 특성다항식의 전개식이

$$\det(xI_n - A) = x^n + a_{n-1}x^{n-1} + \cdots + a_1x + a_0$$

이면

$$\det A = (-1)^n a_0, \qquad \operatorname{tr} A = -a_{n-1}$$

이다.

증명. n차 정사각행렬 A의 특성다항식의 전개식이

$$\det(xI - A) = x^n + a_{n-1}x^{n-1} + \cdots + a_1x + a_0$$

라고 가정하자. 이 등식에 $x=0$을 대입하면, $\det(-A)=a_0$이다. 그런데 $\det(-A)=(-1)^n\det A$이므로 $\det A=(-1)^n a_0$이다. 행렬 A의 (i,j) 성분을 a_{ij}로 놓자. 등식

$$\det\begin{bmatrix} x-a_{11} & -a_{12} & \cdots & -a_{1n} \\ -a_{21} & x-a_{22} & \cdots & -a_{2n} \\ \vdots & \vdots & \ddots & \vdots \\ -a_{n1} & -a_{n2} & \cdots & x-a_{nn} \end{bmatrix} = x^n + a_{n-1}x^{n-1} + \cdots + a_1 x + a_0$$

의 양변에서 x^{n-1}의 계수를 비교하면 $-(a_{11}+a_{22}+\cdots+a_{nn})=a_{n-1}$이므로 $\operatorname{tr} A = -a_{n-1}$이다. □

n차 다항식에 대하여

$$x^n + a_{n-1}x^{n-1} + \cdots + a_1 x + a_0 = (x-\lambda_1)(x-\lambda_2)\cdots(x-\lambda_n)$$

이면 다항식의 근과 계수와의 관계에 따라서

$$a_{n-1} = -(\lambda_1+\lambda_2+\cdots+\lambda_n), \qquad a_0 = (-1)^n \lambda_1\lambda_2\cdots\lambda_n$$

이다. 앞의 정리와 위 식에 따라서 다음을 알 수 있다.

따름정리 5.17: 특성다항식의 근에 대한 정사각행렬의 행렬식과 대각합

n차 정사각행렬 A에 대하여, $\det(xI-A)=(x-\lambda_1)(x-\lambda_2)\cdots(x-\lambda_n)$인 실수 $\lambda_1,\ldots,\lambda_n$이 존재하면

$$\det A = \lambda_1\lambda_2\cdots\lambda_n, \qquad \operatorname{tr} A = \lambda_1+\lambda_2+\cdots+\lambda_n$$

이다.

연습문제 5.2

1. 다음 정사각행렬의 고윳값과 고유공간을 구하라.

(가) $A = \begin{bmatrix} 2 & 2 \\ 0 & 1 \end{bmatrix}$, (나) $B = \begin{bmatrix} 6 & -6 \\ 2 & -1 \end{bmatrix}$,

(다) $C = \begin{bmatrix} 5 & 1 & -5 \\ 0 & 2 & 0 \\ 3 & 1 & -3 \end{bmatrix}$, (라) $D = \begin{bmatrix} 2 & -1 & 2 \\ 0 & 1 & 2 \\ 0 & 0 & 3 \end{bmatrix}$.

2. 위삼각행렬인 정사각행렬

$$A = \begin{bmatrix} a_{11} & a_{21} & a_{31} \\ 0 & a_{22} & a_{23} \\ 0 & 0 & a_{33} \end{bmatrix}$$

에 대하여, 대각성분 a_{11}, a_{22}, a_{33}이 정사각행렬 A의 고윳값임을 증명하라.

3. 정사각행렬 A에 대하여, 실수 λ가 A의 고윳값이고 $\mathbf{w}$가 λ에 대한 A의 고유벡터이면 임의의 양의 정수 m에 대하여 λ^m은 A^m의 고윳값이며 $\mathbf{w}$는 λ^m에 대한 A^m의 고유벡터임을 증명하라.

4. 정사각행렬 A와 B에 대하여, 0이 정사각행렬 AB의 고윳값임은 A 또는 B가 특이행렬이기 위한 필요충분조건임을 증명하라.

5. 정사각행렬 A에 대하여, A의 모든 고윳값이 0이 아님은 A가 가역행렬이기 위한 필요충분조건임을 증명하라.

6. 정사각행렬

$$A = \begin{bmatrix} 2 & 1 \\ 3 & 4 \end{bmatrix}, \qquad B = \begin{bmatrix} 3 & 1 \\ 2 & 3 \end{bmatrix}$$

이 닮은 행렬인지 판별하라.

7. 정사각행렬

$$A = \begin{bmatrix} 2 & -1 & 2 \\ 3 & 1 & 1 \\ 2 & -1 & 2 \end{bmatrix}, \qquad B = \begin{bmatrix} 3 & 1 & 2 \\ 1 & -2 & 3 \\ 2 & 1 & 2 \end{bmatrix}$$

이 닮은 행렬인지 판별하라.

5.3 대각화 가능한 행렬

선형사상 중에서

$$L(x_1, x_2, \ldots, x_n) = (a_1x_1, a_2x_2, \ldots, a_nx_n)$$

인 상수 $a_1, a_2, \ldots, a_n$이 존재하면 선형사상 L의 각 성분이 매우 간단한 형태이므로 선형사상 L을 쉽게 이해할 수 있다. 이때 선형사상 L의 표준기저에 대한 행렬표현은

$$[L] = \begin{bmatrix} a_1 & 0 & 0 & \cdots & 0 \\ 0 & a_2 & 0 & \cdots & 0 \\ 0 & 0 & a_3 & \cdots & 0 \\ \vdots & \vdots & \vdots & \ddots & 0 \\ 0 & 0 & 0 & \cdots & a_n \end{bmatrix}$$

이다. 일반적인 정사각행렬의 경우 적당한 기저를 선택하여 기저에 대한 정사각행렬의 행렬표현을 간단히 할 수 있다. 이때 행렬표현이 대각행렬이 될 수 있는 정사각행렬을 다음과 같이 정의한다.

정의 5.5: 대각화 가능한 행렬

정사각행렬 A에 대하여, $D = Q^{-1}AQ$이 대각행렬인 가역행렬 Q가 존재하면 A는 **대각화 가능하다**라고 한다.

보기 5.4 n차 정사각행렬 D가 대각행렬이면, $I_n^{-1}DI_n = D$이므로 D는 대각화 가능하다.

대각화 가능하지 않은 정사각행렬이 존재함을 다음 예제에서 확인할 수 있다.

예제 5.13 정사각행렬

$$A = \begin{bmatrix} 0 & 1 \\ 0 & 0 \end{bmatrix}$$

가 대각화 가능하지 않음을 증명하라.

풀이. 귀류법으로 증명하기 위하여 정사각행렬 A가 대각화 가능하다라고 가정하자.

정사각행렬 A의 특성방정식이

$$\det(xI_2 - A) = \det \begin{bmatrix} x & -1 \\ 0 & x \end{bmatrix} = x^2$$

이므로 0이 유일한 정사각행렬 A의 고윳값이다. 정사각행렬 A가 대각화 가능하므로

$$Q^{-1}AQ = \begin{bmatrix} 0 & 0 \\ 0 & 0 \end{bmatrix}$$

인 가역행렬 Q가 존재한다. 따라서

$$A = Q \begin{bmatrix} 0 & 0 \\ 0 & 0 \end{bmatrix} Q^{-1} = \begin{bmatrix} 0 & 0 \\ 0 & 0 \end{bmatrix}$$

으로 모순이다. □

다음과 같이 정사각행렬의 고유벡터들의 일차독립성을 조사함으로서 정사각행렬이 대각화 가능한지를 판별할 수 있다.

정리 5.18: 정사각행렬이 대각화 가능하기 위한 필요충분조건

n차 정사각행렬 A에 대하여, A의 일차독립인 n개의 고유벡터들이 존재함은 A가 대각화 가능하기 위한 필요충분조건이다.

증명. A의 고유벡터들로 이루어진 n개의 일차독립인 벡터 $\mathbf{q}_1, \mathbf{q}_2, \ldots, \mathbf{q}_n$이 존재한다고 가정하자. 그러면 $1 \le i \le n$일 때, $A[\mathbf{q}_i] = \lambda_i[\mathbf{q}_i]$인 A의 고윳값 λ_i가 존재한다. 열벡터들이 $\mathbf{q}_1, \mathbf{q}_2, \ldots, \mathbf{q}_n$인 정사각행렬 Q와 대각행렬

$$D = \begin{bmatrix} \lambda_1 & 0 & \ldots & 0 \\ 0 & \lambda_2 & \ldots & 0 \\ \vdots & \vdots & \ddots & \vdots \\ 0 & 0 & \ldots & \lambda_n \end{bmatrix}$$

에 대하여, AQ의 열행렬들은 $A[\mathbf{q}_1]$, $A[\mathbf{q}_2]$, …, $A[\mathbf{q}_n]$이고 QD의 열행렬들이 $\lambda_1[\mathbf{q}_1]$, $\lambda_2[\mathbf{q}_2]$, …, $\lambda_n[\mathbf{x}_n]$이므로, $Q^{-1}AQ = D$는 대각행렬이다.

A가 대각화 가능하다고 가정하자. 그러면 $D = Q^{-1}AQ$이 대각행렬인 가역행렬 Q가 존재한다. Q의 열벡터들을 $\mathbf{q}_1, \mathbf{q}_2, \ldots, \mathbf{q}_n$으로 놓자. 그러면 $AQ = QD$이므로 $1 \le i \le n$일 때 $A[\mathbf{q}_i] = \lambda_i[\mathbf{q}_i]$이다. 여기서 $\lambda_1, \lambda_2, \ldots, \lambda_n$은 D의 대각성분들이다.

행렬 Q가 가역행렬이므로 $\mathbf{q}_1, \mathbf{q}_2, \ldots, \mathbf{q}_n$은 일차독립이다. □

위의 정리의 증명에 나오는 정사각행렬 $A = [a_{ji}]_{n\times n}, Q, D$와 A의 고유벡터 $\mathbf{q}_1$, $\mathbf{q}_2$, …, $\mathbf{q}_n$에 대하여, 표준기저를 $\mathcal{E} = (\mathbf{e}_1, \mathbf{e}_2, \ldots, \mathbf{e}_n)$로 놓고 기저 $(\mathbf{q}_1, \mathbf{q}_2, \ldots, \mathbf{q}_n)$를 $\mathcal{A}$로 놓고 정사각행렬 A가 나타내는 선형사상을

$$L_A(x_1, x_2, \ldots, x_n) = \left(\sum_{i=1}^{n} a_{1i}x_i, \sum_{i=1}^{n} a_{2i}x_i, \ldots, \sum_{i=1}^{n} a_{ni}x_i\right)$$

로 놓자. 그러면 $A = [L_A]_{\mathcal{E}}^{\mathcal{E}}$ 그리고 $Q = [\mathrm{Id}]_{\mathcal{A}}^{\mathcal{E}}$이므로

$$[L_A]_{\mathcal{A}}^{\mathcal{A}} = D = Q^{-1}AQ = [\mathrm{Id}]_{\mathcal{E}}^{\mathcal{A}}[L_A]_{\mathcal{E}}^{\mathcal{E}}[\mathrm{Id}]_{\mathcal{A}}^{\mathcal{E}}$$

이다.

정사각행렬 A에 대하여, A의 서로 다른 n개의 고윳값 $\lambda_1, \lambda_2, \ldots, \lambda_n$이 존재하다고 가정하자. 그러면 서로 다른 고윳값 $\lambda_1, \ldots, \lambda_n$에 대한 각각의 고유벡터들 $\mathbf{w}_1, \ldots, \mathbf{w}_n$이 존재한다. 정리 5.14에 따르면 $(\mathbf{w}_1, \ldots, \mathbf{w}_n)$은 일차독립이다. 그러면 정리 5.18에 따라서 A는 대각화 가능한 행렬임을 알 수 있다. 이를 다음과 같이 정리할 수 있다.

따름정리 5.19: 정사각행렬이 대각화 가능하기 위한 충분조건

n차 정사각행렬 A에 대하여, A의 서로 다른 n개의 고윳값이 존재하면 A는 대각화 가능하다.

예제 5.14 정사각행렬

$$A = \begin{bmatrix} 2 & 1 & -1 \\ 0 & 5 & 4 \\ 0 & -2 & -1 \end{bmatrix}$$

에 대하여, $[\mathrm{Id}]_{\mathcal{E}}^{\mathcal{A}}A[\mathrm{Id}]_{\mathcal{A}}^{\mathcal{E}} = D$가 대각행렬인 대각행렬 D와 유클리드 벡터공간 $\mathbb{E}^3$의 기저 $\mathcal{A}$를 구하라. 여기서 $\mathcal{E}$는 유클리드 벡터공간 $\mathbb{E}^3$의 표준기저이다.

풀이. 정사각행렬 A의 특성다항식이

$$\begin{aligned}\det(xI_3 - A) &= \det\begin{bmatrix} x-2 & -1 & 1 \\ 0 & x-5 & -4 \\ 0 & 2 & x+1 \end{bmatrix} \\ &= (x-2)((x-5)(x+1)+8) \\ &= (x-2)(x^2-4x+3) = (x-1)(x-2)(x-3)\end{aligned}$$

이므로, 정사각행렬 A의 고윳값은 $1, 2, 3$이다.

(가) 고윳값 1에 대하여, 동형연립일차방정식 $(1I_3 - A)[\mathbf{v}] = \mathbf{o}$은

$$\begin{bmatrix} -1 & -1 & 1 \\ 0 & -4 & -4 \\ 0 & 2 & 2 \end{bmatrix}\begin{bmatrix} v_1 \\ v_2 \\ v_3 \end{bmatrix} = \begin{bmatrix} 0 \\ 0 \\ 0 \end{bmatrix}$$

이다. 이때 벡터 $\mathbf{q}_1 = (2, -1, 1)$는 위의 동형연립일차방정식의 해이므로 $\mathbf{q}_1$은 고윳값 1에 대한 A의 고유벡터이다.

(나) 고윳값 2에 대하여, 동형연립일차방정식 $(2I_3 - A)[\mathbf{v}] = \mathbf{o}$은

$$\begin{bmatrix} 0 & -1 & 1 \\ 0 & -3 & -4 \\ 0 & 2 & 3 \end{bmatrix}\begin{bmatrix} v_1 \\ v_2 \\ v_3 \end{bmatrix} = \begin{bmatrix} 0 \\ 0 \\ 0 \end{bmatrix}$$

이다. 이때 벡터 $\mathbf{q}_2 = (1, 0, 0)$는 위의 동형연립일차방정식의 해이므로 $\mathbf{q}_2$는 고윳값 2에 대한 A의 고유벡터이다.

(다) 고윳값 3에 대하여, 동형연립일차방정식 $(3I_3 - A)[\mathbf{v}] = \mathbf{o}$은

$$\begin{bmatrix} 1 & -1 & 1 \\ 0 & -2 & -4 \\ 0 & 2 & 4 \end{bmatrix}\begin{bmatrix} v_1 \\ v_2 \\ v_3 \end{bmatrix} = \begin{bmatrix} 0 \\ 0 \\ 0 \end{bmatrix}$$

이다. 이때 벡터 $\mathbf{q}_3 = (3, 2, -1)$는 위의 동형연립일차방정식의 해이므로 $\mathbf{q}_3$은 고윳값 3에 대한 A의 고유벡터이다.

위의 (가), (나), (다)에 따라서 $\mathcal{A} = ((2, -1, 1), (1, 0, 0), (3, 2, -1))$이고

$$D = \begin{bmatrix} 1 & 0 & 0 \\ 0 & 2 & 0 \\ 0 & 0 & 3 \end{bmatrix}$$

이다. □

대각화 가능한 정사각행렬 A와 가역인 정사각행렬 Q와 대각행렬

$$D = \begin{bmatrix} \lambda_1 & 0 & \cdots & 0 \\ 0 & \lambda_2 & \cdots & 0 \\ \vdots & \vdots & \ddots & 0 \\ 0 & 0 & \cdots & \lambda_n \end{bmatrix}$$

에 대하여, $Q^{-1}AQ = D$이면 $A = QDQ^{-1}$이다. 따라서 자연수 m에 대하여

$$A^m = (QDQ^{-1})\cdots(QDQ^{-1}) = QD^mQ^{-1} = Q \begin{bmatrix} {\lambda_1}^m & 0 & \cdots & 0 \\ 0 & {\lambda_2}^m & \cdots & 0 \\ \vdots & \vdots & \ddots & 0 \\ 0 & 0 & \cdots & {\lambda_n}^m \end{bmatrix} Q^{-1}$$

이다.

예제 5.15 정사각행렬

$$A = \begin{bmatrix} 3 & 1 \\ 1 & 3 \end{bmatrix}$$

에 대하여, 정사각행렬 A^{100}를 계산하라.

풀이. 정사각행렬 A를 대각화하기 위하여 고윳값과 그 고유벡터를 구하자. 정사각행렬 A의 특성다항식이

$$\det(xI_2 - A) = \det \begin{bmatrix} x-3 & -1 \\ -1 & x-3 \end{bmatrix} = (x-3)^2 - 1 = x^2 - 6x + 8 = (x-2)(x-4)$$

이므로 2와 4가 정사각행렬 A의 고윳값이다.

(가) 고윳값 2에 대하여, 관련된 동형연립일차방정식이

$$\begin{bmatrix} -1 & -1 \\ -1 & -1 \end{bmatrix} \begin{bmatrix} v_1 \\ v_2 \end{bmatrix} = \begin{bmatrix} 0 \\ 0 \end{bmatrix}$$

이므로 벡터 $\mathbf{q}_1 = (1, -1)$이 고윳값 2에 대한 정사각행렬 A의 고유벡터이다.

(나) 고윳값 4에 대하여, 관련된 동형연립일차방정식이

$$\begin{bmatrix} 1 & -1 \\ -1 & 1 \end{bmatrix}\begin{bmatrix} v_1 \\ v_2 \end{bmatrix} = \begin{bmatrix} 0 \\ 0 \end{bmatrix}$$

이므로 벡터 $\mathbf{q}_2 = (1, 1)$이 고윳값 4에 대한 정사각행렬 A의 고유벡터이다.

(가)와 (나)에 따라서

$$Q = \begin{bmatrix} 1 & 1 \\ -1 & 1 \end{bmatrix}$$

로 놓으면

$$Q^{-1} = \frac{1}{2}\begin{bmatrix} 1 & -1 \\ 1 & 1 \end{bmatrix} = \begin{bmatrix} \frac{1}{2} & -\frac{1}{2} \\ \frac{1}{2} & \frac{1}{2} \end{bmatrix}$$

이고

$$\begin{aligned} A^{100} &= Q\begin{bmatrix} 2^{100} & 0 \\ 0 & 4^{100} \end{bmatrix}Q^{-1} = \begin{bmatrix} 1 & 1 \\ -1 & 1 \end{bmatrix}\begin{bmatrix} 2^{100} & 0 \\ 0 & 4^{100} \end{bmatrix}\begin{bmatrix} \frac{1}{2} & -\frac{1}{2} \\ \frac{1}{2} & \frac{1}{2} \end{bmatrix} \\ &= \begin{bmatrix} 2^{100} & 4^{100} \\ -2^{100} & 4^{100} \end{bmatrix}\begin{bmatrix} \frac{1}{2} & -\frac{1}{2} \\ \frac{1}{2} & \frac{1}{2} \end{bmatrix} = \begin{bmatrix} 2^{99} + 2 \cdot 4^{99} & -2^{99} + 2 \cdot 4^{99} \\ -2^{99} + 2 \cdot 4^{99} & +2^{99} + 2 \cdot 4^{99} \end{bmatrix} \end{aligned}$$

이다. □

연습문제 5.3

1. 모든 실수 λ에 대하여, 정사각행렬

$$A = \begin{bmatrix} \lambda & 1 & 0 \\ 0 & \lambda & 1 \\ 0 & 0 & \lambda \end{bmatrix}$$

는 대각화 가능한 정사각행렬이 아님을 증명하라.

2. 정사각행렬

$$A = \begin{bmatrix} a & b \\ c & d \end{bmatrix}$$

에 대하여, 다음 물음에 답하라.

(가) $(a-d)^2 + 4bc > 0$이면 정사각행렬 A는 대각화 가능함을 증명하라.

(나) $(a-d)^2 + 4bc < 0$이면 정사각행렬 A는 대각화 가능하지 않음을 증명하라.

3. 정사각행렬

$$A = \begin{bmatrix} 2 & 0 & 0 \\ 0 & 2 & 0 \\ 1 & -1 & 3 \end{bmatrix}$$

에 대하여, A^{100}를 구하라.

제 6 장

유클리드 내적공간

이 장에서는 유클리드 공간에 정의되는 내적을 탐구한다. 표준내적이 대표하는 내적은 양의 정부호성, 이중선형성, 대칭성으로 규정된다. 내적이 정의되면 내적에 대한 벡터의 크기와 두 벡터 사잇각의 크기가 정의된다.

내적에 대한 정규직교기저는 내적을 간단히 나타낼 수 있는 방법을 제시한다. 또한 내적에 대한 부분공간의 직교정사영은 부분공간의 분석에 매우 유용하다.

직교행렬은 내적을 보존하는 선형사상을 나타낸다.

기저에 대한 내적의 행렬표현은 대칭행렬이다. 대칭행렬의 모든 고윳값은 실수이며 대칭행렬은 직교행렬을 이용하여 대각화 가능하다. 모든 고윳값이 양일 때 대칭행렬은 양의 정부호이다.

6.1 내적

이 절에서는 유클리드 공간에서 일반적인 내적을 정의한다. 내적 중에서 가장 대표적인 내적은 표준내적이지만 그 밖에도 많은 내적이 존재한다.

6.1.1 내적의 정의

다음 보기에서 일반적인 내적의 필요성을 알아본다.

보기 6.1 벡터 $\mathbf{v}_1 = (1,1,0)$와 $\mathbf{v}_2 = (1,1,1)$가 생성하는 부분공간

$$V = \{t_1\mathbf{v}_1 + t_2\mathbf{v}_2 \in \mathbb{E}^3 \,|\, t_1, t_2 \in \mathbf{R}\}$$

을 생각하자. 이때 $\Phi(t_1\mathbf{v}_1 + t_2\mathbf{v}_2) = (t_1, t_2)$로 정의되는 일대일 대응인 선형사상 $\Phi\colon V \to \mathbb{E}^2$을 통하여 부분공간 V를 유클리드 벡터공간 $\mathbb{E}^2$와 동일시할 수 있다. 즉 벡터 $(t_1, t_2) = \Phi(t_1\mathbf{v}_1 + t_2\mathbf{v}_2)$는 벡터 $t_1\mathbf{v}_1 + t_2\mathbf{v}_2$를 나타내는 좌표로 이해할 수 있다.

(가) 벡터 $(1,0) = \Phi(\mathbf{v}_1)$의 크기가 1이 아니라 선형사상 Φ의 정의역의 벡터 $\mathbf{v}_1$의 크기인

$$\|\mathbf{v}_1\| = \sqrt{1^2 + 1^2 + 0^2} = \sqrt{2}$$

로 정의하는 것이 필요하다. 마찬가지로 벡터 $(0,1) = \Phi(\mathbf{v}_2)$의 크기도 1이 아니라 선형사상 Φ의 정의역의 벡터 $\mathbf{v}_2$의 크기인 $\sqrt{3}$로 정의하는 것이 필요하다. 또한 두 벡터 $(1,0) = \Phi(\mathbf{v}_1)$와 $(0,1) = \Phi(\mathbf{v}_2)$의 사잇각의 크기는 $\pi/2$가 아니고 두 벡터 $\mathbf{v}_1$과 $\mathbf{v}_2$의 사잇각의 크기로 정의할 필요가 있다.

(나) (가)에서 생각한 벡터의 크기와 두 벡터 사이의 사잇각의 크기는 보다 일반적인 개념인 내적으로 나타낼 수 있다. 벡터 $\mathbf{x} = (x_1, x_2)$와 $\mathbf{y} = (y_1, y_2)$가 각각 벡터 $x_1\mathbf{v}_1 + x_2\mathbf{v}_2$와 $y_1\mathbf{v}_1 + y_2\mathbf{v}_2$를 나타내므로, 벡터 $\mathbf{x}$와 $\mathbf{y}$의 내적을

$$\langle \mathbf{x}, \mathbf{y} \rangle = (x_1\mathbf{v}_1 + x_2\mathbf{v}_2) \cdot (y_1\mathbf{v}_1 + y_2\mathbf{v}_2)$$

로 정의한다. 그러면

$$\mathbf{v}_1 \cdot \mathbf{v}_1 = 2, \quad \mathbf{v}_1 \cdot \mathbf{v}_2 = 2,$$
$$\mathbf{v}_2 \cdot \mathbf{v}_1 = 2, \quad \mathbf{v}_2 \cdot \mathbf{v}_2 = 3$$

이므로

$$\begin{aligned}\langle \mathbf{x}, \mathbf{y}\rangle &= \langle (x_1, x_2), (y_1, y_2)\rangle \\ &= (x_1\mathbf{v}_1 + x_2\mathbf{v}_2)\cdot(y_1\mathbf{v}_1 + y_2\mathbf{v}_2) \\ &= x_1y_1\mathbf{v}_1\cdot\mathbf{v}_1 + x_1y_2\mathbf{v}_1\cdot\mathbf{v}_2 + x_2y_1\mathbf{v}_2\cdot\mathbf{v}_1 + x_2y_2\mathbf{v}_2\cdot\mathbf{v}_2 \\ &= 2x_1y_1 + 2x_1y_2 + 2x_2y_1 + 3y_2y_2\end{aligned}$$

이다. 이를

$$[\langle \mathbf{x}, \mathbf{y}\rangle] = \begin{bmatrix} x_1 & x_2\end{bmatrix}\begin{bmatrix} 2 & 2 \\ 2 & 3\end{bmatrix}\begin{bmatrix} y_1 \\ y_2\end{bmatrix}$$

와 같이 행렬로 나타낼 수 있다.

유클리드 공간에서 일반적인 내적을 다음과 같이 정의한다.

정의 6.1: 유클리드 내적공간

유클리드 벡터공간 $\mathbb{E}^n$에 대하여, 다음의 성질이 성립하는 함수 $\langle\cdot,\cdot\rangle\colon \mathbb{E}^n\times\mathbb{E}^n \to \mathbb{R}$을 $\mathbb{E}^n$에 정의된 **내적**이라고 한다.

(가) (**양의 정부호**) 벡터 $\mathbf{x}$에 대하여, $\langle \mathbf{x}, \mathbf{x}\rangle \geq 0$이다. 이때 $\mathbf{x} = \mathbf{o}$은 $\langle \mathbf{x}, \mathbf{x}\rangle = 0$이기 위한 필요충분조건이다.

(나) (**이중선형성**) 벡터 $\mathbf{x}, \mathbf{y}, \mathbf{z}$와 실수 a, b에 대하여,

$$\langle a\mathbf{x} + b\mathbf{y}, \mathbf{z}\rangle = a\langle \mathbf{x}, \mathbf{z}\rangle + b\langle \mathbf{y}, \mathbf{z}\rangle, \qquad \langle \mathbf{z}, a\mathbf{x} + b\mathbf{y}\rangle = a\langle \mathbf{z}, \mathbf{x}\rangle + b\langle \mathbf{z}, \mathbf{y}\rangle$$

이다.

(다) (**대칭성**) $\mathbf{x}, \mathbf{y}$에 대하여, $\langle \mathbf{x}, \mathbf{y}\rangle = \langle \mathbf{y}, \mathbf{x}\rangle$이다.

내적 $\langle\cdot,\cdot\rangle$이 정의된 유클리드 벡터공간 $\mathbb{E}^n$을 **n차원 유클리드 내적공간**이라고 하고 $(\mathbb{E}^n, \langle\cdot,\cdot\rangle)$로 나타낸다.

앞의 보기에서 살펴본 것과 같이, 유클리드 내적공간 $(\mathbb{E}^n, \langle\cdot,\cdot\rangle)$은 다음과 같이 이해할 수 있다. 벡터 $\mathbf{x}, \mathbf{y} \in \mathbb{E}^n$에 대하여,

$$\langle \mathbf{x}, \mathbf{y}\rangle = \Phi(\mathbf{x})\cdot\Phi(\mathbf{y})$$

이고 $n < m$인 자연수 m과 유클리드 내적공간 $\mathbb{E}^m$의 차원이 n인 부분공간 V에 대한

일대일 대응인 선형사상 $\Phi\colon \mathbb{E}^n \to V$이 존재한다.

유클리드 내적공간 $(\mathbb{E}^n, \langle\cdot,\cdot\rangle)$와 표준기저 $(\mathbf{e}_1, \mathbf{e}_2, \ldots, \mathbf{e}_n)$에 대하여, 다음을 알 수 있다.

(가) $1 \le i, j \le n$일 때 $a_{ij} = \langle \mathbf{e}_i, \mathbf{e}_j \rangle$로 놓자. 여기서 내적의 대칭성에 따라서 $1 \le i, j \le n$일 때

$$a_{ij} = \langle \mathbf{e}_i, \mathbf{e}_j \rangle = \langle \mathbf{e}_j, \mathbf{e}_i \rangle = a_{ji}$$

이다. 따라서 정사각행렬 A를 $A = [a_{ij}]_{n\times n}$로 놓으면 A는 대칭행렬이다.

(나) 내적의 이중선형성에 따라서 벡터 $\mathbf{x} = (x_1, x_2, \ldots, x_n)$와 $\mathbf{y} = (y_1, y_2, \ldots, y_n)$의 내적은

$$\langle \mathbf{x}, \mathbf{y} \rangle = \left\langle \sum_{i=1}^n x_i \mathbf{e}_i, \sum_{j=1}^n y_j \mathbf{e}_j \right\rangle = \sum_{i=1}^n \sum_{j=1}^n x_i a_{ij} y_j$$

이다. 이를

$$[\langle \mathbf{x}, \mathbf{y} \rangle] = [\mathbf{x}]^T A [\mathbf{y}] = \begin{bmatrix} x_1 & x_2 & \cdots & x_n \end{bmatrix} \begin{bmatrix} a_{11} & a_{12} & \cdots & a_{1n} \\ a_{21} & a_{22} & \cdots & a_{2n} \\ \vdots & \vdots & \ddots & \vdots \\ a_{n1} & a_{n2} & \cdots & a_{nn} \end{bmatrix} \begin{bmatrix} y_1 \\ y_2 \\ \vdots \\ y_n \end{bmatrix}$$

와 같이 행렬로 나타낼 수 있다.

(다) 내적의 양의 정부호성은 이 장의 마지막에 나오는 6.4.5절에서 살펴본다.

(라) 대칭행렬 $A = [a_{ij}]_{n\times n}$에 대하여, 행렬 A는

$$L_A(x_1, x_2, \ldots, x_n) = \left(\sum_{i=1}^n a_{1i} x_i, \sum_{i=1}^n a_{2i} x_i, \ldots, \sum_{i=1}^n a_{ni} x_i \right)$$

로 정의되는 선형변환 $L_A\colon \mathbb{E}^n \to \mathbb{E}^n$를 나타낸다. 벡터 $\mathbf{x} = (x_1, x_2, \ldots, x_n)$와 $\mathbf{y} = (y_1, y_2, \ldots, y_n)$에 대하여

$$\mathbf{x} \cdot L_A(\mathbf{y}) = \sum_{i=1}^n x_i \left(\sum_{j=1}^n a_{ij} y_j \right) = \sum_{i=1}^n \sum_{j=1}^n x_i a_{ij} y_j = \langle \mathbf{x}, \mathbf{y} \rangle,$$

$$L_A(\mathbf{x}) \cdot \mathbf{y} = \sum_{i=1}^n \left(\sum_{j=1}^n a_{ij} x_j \right) y_i = \sum_{i=1}^n \sum_{j=1}^n x_j a_{ij} y_i = \sum_{i=1}^n \sum_{j=1}^n x_i a_{ij} y_j = \langle \mathbf{x}, \mathbf{y} \rangle$$

이므로

$$L_A(\mathbf{x}) \cdot \mathbf{y} = \langle \mathbf{x}, \mathbf{y} \rangle = \mathbf{x} \cdot L_A(\mathbf{y})$$

이다.

예제 6.1 유클리드 벡터공간 $\mathbb{E}^2$에서 벡터 $\mathbf{x} = (x_1, x_2)$와 $\mathbf{y} = (y_1, y_2)$에 대한 다음 함수가 내적인지를 판별하라.

(가) $f(\mathbf{x}, \mathbf{y}) = 3x_1 + 2x_1y_2 - 3x_2y_1 + x_2y_2$,

(나) $g(\mathbf{x}, \mathbf{y}) = 4x_1y_1 + 2x_1y_2 - 2x_2y_1 + 3x_2y_2$,

(다) $h(\mathbf{x}, \mathbf{y}) = 2x_1y_1 - 3x_1y_2 - 3x_2y_1 + x_2y_2$.

풀이. (가) 함수 f의 첫 항 $3x_1$이 일차이므로 함수 f에 대한 이중선형성이 성립하지 않는다. 따라서 함수 f는 내적이 아니다.

(나) 벡터 $\mathbf{v} = (1, 0)$와 $\mathbf{w} = (0, 1)$에 대하여

$$g(\mathbf{v}, \mathbf{w}) = 2 \neq -2 = g(\mathbf{w}, \mathbf{v})$$

이므로 함수 g에 대하여 대칭성이 성립하지 않는다. 따라서 함수 g는 내적이 아니다.

(다) 벡터 $\mathbf{v} = (1, 1)$에 대하여, $h(\mathbf{v}, \mathbf{v}) = 2 - 3 - 3 + 1 = -3 < 0$이므로 h에 대한 양의 정부호성이 성립하지 않는다. 따라서 함수 h는 내적이 아니다. □

코시-슈바르츠 부등식 유클리드 내적공간에서 다음 부등식을 알아 보자.

정리 6.1: 코시-슈바르츠 부등식

유클리드 내적공간 $(\mathbb{E}^n, \langle \cdot, \cdot \rangle)$에 대하여, 벡터 $\mathbf{v}, \mathbf{w} \in \mathbb{E}^n$에 대하여

$$\langle \mathbf{v}, \mathbf{w} \rangle^2 \leq \langle \mathbf{v}, \mathbf{v} \rangle \langle \mathbf{w}, \mathbf{w} \rangle$$

이다. 여기서 $\mathbf{v}$와 $\mathbf{w}$가 일차 종속임은 위의 부등식이 등식이기 위한 필요충분조건이다.

증명. 임의의 벡터 $\mathbf{v}, \mathbf{w} \in \mathbb{E}^n$를 고정하자.

만약 $\mathbf{v} = \mathbf{o}$이면, $\langle \mathbf{v}, \mathbf{w} \rangle = 0$이고 $\langle \mathbf{v}, \mathbf{v} \rangle = 0$이므로 $\langle \mathbf{v}, \mathbf{w} \rangle^2 = \langle \mathbf{v}, \mathbf{v} \rangle \langle \mathbf{w}, \mathbf{w} \rangle$이며 이때 $\mathbf{v}$와 $\mathbf{w}$는 일차 종속이다.

$\mathbf{v} \neq \mathbf{o}$이라고 가정하자. 그러면 임의의 실수 t에 대하여

$$0 \leq \langle t\mathbf{v} + \mathbf{w}, t\mathbf{v} + \mathbf{w} \rangle = \langle \mathbf{v}, \mathbf{v} \rangle t^2 + 2\langle \mathbf{v}, \mathbf{w} \rangle t + \langle \mathbf{w}, \mathbf{w} \rangle$$

이다. 따라서 위 식의 오른쪽 항은 t에 대한 2차 다항식이며 이것의 판별식은 0보다 작거나 같아야 한다. 즉

$$\langle \mathbf{v}, \mathbf{w} \rangle^2 - \langle \mathbf{v}, \mathbf{v} \rangle \langle \mathbf{w}, \mathbf{w} \rangle \leq 0$$

이다.

여기서 $\langle \mathbf{v}, \mathbf{w} \rangle^2 - \langle \mathbf{v}, \mathbf{v} \rangle \langle \mathbf{w}, \mathbf{w} \rangle = 0$은 t에 대한 2차 방정식

$$0 = \langle \mathbf{v}, \mathbf{v} \rangle t^2 + 2\langle \mathbf{v}, \mathbf{w} \rangle t + \langle \mathbf{w}, \mathbf{w} \rangle \quad \text{즉} \quad 0 = \|t\mathbf{v} + \mathbf{w}, t\mathbf{v} + \mathbf{w}\|^2$$

의 (중)근 t_0이 존재하기 위한 필요충분조건이다. 이 경우에 $t_0 \neq 0$이면 $t_0\mathbf{v} + \mathbf{w} = \mathbf{0}$이고 $t_0 = 0$이면 $\mathbf{w} = \mathbf{0}$이므로 $\mathbf{v}$와 $\mathbf{w}$는 일차 종속이다. 역으로 $\mathbf{v}, \mathbf{w}$가 일차 종속이면 $\mathbf{v} = s_0\mathbf{w}$ 또는 $\mathbf{w} = s_0\mathbf{v}$인 실수 s_0이 존재하므로 $\langle \mathbf{v}, \mathbf{w} \rangle^2 - \langle \mathbf{v}, \mathbf{v} \rangle \langle \mathbf{w}, \mathbf{w} \rangle = 0$이다. □

6.1.2 벡터의 크기와 두 벡터 사잇각의 크기

내적을 이용하여 벡터의 크기와 두 벡터 사잇각의 크기를 정의할 수 있다.

벡터의 크기 유클리드 내적공간 $(\mathbb{E}^n, \langle \cdot, \cdot \rangle)$에 대하여, 내적에 대한 양의 정부호성에 따라서

(가) $\langle \mathbf{o}, \mathbf{o} \rangle = 0$이고

(나) 영이 아닌 벡터 $\mathbf{v}$에 대하여 $0 < \langle \mathbf{v}, \mathbf{v} \rangle$이다.

내적에 대한 양의 정부호성을 이용하여 다음과 같이 벡터의 크기를 정의한다.

정의 6.2: 벡터의 크기

유클리드 내적공간 $(\mathbb{E}^n, \langle, \cdot, \cdot \rangle)$에 놓인 벡터 $\mathbf{v}$에 대하여,

$$\sqrt{\langle \mathbf{v}, \mathbf{v} \rangle}$$

를 벡터 $\mathbf{v}$의 **크기**라고 하고 $\|\mathbf{v}\|$로 나타낸다.

위에 정의된 벡터의 크기가 바른 정의임을 다음 정리에서 확인할 수 있다. 다음 정리에 나오는 성질 (가), (나), (다)는 벡터공간에 정의된 함수 $\|\cdot\|: \mathbb{E}^n \to \mathbb{R}$가 벡터의 크기라고 규정할 수 있는 벡터의 크기에 대한 기본적인 성질이다.

정리 6.2: 벡터 크기의 기본적인 성질

유클리드 내적공간 $(\mathbb{E}^n, \langle\cdot,\cdot\rangle)$에 대하여, 다음이 성립한다.

(가) (**양의 정부호**) 벡터 $\mathbf{v} \in \mathbb{E}^n$에 대하여, $0 \le \|\mathbf{v}\|$이다. 이때 $\mathbf{v} = \mathbf{o}$은 $\|\mathbf{v}\| = 0$이기 위한 필요충분조건이다.

(나) (**삼각부등식**) 벡터 $\mathbf{v}, \mathbf{w} \in \mathbb{E}^n$에 대하여, $\|\mathbf{v} + \mathbf{w}\| \le \|\mathbf{v}\| + \|\mathbf{w}\|$이다.

(다) 벡터 $\mathbf{v} \in \mathbb{E}^n$와 실수 $a \in \mathbb{R}$에 대하여, $\|a\mathbf{v}\| = |a|\,\|\mathbf{v}\|$이다.

증명. (가) 벡터 $\mathbf{v}$에 대하여, 내적의 양의 정부호성에 따라서 $0 \le \langle\mathbf{v}, \mathbf{v}\rangle$이므로 $\|\mathbf{v}\| = \sqrt{\langle\mathbf{v}, \mathbf{v}} \ge 0$이다. 또한 양의 정부호성에 따라서 벡터 $\mathbf{v}$에 대하여 $\mathbf{v} = \mathbf{o}$은 $\langle\mathbf{v}, \mathbf{v}\rangle = 0$이기 위한 필요충분조건이므로 $\mathbf{v} = \mathbf{o}$은 $\|\mathbf{v}\| = \sqrt{\langle\mathbf{v}, \mathbf{v}\rangle} = 0$이기 위한 필요충분조건이다.

(나) 코시-슈바르츠 부등식에 따라서 $|\langle\mathbf{v}, \mathbf{w}\rangle| \le \|\mathbf{v}\|\,\|\mathbf{w}\|$이므로

$$\begin{aligned} \|\mathbf{v} + \mathbf{w}\|^2 &= \langle\mathbf{v} + \mathbf{w}, \mathbf{v} + \mathbf{w}\rangle = \langle\mathbf{v}, \mathbf{v}\rangle + 2\langle\mathbf{v}, \mathbf{w}\rangle + \langle\mathbf{w}, \mathbf{w}\rangle \\ &\le \|\mathbf{v}\|^2 + 2\|\mathbf{v}\|\,\|\mathbf{w}\| + \|\mathbf{w}\|^2 \\ &= (\|\mathbf{v}\| + \|\mathbf{w}\|)^2 \end{aligned}$$

이다.

(다) $\|a\mathbf{v}\| = \sqrt{\langle a\mathbf{v}, a\mathbf{v}\rangle} = \sqrt{a^2\langle\mathbf{v}, \mathbf{v}\rangle} = |a|\sqrt{\langle\mathbf{v}, \mathbf{v}\rangle} = |a|\,\|\mathbf{v}\|$. □

벡터의 크기를 이용하여 벡터의 내적을 다음과 같이 나타낼 수도 있다. 두 벡터 $\mathbf{v}$와 $\mathbf{w}$에 대하여,

$$\begin{aligned} \|\mathbf{v} - \mathbf{w}\|^2 &= \langle\mathbf{v} - \mathbf{w}, \mathbf{v} - \mathbf{w}\rangle \\ &= \langle\mathbf{v}, \mathbf{v}\rangle + \langle\mathbf{w}, \mathbf{w}\rangle - 2\langle\mathbf{v}, \mathbf{w}\rangle \\ &= \|\mathbf{v}\|^2 + \|\mathbf{w}\|^2 - 2\langle\mathbf{v}, \mathbf{w}\rangle \end{aligned}$$

이므로

$$\langle\mathbf{v}, \mathbf{w}\rangle = \frac{1}{2}\left(\|\mathbf{v}\|^2 + \|\mathbf{w}\|^2 - \|\mathbf{v} - \mathbf{w}\|^2\right)$$

이다.

두 벡터 사잇각의 크기 앞에서와 같이, 벡터 $\mathbf{v}, \mathbf{w} \in \mathbb{E}^n$에 대하여,

$$\langle \mathbf{v}, \mathbf{w} \rangle = \Phi(\mathbf{v}) \cdot \Phi(\mathbf{w})$$

이고 $n < m$인 자연수 m과 유클리드 내적공간 $\mathbb{E}^m$의 차원이 n인 부분공간 V에 대한 일대일 대응인 선형사상 $\Phi\colon \mathbb{E}^n \to V$이 존재한다고 가정하자. 그러면 θ가 두 벡터 $\Phi(\mathbf{v})$와 $\Phi(\mathbf{w})$의 사잇각 크기이면 $\Phi(\mathbf{v}) \cdot \Phi(\mathbf{w}) = \|\Phi(\mathbf{v})\| \, \|\Phi(\mathbf{w})\| \cos\theta$이므로, 내적과 벡터의 크기를 이용하여 두 벡터 사잇각의 크기를 다음과 같이 정의한다.

정의 6.3: 두 벡터 사잇각의 크기

유클리드 내적공간 $(\mathbb{E}^n, \langle \cdot, \cdot \rangle)$에 놓인 영벡터가 아닌 벡터 $\mathbf{v}$와 $\mathbf{w}$에 대하여,

$$\cos\theta = \frac{\langle \mathbf{v}, \mathbf{w} \rangle}{\|\mathbf{v}\| \, \|\mathbf{w}\|} \qquad (0 \le \theta \le \pi)$$

인 실수 θ를 두 벡터 $\mathbf{v}$와 $\mathbf{w}$의 **사잇각의 크기**라고 한다.

위의 정의를

$$\langle \mathbf{v}, \mathbf{w} \rangle = \|\mathbf{v}\| \, \|\mathbf{w}\| \cos\theta$$

와 같이 나타낼 수 있다.

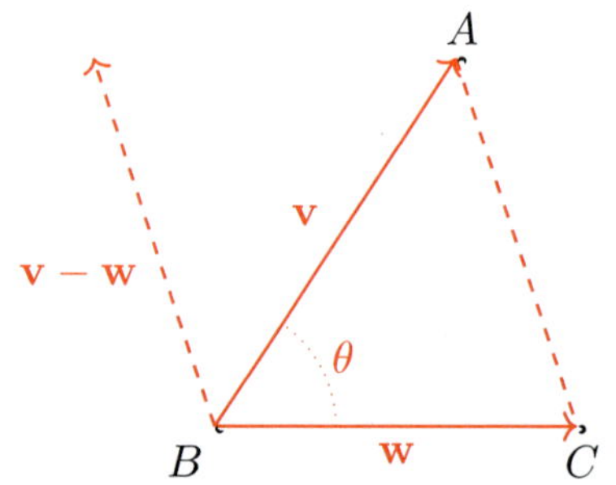

그림 6.1 삼각형에 대한 제2 코사인법칙

일차독립인 두 벡터 $\mathbf{v}$와 $\mathbf{w}$의 사잇각 크기를 θ로 놓으면

$$\begin{aligned} \|\mathbf{v} - \mathbf{w}\|^2 &= \langle \mathbf{v} - \mathbf{w}, \mathbf{v} - \mathbf{w} \rangle \\ &= \langle \mathbf{v}, \mathbf{v} \rangle + \langle \mathbf{w}, \mathbf{w} \rangle - 2\langle \mathbf{v}, \mathbf{w} \rangle \\ &= \|\mathbf{v}\|^2 + \|\mathbf{w}\|^2 - 2\|\mathbf{v}\| \, \|\mathbf{w}\| \cos\theta \end{aligned}$$

이므로

$$\|\mathbf{v}-\mathbf{w}\|^2 = \|\mathbf{v}\|^2 + \|\mathbf{w}\|^2 - 2\|\mathbf{v}\|\,\|\mathbf{w}\|\cos\theta$$

이다. 이 식은 그림 6.1에서와 같은 $\triangle ABC$에 대한 **제2 코사인법칙**을 나타낸다. 이때 $\theta = \pi/2$이면 $\cos\theta = 0$이므로 위 식은

$$\|\mathbf{v}-\mathbf{w}\|^2 = \|\mathbf{v}\|^2 + \|\mathbf{w}\|^2$$

로 변형된다. 이 식은 직각삼각형인 $\triangle ABC$에 대한 **피타고라스 정리**를 나타낸다.

앞에서 벡터 $\mathbf{v}$의 내적 $\langle\mathbf{v},\mathbf{v}\rangle$을 이용하여 벡터의 크기 $\|\mathbf{v}\| = \sqrt{\langle\mathbf{v},\mathbf{v}\rangle}$를 정의함을 살펴봤다. 유클리드 벡터공간에서는 위의 제2 코사인법칙에 따라서

$$\langle\mathbf{v},\mathbf{w}\rangle = \|\mathbf{v}\|\,\|\mathbf{w}\|\cos\theta = \frac{1}{2}\left(\|\mathbf{v}\|^2 + \|\mathbf{w}\|^2 - \|\mathbf{v}-\mathbf{w}\|^2\right)$$

와 같이 벡터릐 길이로부터 벡터의 내적을 정의할 수 있음을 알 수 있다.

6.1.3 기저에 대한 내적의 행렬표현

순서 다중쌍 $\mathcal{A} = (\mathbf{v}_1, \mathbf{v}_2, \ldots, \mathbf{v}_n)$이 유클리드 벡터공간 $\mathbb{E}^n$의 기저이고 $\langle\cdot,\cdot\rangle$은 유클리드 벡터공간에 정의된 내적이라고 가정하자. 그러면 벡터 $\mathbf{v} = x_1\mathbf{v}_1 + x_2\mathbf{v}_2 + \cdots + x_n\mathbf{v}_n$와 $\mathbf{w} = y_1\mathbf{v}_1 + y_2\mathbf{v}_2 + \cdots + y_n\mathbf{v}_n$에 대하여

$$\langle\mathbf{v},\mathbf{w}\rangle = \sum_{i=1}^{n}\sum_{j=1}^{n} x_i y_j \langle\mathbf{v}_i,\mathbf{v}_j\rangle$$

이다. 여기서 $i, j = 1, \ldots, n$일 때 $a_{ij} = \langle\mathbf{v}_i,\mathbf{v}_j\rangle$로 놓고 $A = [a_{ij}]_{n\times n}$로 놓으면

$$\left[\sum_{i=1}^{n}\sum_{j=1}^{n} x_i y_j \langle\mathbf{v}_i,\mathbf{v}_j\rangle\right] = ([\mathbf{v}]^{\mathcal{A}})^T A [\mathbf{w}]^{\mathcal{A}}$$

이다. 이때 정사각행렬 A를 기저 $\mathcal{A}$에 대한 내적 $\langle\cdot,\cdot\rangle$의 **행렬표현**이라고 하고 $[\langle\cdot,\cdot\rangle]^{\mathcal{A}}$로 나타낸다. 모든 $i, j = 1, \ldots, n$에 대하여 $a_{ij} = \langle\mathbf{v}_i,\mathbf{v}_j\rangle = \langle\mathbf{v}_j,\mathbf{v}_i\rangle = a_{ji}$이므로 정사각행렬 A는 대칭행렬이다.

예제 6.2 유클리드 벡터공간 $\mathbb{E}^2$에 놓인 벡터 $\mathbf{x} = (x_1, x_2)$ 와 $\mathbf{y} = (y_1, y_2)$에 대하여, 내적 $\langle\cdot,\cdot\rangle$이 $\langle\mathbf{x},\mathbf{y}\rangle = x_1y_1 + x_1y_2 + x_2y_1 + 3x_2y_2$로 정의될 때, 다음 물음에 답하라.

(가) 표준기저 $\mathcal{E} = (\mathbf{e}_1, \mathbf{e}_2)$에 대한 내적 $\langle \cdot, \cdot \rangle$의 행렬표현을 구하라.

(나) $\mathbf{a} = (1, 1)$일 때 기저 $\mathcal{A} = (\mathbf{e}_1, \mathbf{a})$에 대한 내적 $\langle \cdot, \cdot \rangle$의 행렬표현을 구하라.

풀이. (가) 표준기저 $\mathcal{E} = (\mathbf{e}_1, \mathbf{e}_2)$에 대하여,

$$\langle \mathbf{e}_1, \mathbf{e}_1 \rangle = 1, \quad \langle \mathbf{e}_1, \mathbf{e}_2 \rangle = 1, \quad \langle \mathbf{e}_2, \mathbf{e}_1 \rangle = 1, \quad \langle \mathbf{e}_2, \mathbf{e}_2 \rangle = 3$$

이므로 표준기저에 대한 내적의 행렬표현은

$$[\langle \cdot, \cdot \rangle]^{\mathcal{E}} = \begin{bmatrix} 1 & 1 \\ 1 & 3 \end{bmatrix}$$

이다.

(나) 기저 $\mathcal{A} = (\mathbf{e}_1, \mathbf{a})$에 대하여,

$$\begin{aligned} \langle \mathbf{e}_1, \mathbf{e}_1 \rangle &= \langle (1,0), (1,0) \rangle = 1 \cdot 1 + 1 \cdot 0 + 0 \cdot 1 + 3 \cdot 0 \cdot 0 = 1, \\ \langle \mathbf{e}_1, \mathbf{a} \rangle &= \langle (1,0), (1,1) \rangle = 1 \cdot 1 + 1 \cdot 1 + 0 \cdot 1 + 3 \cdot 0 \cdot 1 = 2, \\ \langle \mathbf{a}, \mathbf{e}_1 \rangle &= \langle (1,1), (1,0) \rangle = 1 \cdot 1 + 1 \cdot 0 + 1 \cdot 1 + 3 \cdot 1 \cdot 0 = 2, \\ \langle \mathbf{a}, \mathbf{a} \rangle &= \langle (1,1), (1,1) \rangle = 1 \cdot 1 + 1 \cdot 1 + 1 \cdot 1 + 3 \cdot 1 \cdot 1 = 6 \end{aligned}$$

이므로 기저 $\mathcal{A}$에 대한 내적의 행렬표현은

$$[\langle \cdot, \cdot \rangle]^{\mathcal{A}} = \begin{bmatrix} 1 & 2 \\ 2 & 6 \end{bmatrix}$$

이다. □

내적의 행렬표현이 가역행렬임을 다음에서 알 수 있다.

정리 6.3: 내적 행렬표현의 가역성

유클리드 벡터공간 $\mathbb{E}^n$에 정의된 내적에 대하여, 정사각행렬 A가 내적의 행렬표현이면 A는 가역행렬이다.

증명. 행렬 $A = [a_{ij}]$가 기저 $\mathcal{A} = (\mathbf{v}_1, \mathbf{v}_2, \ldots, \mathbf{v}_n)$에 대한 내적의 행렬표현이라고 가정하자. 이제 A의 열벡터들인 $\mathbf{a}_1$, $\mathbf{a}_2$, $\ldots$, $\mathbf{a}_n$이 일차 독립임을 보이면 된다. 실수

$c_1, c_2, \ldots, c_n \in \mathbb{R}$에 대하여

$$c_1\mathbf{a}_1 + c_2\mathbf{a}_2 + \cdots + c_n\mathbf{a}_n = \mathbf{o}$$

라고 가정하자. 그러면 $i = 1, \ldots, n$일 때 위 식에서 양변의 i 번째 항이

$$0 = a_{i1}c_1 + a_{i2}c_2 + \cdots + a_{in}c_n = \left\langle \mathbf{v}_i, \sum_{j=1}^{n} c_j\mathbf{v}_j \right\rangle$$

이므로, 임의의 벡터 $\mathbf{v}$에 대하여 $\left\langle \mathbf{v}, \sum_{j=1}^{n} c_j\mathbf{v}_j \right\rangle = 0$이다. 보조정리 6.4에 따라서 $\sum_{j=1}^{n} c_j\mathbf{v}_j = \mathbf{o}$ 즉 $c_1 = c_2 = \cdots = c_n = 0$이다. □

연습문제 6.1

1. 유클리드 벡터공간 $\mathbb{E}^2$에서 벡터 $\mathbf{x} = (x_1, x_2)$와 $\mathbf{y} = (y_1, y_2)$에 대한 다음 함수가 내적인지를 판별하라.

   (가) $f(\mathbf{x}, \mathbf{y}) = x_1x_1 + y_1y_1 + x_2x_2 + y_2y_2$,

   (나) $g(\mathbf{x}, \mathbf{y}) = 2x_1y_2 + 2x_2y_1$,

   (다) $h(\mathbf{x}, \mathbf{y}) = x_1y_1 + 4x_2y_2$.

2. 유클리드 내적공간 $(\mathbb{E}^n, \langle\cdot,\cdot\rangle)$에 놓인 벡터 $\mathbf{x} = (x_1, x_2)$와 $\mathbf{y} = (y_1, y_2)$에 대하여, 두 벡터의 사잇각의 크기가 θ일 때

$$\|\mathbf{x} + \mathbf{y}\|^2 = \|\mathbf{x}\|^2 + \|\mathbf{y}\|^2 + 2\|\mathbf{x}\|\,\|\mathbf{y}\|\cos\theta$$

   임을 증명하라.

3. 유클리드 내적공간 $(\mathbb{E}^n, \langle\cdot,\cdot\rangle)$에 놓인 벡터 $\mathbf{x} = (x_1, x_2)$와 $\mathbf{y} = (y_1, y_2)$에 대하여, 다음 등식이 성립함을 증명하라.

   (가) $\|\mathbf{x} + \mathbf{y}\|^2 - \|\mathbf{x} - \mathbf{y}\|^2 = 4\langle\mathbf{x}, \mathbf{y}\rangle$,

   (나) $\|\mathbf{x} + \mathbf{y}\|^2 + \|\mathbf{x} - \mathbf{y}\|^2 = 2(\|\mathbf{x}\|^2 + \|\mathbf{y}\|^2)$.

4. 실수 $x_1, x_2, \ldots, x_n$에 대하여,

$$(x_1 + x_2 + \cdots + x_n)^2 \le n({x_1}^2 + {x_2}^2 + \cdots + {x_n}^2)$$

   임을 증명하라.

5. 유클리드 벡터공간 $\mathbb{E}^2$에서 벡터 $\mathbf{x} = (x_1, x_2)$ 와 $\mathbf{y} = (y_1, y_2)$의 내적이 $\langle\mathbf{x}, \mathbf{y}\rangle = 2x_1y_1 + 3x_1y_2 + 3x_2y_1 + 5x_2y_2$일 때 다음 물음에 답하라.

   (가) 표준기저 $\mathcal{E} = (\mathbf{e}_1, \mathbf{e}_2)$에 대한 내적 $\langle\cdot,\cdot\rangle$의 행렬표현을 구하라.

   (나) $\mathbf{a} = (1, 1)$일 때 기저 $\mathcal{A} = (\mathbf{a}, \mathbf{e}_2)$에 대한 내적 $\langle\cdot,\cdot\rangle$의 행렬표현을 구하라.

6.2 벡터의 직교성

이 절에서는 직교하는 두 벡터의 성질을 탐구한다. 크기가 1이고 서로 직교하는 벡터들로 이루어진 기저에 대한 벡터의 표현에는 많은 편리성이 있다. 따라서 기저를 크기가 1이고 서로 직교하는 벡터들로 이루어진 기저로 변형하는 방법에 대하여 탐구한다.

6.2.1 벡터 직교성의 정의와 성질

두 벡터의 사잇각이 직각일 때 다음과 같이 두 벡터의 관계를 정의한다.

정의 6.4: 직교하는 두 벡터

유클리드 내적공간 $(\mathbb{E}^n, \langle\cdot,\cdot\rangle)$에 놓인 벡터 $\mathbf{v}, \mathbf{w} \in \mathbb{E}^n$에 대하여, $\langle \mathbf{v}, \mathbf{w} \rangle = 0$이면 벡터 $\mathbf{v}$는 $\mathbf{w}$에 **직교한다**라고 하고 $\mathbf{v} \perp \mathbf{w}$로 나타낸다.

직교하는 두 벡터에 대하여 다음을 알 수 있다.

(가) 영벡터 $\mathbf{o}$과 벡터 $\mathbf{v}$에 대하여, $\langle \mathbf{o}, \mathbf{v} \rangle = 0$이므로 $\mathbf{o} \perp \mathbf{v}$이다.

(나) 영벡터가 아닌 벡터 $\mathbf{v}$와 $\mathbf{w}$의 사잇각 크기 θ에 대하여, $\langle \mathbf{v}, \mathbf{w} \rangle = \|\mathbf{v}\| \, \|\mathbf{w}\| \cos\theta$이므로 $\theta = \pi/2$는 $\mathbf{v} \perp \mathbf{w}$이기 위한 필요충분조건임을 알 수 있다.

영벡터는 모든 벡터와 직교한다. 모든 벡터와 직교하는 벡터는 영벡터가 유일함을 다음에서 확인할 수 있다.

보조정리 6.4: 벡터가 영벡터이기 위한 필요충분조건

유클리드 내적공간 $(\mathbb{E}^n, \langle\cdot,\cdot\rangle)$에 놓인 벡터 $\mathbf{v}$에 대하여, $\forall \mathbf{w} \in \mathbb{E}^n$, $\langle \mathbf{v}, \mathbf{w} \rangle = 0$은 $\mathbf{v} = \mathbf{o}$이기 위한 필요충분조건이다.

증명. 영벡터 $\mathbf{o}$와 벡터 $\mathbf{w}$에 대하여, $\langle \mathbf{o}, \mathbf{w} \rangle = \langle \mathbf{o}, \mathbf{w} \rangle + \langle \mathbf{o}, \mathbf{w} \rangle$이므로

$$\langle \mathbf{o}, \mathbf{w} \rangle = \langle \mathbf{o}, \mathbf{w} \rangle + (\langle \mathbf{o}, \mathbf{w} \rangle - \langle \mathbf{o}, \mathbf{w} \rangle) = (\langle \mathbf{o}, \mathbf{w} \rangle + \langle \mathbf{o}, \mathbf{w} \rangle) - \langle \mathbf{o}, \mathbf{w} \rangle = \langle \mathbf{o}, \mathbf{w} \rangle - \langle \mathbf{o}, \mathbf{w} \rangle = 0$$

이다.

역으로 모든 벡터 $\mathbf{w} \in \mathbb{E}^n$에 대하여 $\langle \mathbf{v}, \mathbf{w} \rangle = 0$이라고 가정하자. 그러면 $\langle \mathbf{v}, \mathbf{v} \rangle = 0$이므로 내적의 양의 정부호성에 따라서 $\mathbf{v} = \mathbf{o}$이다. □

위의 보조정리에 따라서 벡터 $\mathbf{v} \in \mathbb{E}^n$에 대하여, $\mathbf{v} = \mathbf{o}$임을 보이기 위하여 모든 벡터 $\mathbf{w} \in \mathbb{E}^n$에 대하여 $\langle \mathbf{v}, \mathbf{w} \rangle = 0$임을 보이면 된다. 그런데 모든 벡터 $\mathbf{w}$에 대하여

$\langle \mathbf{v}, \mathbf{w} \rangle = 0$을 보이는 것이 다소 복잡해 보일 수도 있지만 실제로는 그렇지 않다는 것을 확인할 수 있다. 즉 기저 $\mathcal{A} = (\mathbf{v}_1, \mathbf{v}_2, \ldots, \mathbf{v}_n)$에 대하여, $\forall i \in \{1, 2, \ldots, n\}, \langle \mathbf{v}, \mathbf{v}_i \rangle = 0$은 모든 벡터 $\mathbf{w} \in \mathbb{E}^n$에 대하여 $\langle \mathbf{v}, \mathbf{w} \rangle = 0$이기 위한 필요충분조건이다. 따라서 벡터 $\mathbf{v}$가 영벡터임을 보이기 위하여

$$\forall i \in \{1, 2, \ldots, n\}, \langle \mathbf{v}, \mathbf{v}_i \rangle = 0$$

을 보이면 된다.

영벡터가 아닌 벡터로 이루어진 순서 다중쌍에 대하여, 성분벡터들이 서로 직교하면 순서 다중쌍이 일차독립임을 다음에서 확인할 수 있다.

정리 6.5: 서로 직교하는 영벡터가 아닌 벡터의 순서 다중쌍의 일차독립성

유클리드 내적공간 $(\mathbb{E}^n, \langle \cdot, \cdot \rangle)$에서 영벡터가 아닌 벡터들의 순서 다중쌍 $(\mathbf{v}_1, \mathbf{v}_2, \ldots, \mathbf{v}_k)$에 대하여, $\mathbf{v}_1, \mathbf{v}_2, \ldots, \mathbf{v}_k$가 서로 직교하면 순서 다중쌍 $(\mathbf{v}_1, \mathbf{v}_2, \ldots, \mathbf{v}_k)$은 일차독립이다.

증명. 실수 $a_1, a_2, \ldots, a_k$에 대하여, $a_1\mathbf{v}_1 + \cdots + a_k\mathbf{v}_k = \mathbf{o}$라고 가정하자. 그러면 $i = 1, \ldots, k$일 때

$$\begin{aligned} 0 &= \langle \mathbf{o}, \mathbf{v}_i \rangle \\ &= \langle a_1\mathbf{v}_1 + a_2\mathbf{v}_2 + \cdots + a_k\mathbf{v}_k, \mathbf{v}_i \rangle \\ &= a_1\langle \mathbf{v}_1, \mathbf{v}_i \rangle + a_2\langle \mathbf{v}_2, \mathbf{v}_i \rangle + \cdots + a_k\langle \mathbf{v}_k, \mathbf{v}_i \rangle \\ &= a_i\langle \mathbf{v}_i, \mathbf{v}_i \rangle \end{aligned}$$

이고 $\langle \mathbf{v}_i, \mathbf{v}_i \rangle > 0$이므로, $a_i = 0$이다. □

6.2.2 정규직교기저

순서 다중쌍 $(\mathbf{v}_1, \mathbf{v}_2, \ldots, \mathbf{v}_k)$에 대하여,

(가) 모든 $i = 1, 2, \ldots, k$에 대하여 $\langle \mathbf{v}_i, \mathbf{v}_i \rangle = 1$은 $\|\mathbf{v}_i\| = 1$이기 위한 필요충분조건이고,

(나) 모든 $1 \le i < j \le k$에 대하여, $\langle \mathbf{v}_i, \mathbf{v}_j \rangle = 0$은 $\mathbf{v}_i \perp \mathbf{v}_j$이기 위한 필요충분조건이다.

크로네커 델타 기호 δ_{ij}를 이용하여 다음을 정의한다.

정의 6.5: 정규직교하는 순서 다중쌍

유클리드 내적공간 $(\mathbb{E}^n, \langle\cdot,\cdot\rangle)$에 놓인 벡터들의 순서 다중쌍 $(\mathbf{v}_1, \mathbf{v}_2, \ldots, \mathbf{v}_k)$에 대하여, 모든 $i, j = 1, 2, \ldots, k$에 대하여 $\langle \mathbf{v}_i, \mathbf{v}_j \rangle = \delta_{ij}$이면 $(\mathbf{v}_1, \mathbf{v}_2, \ldots, \mathbf{v}_k)$는 **정규직교한다**라고 한다.

먼저 벡터에 대한 정규직교기저의 일차결합을 살펴 보면 다음과 같다.

정리 6.6: 벡터에 대한 정규직교기저의 일차결합

유클리드 내적공간 $(\mathbb{E}^n, \langle\cdot,\cdot\rangle)$에 대하여, 순서 다중쌍 $\mathcal{A} = (\mathbf{v}_1, \mathbf{v}_2, \ldots, \mathbf{v}_n)$이 정규직교기저이면 벡터 $\mathbf{v} \in \mathbb{E}^n$에 대하여

$$\mathbf{v} = \langle \mathbf{v}, \mathbf{v}_1 \rangle \mathbf{v}_1 + \langle \mathbf{v}, \mathbf{v}_2 \rangle \mathbf{v}_2 + \cdots + \langle \mathbf{v}, \mathbf{v}_n \rangle \mathbf{v}_n$$

이다.

증명. 순서 다중쌍 $\mathcal{A} = (\mathbf{v}_1, \mathbf{v}_2, \ldots, \mathbf{v}_n)$이 정규직교기저라고 가정하자. 그러면 임의의 벡터 $\mathbf{v} = x_1\mathbf{v}_1 + x_2\mathbf{v}_2 + \cdots + x_n\mathbf{v}_n$에 대하여, $i = 1, 2, \ldots, n$일 때

$$\begin{aligned}\langle \mathbf{v}, \mathbf{v}_i \rangle &= \langle x_1\mathbf{v}_1, \mathbf{v}_i \rangle + \langle x_2\mathbf{v}_2, \mathbf{v}_i \rangle + \cdots + \langle x_n\mathbf{v}_n, \mathbf{v}_i \rangle \\ &= x_1\langle \mathbf{v}_1, \mathbf{v}_i \rangle + x_2\langle \mathbf{v}_2, \mathbf{v} \rangle + \cdots + x_n\langle \mathbf{v}_n, \mathbf{v}_i \rangle \\ &= x_i\end{aligned}$$

이다. □

유클리드 벡터공간 $\mathbb{E}^n$의 표준기저 $\mathcal{E} = (\mathbf{e}_1, \mathbf{e}_2, \ldots, \mathbf{e}_n)$에 대하여, 벡터 $\mathbf{v} = a_1\mathbf{e}_1 + a_2\mathbf{e}_2 + \cdots + a_n\mathbf{e}_n$와 $\mathbf{w} = b_1\mathbf{e}_1 + b_2\mathbf{e}_2 + \cdots + b_n\mathbf{e}_n$의 표준내적은

$$\mathbf{v} \cdot \mathbf{w} = \sum_{i=1}^{n} a_i b_i$$

이다. 이와 같은 형태를 일반적인 내적에서도 볼 수 있다. 유클리드 내적공간 $(\mathbb{E}^n, \langle\cdot,\cdot\rangle)$에서 순서 다중쌍 $\mathcal{A} = (\mathbf{v}_1, \mathbf{v}_2, \ldots, \mathbf{v}_n)$가 정규직교기저이면 벡터 $\mathbf{v} = x_1\mathbf{v}_1 + x_2\mathbf{v}_2 + \cdots + x_n\mathbf{v}_n$와 $\mathbf{w} = y_1\mathbf{v}_1 + y_2\mathbf{v}_2 + \cdots + y_n\mathbf{v}_n$의 내적은

$$\langle \mathbf{v}, \mathbf{w} \rangle = \sum_{i=1}^{n}\sum_{j=1}^{n} x_i y_j \delta_{ij} = \sum_{i=1}^{n} x_i y_i$$

이다.

6.2.3 그람-슈미트 직교화 과정과 행렬의 QR 분해

그람-슈미트 직교화 과정 유클리드 벡터공간 $\mathbb{E}^n$의 주어진 기저 $(\mathbf{u}_1, \mathbf{u}_2, \ldots, \mathbf{u}_n)$으로부터 정규직교기저 $(\mathbf{w}_1, \mathbf{w}_2, \ldots, \mathbf{w}_n)$를 찾는 방법을 알아본다. 여기서 영벡터가 아닌 벡터 $\mathbf{v}$로 벡터 $\mathbf{u}$의 사영이

$$\mathrm{Proj}_{\mathbf{v}}\,\mathbf{u} = \frac{\langle \mathbf{u}, \mathbf{v}\rangle}{\langle \mathbf{v}, \mathbf{v}\rangle}\mathbf{v}$$

임에 유의하자.

정리 6.7: 그람-슈미트 직교화 과정

유클리드 내적공간 $(\mathbb{E}^n, \langle\cdot,\cdot\rangle)$의 기저 $(\mathbf{u}_1, \mathbf{u}_2, \ldots, \mathbf{u}_n)$에 대하여,

$$\begin{aligned}\mathbf{v}_1 &= \mathbf{u}_1,\\ \mathbf{v}_i &= \mathbf{u}_i - \sum_{\ell=1}^{i-1}\frac{\langle \mathbf{u}_i, \mathbf{v}_\ell\rangle}{\langle \mathbf{v}_\ell, \mathbf{v}_\ell\rangle}\mathbf{v}_\ell \qquad (2 \le i \le n)\end{aligned} \tag{6.1}$$

로 정의되는 순서 다중쌍 $(\mathbf{v}_1, \mathbf{v}_2, \ldots, \mathbf{v}_n)$은 $\mathbb{E}^n$의 직교기저이고,

$$\mathbf{w}_i = \frac{\mathbf{v}_i}{\|\mathbf{v}_i\|} \qquad (1 \le i \le n) \tag{6.2}$$

로 정의되는 순서 다중쌍 $(\mathbf{w}_1, \mathbf{w}_2, \ldots, \mathbf{w}_n)$은 $\mathbb{E}^n$의 정규직교기저이다.

증명. 자연수 n에 대한 수학적 귀납법을 적용하여 결과를 증명하자.

$n = 1$인 경우, $(\mathbf{u}_1)$이 $\mathbb{E}^n$의 기저이므로, $\mathbf{u}_1 \neq \mathbf{o}$이다. 따라서 $(\mathbf{v}_1)$은 $\mathbb{E}^n$의 직교기저이고, $\mathbf{w}_1 = \frac{\mathbf{v}_1}{\|\mathbf{v}_1\|}$은 길이가 1인 벡터이므로 $(\mathbf{w}_1)$은 $\mathbb{E}^n$의 정규직교기저이다.

$n = k$인 경우 결과가 성립한다고 가정하자. 이제 순서 다중쌍 $(\mathbf{u}_1, \mathbf{u}_2, \ldots, \mathbf{u}_{k+1})$가 $\mathbb{E}^n$의 기저라고 가정하자. 수학적 귀납법의 가정에 따라서

(가) (6.1)과 같이 정의된 $(\mathbf{v}_1, \ldots, \mathbf{v}_k)$는 부분공간 $\langle \mathbf{u}_1, \ldots, \mathbf{u}_k\rangle$의 직교기저이고,

(나) (6.2)와 같이 정의된 $(\mathbf{w}_1, \ldots, \mathbf{w}_k)$는 $\langle \mathbf{u}_1, \ldots, \mathbf{u}_k\rangle$의 정규직교기저이다.

그리고 벡터

$$\mathbf{v}_{k+1} = \mathbf{u}_{k+1} - \sum_{\ell=1}^{k}\frac{\langle \mathbf{u}_{k+1}, \mathbf{v}_\ell\rangle}{\langle \mathbf{v}_\ell, \mathbf{v}_\ell\rangle}\mathbf{v}_\ell$$

은 $(\mathbf{v}_1, \ldots, \mathbf{v}_k, \mathbf{u}_{k+1})$의 일차결합이다. 그런데 $\langle \mathbf{v}_1, \ldots, \mathbf{v}_k \rangle = \langle \mathbf{u}_1, \ldots, \mathbf{u}_k \rangle$이므로, 벡터 $\mathbf{v}_{k+1}$은 $(\mathbf{u}_1, \ldots, \mathbf{u}_k, \mathbf{u}_{k+1})$의 일차결합이며

$$\langle \mathbf{v}_1, \mathbf{v}_2, \ldots, \mathbf{v}_k, \mathbf{v}_{k+1} \rangle \subseteq \langle \mathbf{u}_1, \ldots, \mathbf{u}_k, \mathbf{u}_{k+1} \rangle$$

이다. 여기서 $\mathbf{v}_{k+1} \neq \mathbf{o}$이다. 왜냐하면 $\mathbf{v}_{k+1} = \mathbf{o}$이면

$$\mathbf{u}_{k+1} = \sum_{\ell=1}^{k} \frac{\langle \mathbf{u}_{k+1}, \mathbf{v}_\ell \rangle}{\langle \mathbf{v}_\ell, \mathbf{v}_\ell \rangle} \mathbf{v}_\ell$$

이므로

$$\langle \mathbf{u}_1, \ldots, \mathbf{u}_k, \mathbf{u}_{k+1} \rangle = \langle \mathbf{v}_1, \ldots, \mathbf{v}_k \rangle = \langle \mathbf{u}_1, \ldots, \mathbf{u}_k \rangle$$

이다. 이는 순서 다중쌍 $(\mathbf{u}_1, \mathbf{u}_2, \ldots, \mathbf{u}_{k+1})$이 $\mathbb{E}^n$의 기저라는 것에 모순이다. 또한 $1 \leq i \leq k$일 때,

$$\langle \mathbf{v}_i, \mathbf{v}_{k+1} \rangle = \langle \mathbf{v}_i, \mathbf{u}_{k+1} \rangle - \sum_{\ell=1}^{k} \frac{\langle \mathbf{u}_{k+1}, \mathbf{v}_\ell \rangle}{\langle \mathbf{v}_\ell, \mathbf{v}_\ell \rangle} \langle \mathbf{v}_i, \mathbf{v}_\ell \rangle = \langle \mathbf{v}_i, \mathbf{u}_{k+1} \rangle - \langle \mathbf{u}_{k+1}, \mathbf{v}_i \rangle = 0$$

이므로 $(\mathbf{v}_1, \ldots, \mathbf{v}_{k+1})$은 서로 직교이고 따라서 일차독립이다. 따라서

$$\langle \mathbf{v}_1, \ldots, \mathbf{v}_k, \mathbf{v}_{k+1} \rangle = \langle \mathbf{u}_1, \ldots, \mathbf{u}_k, \mathbf{u}_{k+1} \rangle$$

이고 순서 다중쌍 $(\mathbf{v}_1, \ldots, \mathbf{v}_{k+1})$은 부분공간 $\langle \mathbf{u}_1, \ldots, \mathbf{u}_{k+1} \rangle$의 직교기저이며, (6.2)와 같이 정의된 순서다중쌍 $(\mathbf{w}_1, \ldots, \mathbf{w}_{k+1})$는 부분공간 $\langle \mathbf{u}_1, \ldots, \mathbf{u}_{k+1} \rangle$의 정규직교기저이다. □

위의 정리에 따라서 임의의 기저로부터 정규직교기저를 만들 수 있으므로 모든 유클리드 내적공간의 정규직교기저가 존재함을 알 수 있다.

예제 6.3 유클리드 내적공간 $(\mathbb{E}^3, \langle \cdot, \cdot \rangle)$의 내적이 표준내적일 때,

$$\mathbf{u}_1 = (1, 1, 0), \quad \mathbf{u}_2 = (1, 0, 2), \quad \mathbf{u}_3 = (1, 1, 2)$$

인 기저 $(\mathbf{u}_1, \mathbf{u}_2, \mathbf{u}_3)$에 그람-슈미트 직교화 과정을 적용하여 정규직교기저를 구하라.

풀이. 기저 $(\mathbf{u}_1, \mathbf{u}_2, \mathbf{u}_3)$에 대한 그람-슈미트 직교화 과정에 따라서

$$\begin{aligned}
\mathbf{v}_1 &= \mathbf{u}_1 = (1,1,0), \\
\mathbf{v}_2 &= \mathbf{u}_2 - \frac{\mathbf{u}_2 \cdot \mathbf{v}_1}{\mathbf{v}_1 \cdot \mathbf{v}_1}\mathbf{v}_1 = (1,0,2) - \frac{1}{2}(1,1,0) = \left(\frac{1}{2}, -\frac{1}{2}, 2\right), \\
\mathbf{v}_3 &= \mathbf{u}_3 - \frac{\mathbf{u}_3 \cdot \mathbf{v}_1}{\mathbf{v}_1 \cdot \mathbf{v}_1}\mathbf{v}_1 - \frac{\mathbf{u}_3 \cdot \mathbf{v}_2}{\mathbf{v}_2 \cdot \mathbf{v}_2}\mathbf{v}_2 \\
&= (1,1,2) - \frac{2}{2}(1,1,0) - \frac{8}{9}\left(\frac{1}{2}, -\frac{1}{2}, 2\right) = \left(-\frac{4}{9}, \frac{4}{9}, \frac{2}{9}\right)
\end{aligned}$$

인 순서 삼중쌍 $(\mathbf{v}_1, \mathbf{v}_2, \mathbf{v}_3)$은 $\mathbb{E}^3$의 직교기저이고,

$$\begin{aligned}
\mathbf{w}_1 &= \frac{\mathbf{v}_1}{\|\mathbf{v}_1\|} = \left(\frac{1}{\sqrt{2}}, \frac{1}{\sqrt{2}}, 0\right), \\
\mathbf{w}_2 &= \frac{\mathbf{v}_2}{\|\mathbf{v}_2\|} = \frac{\sqrt{2}}{3}\left(\frac{1}{2}, -\frac{1}{2}, 2\right), \\
\mathbf{w}_3 &= \frac{\mathbf{v}_3}{\|\mathbf{v}_3\|} = \left(-\frac{2}{3}, \frac{2}{3}, \frac{1}{3}\right)
\end{aligned}$$

인 순서 삼중쌍 $(\mathbf{w}_1, \mathbf{w}_2, \mathbf{w}_3)$은 $\mathbb{E}^3$의 정규직교기저이다. □

행렬의 QR 분해 열벡터들이 일차독립인 행렬을 열벡터들이 정규직교하는 행렬로 변형하는 과정을 나타내는 행렬의 QR 분해에 대하여 알아본다.

$m \times n$ 행렬 A의 열벡터로 이루어진 순서 다중쌍 $(\mathbf{a}_1, \mathbf{a}_2, \ldots, \mathbf{a}_n)$이 일차독립이라고 가정하자. 유클리드 내적공간 $\mathbb{E}^m$에서 $(\mathbf{a}_1, \mathbf{a}_2, \ldots, \mathbf{a}_n)$이 생성하는 부분공간

$$V = \langle \mathbf{a}_1, \mathbf{a}_2, \ldots, \mathbf{a}_n \rangle$$

에 대하여, 그람-슈미트 직교화 과정에 따라서 부분공간 V의 정규직교기저 $(\mathbf{q}_1, \mathbf{q}_2, \ldots, \mathbf{q}_n)$을 구할 수 있다. 이때

$$\begin{aligned}
\mathbf{a}_1 &= \langle \mathbf{a}_1, \mathbf{q}_1 \rangle \mathbf{q}_1 + \langle \mathbf{a}_1, \mathbf{q}_2 \rangle \mathbf{q}_2 + \cdots + \langle \mathbf{a}_1, \mathbf{q}_n \rangle \mathbf{q}_n, \\
\mathbf{a}_2 &= \langle \mathbf{a}_2, \mathbf{q}_1 \rangle \mathbf{q}_1 + \langle \mathbf{a}_2, \mathbf{q}_2 \rangle \mathbf{q}_2 + \cdots + \langle \mathbf{a}_2, \mathbf{q}_n \rangle \mathbf{q}_n, \\
&\vdots \\
\mathbf{a}_n &= \langle \mathbf{a}_n, \mathbf{q}_1 \rangle \mathbf{q}_1 + \langle \mathbf{a}_n, \mathbf{q}_2 \rangle \mathbf{q}_2 + \cdots + \langle \mathbf{a}_n, \mathbf{q}_n \rangle \mathbf{q}_n,
\end{aligned}$$

이다. 여기서

$$R = \begin{bmatrix} \langle \mathbf{a}_1, \mathbf{q}_1 \rangle & \langle \mathbf{a}_2, \mathbf{q}_1 \rangle & \cdots & \langle \mathbf{a}_n, \mathbf{q}_1 \rangle \\ \langle \mathbf{a}_1, \mathbf{q}_2 \rangle & \langle \mathbf{a}_2, \mathbf{q}_2 \rangle & \cdots & \langle \mathbf{a}_n, \mathbf{q}_2 \rangle \\ \vdots & \vdots & \ddots & \vdots \\ \langle \mathbf{a}_1, \mathbf{q}_n \rangle & \langle \mathbf{a}_2, \mathbf{q}_n \rangle & \cdots & \langle \mathbf{a}_n, \mathbf{q}_n \rangle \end{bmatrix}$$

로 놓으면, 행렬 A의 **QR 분해**

$$A = QR$$

가 성립함을 알 수 있다.

위에서 정사각행렬 R의 성질을 다음과 같이 알 수 있다.

(가) $j = 2, 3, \ldots, n$일 때, 벡터 $\mathbf{q}_j$는 벡터 $\mathbf{a}_1, \mathbf{a}_2, \ldots, \mathbf{a}_{j-1}$에 직교하므로 정사각행렬 R은 위삼각행렬

$$R = \begin{bmatrix} \langle \mathbf{a}_1, \mathbf{q}_1 \rangle & \langle \mathbf{a}_2, \mathbf{q}_1 \rangle & \cdots & \langle \mathbf{a}_n, \mathbf{q}_1 \rangle \\ 0 & \langle \mathbf{a}_2, \mathbf{q}_2 \rangle & \cdots & \langle \mathbf{a}_n, \mathbf{q}_2 \rangle \\ \vdots & \vdots & \ddots & \vdots \\ 0 & 0 & \cdots & \langle \mathbf{a}_n, \mathbf{q}_n \rangle \end{bmatrix}$$

이다.

(나) $j = 1, 2, \ldots, n$일 때 $\langle \mathbf{a}_j, \mathbf{q}_j \rangle \neq 0$이므로 위삼각행렬 R은 가역행렬이다.

예제 6.4 행렬

$$A = \begin{bmatrix} 1 & 0 & 0 \\ 1 & 1 & 0 \\ 0 & 1 & 1 \\ 0 & 0 & 1 \end{bmatrix}$$

의 QR 분해를 구하라.

풀이. 행렬 A의 열벡터는 차례대로

$$\mathbf{a}_1 = (1, 1, 0, 0), \quad \mathbf{a}_2 = (0, 1, 1, 0), \quad \mathbf{a}_3 = (0, 0, 1, 1)$$

이다. 일차독립인 기저 $(\mathbf{a}_1, \mathbf{a}_2, \mathbf{a}_2)$를 직교화하면

$$\begin{aligned}
\mathbf{v}_1 &= \mathbf{a}_1 = (1,1,0,0),\\
\mathbf{v}_2 &= \mathbf{a}_2 - \frac{\mathbf{a}_2 \cdot \mathbf{v}_1}{\mathbf{v}_1 \cdot \mathbf{v}_1}\mathbf{v}_1\\
&= (0,1,1,0) - \frac{1}{2}(1,1,0,0) = \left(-\frac{1}{2}, \frac{1}{2}, 1, 0\right)\\
\mathbf{v}_3 &= \mathbf{a}_3 - \frac{\mathbf{a}_3 \cdot \mathbf{v}_1}{\mathbf{v}_1 \cdot \mathbf{v}_1}\mathbf{v}_1 - \frac{\mathbf{a}_3 \cdot \mathbf{v}_2}{\mathbf{v}_2 \cdot \mathbf{v}_2}\mathbf{v}_2\\
&= (0,0,1,1) - \frac{2}{3}\left(-\frac{1}{2}, \frac{1}{2}, 1, 0\right) = \left(\frac{1}{3}, -\frac{1}{3}, \frac{1}{3}, 1\right)
\end{aligned}$$

이고, 직교기저 $(\mathbf{v}_1, \mathbf{v}_2, \mathbf{v}_3)$ 정규화하면

$$\begin{aligned}
\mathbf{q}_1 &= \frac{\mathbf{v}_1}{\|\mathbf{v}_1\|} = \frac{1}{\sqrt{2}}(1,1,0,0) = \left(\frac{1}{\sqrt{2}}, \frac{1}{\sqrt{2}}, 0, 0\right),\\
\mathbf{q}_2 &= \frac{\mathbf{v}_2}{\|\mathbf{v}_2\|} = \frac{\sqrt{2}}{\sqrt{3}}\left(-\frac{1}{2}, \frac{1}{2}, 1, 0\right) = \left(-\frac{1}{\sqrt{6}}, \frac{1}{\sqrt{6}}, \frac{\sqrt{2}}{\sqrt{3}}, 0\right),\\
\mathbf{q}_3 &= \frac{\mathbf{v}_3}{\|\mathbf{v}_3\|} = \frac{\sqrt{3}}{2}\left(\frac{1}{3}, -\frac{1}{3}, \frac{1}{3}, 1\right) = \left(\frac{\sqrt{3}}{6}, -\frac{\sqrt{3}}{6}, \frac{\sqrt{3}}{6}, \frac{\sqrt{3}}{2}\right)
\end{aligned}$$

이다. 또한

$$\begin{aligned}
\mathbf{a}_1 &= \langle \mathbf{a}_1, \mathbf{q}_1 \rangle \mathbf{q}_1 = \sqrt{2}\mathbf{q}_1\\
\mathbf{a}_2 &= \langle \mathbf{a}_2, \mathbf{q}_1 \rangle \mathbf{q}_1 + \langle \mathbf{a}_2, \mathbf{q}_2 \rangle \mathbf{q}_2 = \frac{1}{\sqrt{2}}\mathbf{q}_1 + \frac{3}{\sqrt{6}}\mathbf{q}_2\\
\mathbf{a}_3 &= \langle \mathbf{a}_3, \mathbf{q}_1 \rangle \mathbf{q}_1 + \langle \mathbf{a}_3, \mathbf{q}_2 \rangle \mathbf{q}_2 + \langle \mathbf{a}_3, \mathbf{q}_3 \rangle \mathbf{q}_3 = \frac{\sqrt{2}}{\sqrt{3}}\mathbf{q}_2 + \frac{2}{\sqrt{3}}\mathbf{q}_3
\end{aligned}$$

이므로

$$\begin{bmatrix} 1 & 0 & 0 \\ 1 & 1 & 0 \\ 0 & 1 & 1 \\ 0 & 0 & 1 \end{bmatrix} = QR = \begin{bmatrix} \frac{1}{\sqrt{2}} & -\frac{1}{\sqrt{6}} & \frac{\sqrt{3}}{6} \\ \frac{1}{\sqrt{2}} & \frac{1}{\sqrt{6}} & -\frac{\sqrt{3}}{6} \\ 0 & \frac{\sqrt{2}}{\sqrt{3}} & \frac{\sqrt{3}}{6} \\ 0 & 0 & \frac{\sqrt{3}}{2} \end{bmatrix} \begin{bmatrix} \sqrt{2} & \frac{1}{\sqrt{2}} & 0 \\ 0 & \frac{3}{\sqrt{6}} & \frac{\sqrt{2}}{\sqrt{3}} \\ 0 & 0 & \frac{2}{\sqrt{3}} \end{bmatrix}$$

이다. □

연습문제 6.2

1. 유클리드 내적공간 $(\mathbb{E}^3, \langle\cdot,\cdot\rangle)$의 내적이 표준내적일 때, 다음 두 벡터가 직교하는지를 판별하라.

   (가) $\mathbf{v} = (1,2,2)$, $\mathbf{w} = (4,2,-4)$,

   (나) $\mathbf{v} = (2,0,1)$, $\mathbf{w} = (0,2,2)$,

   (다) $\mathbf{v} = (0,0,0)$, $\mathbf{w} = (3,2,-4)$,

   (라) $\mathbf{v} = (2,-1,2)$, $\mathbf{w} = (3,2,-2)$.

2. 유클리드 내적공간 $(\mathbb{E}^3, \langle\cdot,\cdot\rangle)$의 내적이 표준내적일 때, 벡터 $\mathbf{v} = (2,1,1)$와 $\mathbf{w} = (0,1,-1)$에 직교하면서 크기가 1인 벡터를 구하라.

3. 유클리드 내적공간 $(\mathbb{E}^n, \langle\cdot,\cdot\rangle)$에 놓인 벡터 $\mathbf{v}$와 $\mathbf{w}$에 대하여, $\|\mathbf{v}\| = \|\mathbf{w}\|$은 $(\mathbf{v}+\mathbf{w}) \perp (\mathbf{v}-\mathbf{w})$이기 위한 필요충분조건임을 증명하라.

4. 유클리드 내적공간 $(\mathbb{E}^3, \langle\cdot,\cdot\rangle)$의 내적이 표준내적일 때,

$$\mathbf{u}_1 = (1,1,0), \quad \mathbf{u}_2 = (0,1,1), \quad \mathbf{u}_3 = (0,0,1)$$

   인 기저 $(\mathbf{u}_1, \mathbf{u}_2, \mathbf{u}_3)$에 그람-슈미트 직교화 과정을 적용하여 정규직교기저를 구하라.

5. 유클리드 내적공간 $(\mathbb{E}^2, \langle\cdot,\cdot,\rangle)$에서 내적이 $\langle(v_1,v_2),(w_1,w_2)\rangle = 2v_1w_1 + 5v_2w_2$로 정의될 때, 표준기저 $(\mathbf{e}_1, \mathbf{e}_2)$에 그람-슈미트 직교화 과정을 적용하여 정규직교기저를 구하라. 여기서 $\mathbf{e}_1 = (1,0), \mathbf{e}_2 = (0,1)$이다.

6. 행렬

$$A = \begin{bmatrix} 1 & 0 & 0 \\ 1 & 1 & 0 \\ 0 & 1 & 1 \end{bmatrix}$$

   의 QR 분해를 구하라.

6.3 직교정사영

6.3.1 부분공간의 직합

부분공간의 합 중에서 다음을 정의하자.

정의 6.6: 부분공간의 직합

유클리드 벡터공간 $\mathbb{E}^n$의 부분공간 U와 W에 대하여, $U \cap W = \{\mathbf{o}\}$이면 합 $U+W$를 U와 W의 **직합**이라고 하고 $U \oplus W$로 나타낸다.

보기 6.2 유클리드 벡터공간 $\mathbb{E}^2$에서, 부분공간

$$U = \{t(1,1) \mid t \in \mathbb{R}\}, \qquad W = \{t(1,0) \mid t \in \mathbb{R}\}$$

에 대하여 $U \cap W = \{(0,0)\}$이므로 합 $U+W$는 직합 $U \oplus W$가 된다.

부분공간의 직합의 벡터를 부분공간의 벡터 합으로 나타낼 때, 다음의 유일성이 성립한다.

정리 6.8: 부분공간 직합의 성질

유클리드 벡터공간 $\mathbb{E}^n$의 부분공간 U와 W의 직합 $U \oplus W$에 대하여, $\mathbf{v} \in U \oplus W$이면 $\mathbf{v} = \mathbf{u} + \mathbf{w}$인 $\mathbf{u} \in U$와 $\mathbf{w} \in W$가 유일하게 존재한다.

증명. $\mathbf{v} \in U \oplus W$이고 $\mathbf{v} = \mathbf{u}_1 + \mathbf{w}_1 = \mathbf{u}_2 + \mathbf{w}_2$인 $\mathbf{u}_1, \mathbf{u}_2 \in U$와 $\mathbf{w}_1, \mathbf{w}_2 \in W$가 존재한다고 가정하자. 그러면

$$\mathbf{u}_1 - \mathbf{u}_2 = \mathbf{w}_2 - \mathbf{w}_1 \in U \cap W = \{\mathbf{o}\}$$

이므로 $\mathbf{u}_1 = \mathbf{u}_2$ 그리고 $\mathbf{w}_1 = \mathbf{w}_2$이다. □

6.3.2 사영

유클리드 벡터공간 $\mathbb{E}^n$와 부분공간 U에 대하여, $\mathbb{E}^n = U \oplus W$인 부분공간 W가 존재함을 알고 있다. 벡터 $\mathbf{v} \in \mathbb{E}^n$에 대하여 $\mathbf{v} = \mathbf{u} + \mathbf{w}$인 원소 $\mathbf{u} \in U$와 $\mathbf{w} \in W$가 유일하게 존재함도 알고 있다. 이때 그림 6.2에서와 같이 $P(\mathbf{v}) = \mathbf{u}$로 정의되는 선형변환 $P\colon \mathbb{E}^n \to \mathbb{E}^n$을 정의한다.

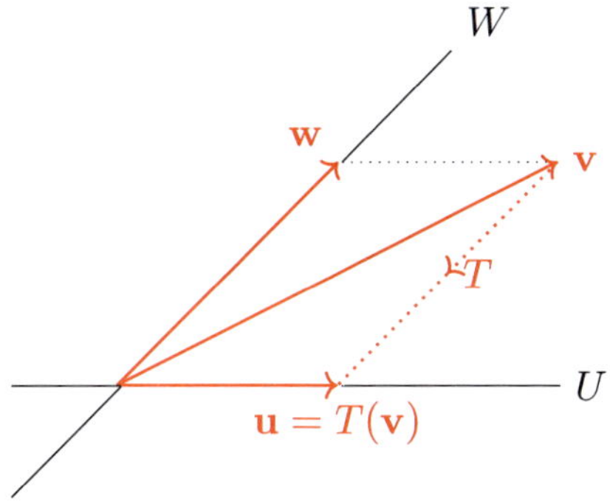

그림 6.2 부분공간 W를 따라서 부분공간 U로 사영

정의 6.7: 부분공간을 따라서 다른 부분공간으로 사영

유클리드 벡터공간 $\mathbb{E}^n$와 $\mathbb{E}^n = U \oplus W$인 부분공간 U와 W에 대하여, 벡터 $\mathbf{v} = \mathbf{u} + \mathbf{w} \in U \oplus W$에 대하여 $P(\mathbf{v}) = \mathbf{u}$로 정의되는 변환 $P\colon \mathbb{E}^n \to \mathbb{E}^n$를 **부분공간 W를 따라서 부분공간 U로 $\mathbb{E}^n$의 사영**이라고 한다.

위 정리에서 변환 P가 선형변환임을 다음과 같이 확인할 수 있다.

정리 6.9: 사영의 선형변환성

유클리드 벡터공간 $\mathbb{E}^n$에 대하여 $\mathbb{E}^n = U \oplus W$일 때, 부분공간 W를 따라서 부분공간 U로 $\mathbb{E}^n$의 사영 P는 선형변환이다.

증명. 벡터 $\mathbf{v}_1 = \mathbf{u}_1 + \mathbf{w}_1 \in U \oplus W$와 $\mathbf{v}_2 = \mathbf{u}_2 + \mathbf{w}_2 \in U \oplus W$에 대하여,

$$\mathbf{v}_1 + \mathbf{v}_2 = (\mathbf{u}_1 + \mathbf{w}_1) + (\mathbf{u}_2 + \mathbf{w}_2) = (\mathbf{u}_1 + \mathbf{u}_2) + (\mathbf{w}_1 + \mathbf{w}_2) \in U \oplus W$$

이므로 $P(\mathbf{v}_1 + \mathbf{v}_2) = \mathbf{u}_1 + \mathbf{u}_2 = P(\mathbf{v}_1) + P(\mathbf{v}_2)$이다.

또한 벡터 $\mathbf{v} = \mathbf{u} + \mathbf{w} \in U \oplus W$와 실수 $a \in \mathbb{R}$에 대하여, $a\mathbf{v} = a\mathbf{u} + a\mathbf{w} \in U \oplus W$이므로 $P(a\mathbf{v}) = a\mathbf{u} = aP(\mathbf{v})$이다. □

위의 정의에서와 같은 상황에서 다음이 성립함을 알 수 있다.

(가) 벡터 $\mathbf{u} \in U$에 대하여 $P(\mathbf{u}) = \mathbf{u}$이다.

(나) $U = \operatorname{im} P$이고 $W = \ker P$이고 $\mathbb{E}^n = \operatorname{im} P \oplus \ker P$이다.

예제 6.5 유클리드 벡터공간 $\mathbb{E}^2$에서 $\mathbf{e}_1 = (1,0)$, $\mathbf{e}_2 = (0,1)$, $\mathbf{a} = (1,1)$일 때,

$$U = \langle \mathbf{e}_1 \rangle, \quad W_1 = \langle \mathbf{e}_2 \rangle, \quad W_2 = \langle \mathbf{a} \rangle$$

로 놓으면 $U \oplus W_1 = \mathbb{E}^2 = U \oplus W_2$이다. 다음 물음에 답하라.

(가) 부분공간 W_1을 따라서 U로 $\mathbb{E}^2$의 사영을 P_1로 놓을 때 $P_1(a,b)$를 구하라.

(나) 부분공간 W_2를 따라서 U로 $\mathbb{E}^2$의 사영을 P_2로 놓을 때 $P_2(a,b)$를 구하라.

풀이. (가) 벡터 $(a,b) \in \mathbb{E}^2$에 대하여, $(a,b) = a\mathbf{e}_1 + b\mathbf{e}_2$이므로 $P_1(a,b) = a\mathbf{e}_1 = (a,0)$이다.

(나) 벡터 $(a,b) \in \mathbb{E}^2$에 대하여, $(a,b) = (a-b)(1,0) + b(1,1) = (a-b)\mathbf{e}_1 + b\mathbf{a}$이므로 $P_2(a,b) = (a-b)\mathbf{e}_1 = (a-b,0)$이다. □

선형변환 $P\colon \mathbb{E}^n \to \mathbb{E}^n$에 대하여, P가 $\mathbb{E}^n$의 사영인지를 판별하는 하나의 방법을 다음에서 확인할 수 있다.

정리 6.10: 선형변환이 사영이기 위한 필요충분조건

선형변환 $P\colon \mathbb{E}^n \to \mathbb{E}^n$에 대하여, $P \circ P = P$은 P가 $\ker P$를 따라서 $\operatorname{im} P$로 $\mathbb{E}^n$의 사영이기 위한 필요충분조건이다.

증명. 선형변환 P가 부분공간 $W = \ker P$를 따라서 부분공간 $U = \operatorname{im} P$로 $\mathbb{E}^n$의 사영이라고 가정하자. 그러면 $\mathbb{E}^n = U \oplus W$이며, 임의의 벡터 $\mathbf{v} = \mathbf{u} + \mathbf{w} \in U \oplus W$에 대하여 $P(\mathbf{v}) = \mathbf{u}$이다. 따라서 임의의 벡터 $\mathbf{v} = \mathbf{u} + \mathbf{w} \in U \oplus W$에 대하여

$$(P \circ P)(\mathbf{v}) = P(P(\mathbf{v})) = P(\mathbf{u}) = \mathbf{u} = P(\mathbf{v})$$

이므로 $P \circ P = P$이다.

역으로 $P \circ P = P$라고 가정하자. 이제 $\mathbb{E}^n = \operatorname{im} P \oplus \ker P$임을 보이고, 또한 P는 $\ker P$를 따라서 $\operatorname{im} P$로 $\mathbb{E}^n$의 사영임을 보이자.

$\mathbb{E}^n = \operatorname{im} P \oplus \ker P$임은 정의에 따라서 $\operatorname{im} P \cap \ker P = \{\mathbf{o}\}$와 $\mathbb{E}^n = \operatorname{im} P + \ker P$임이다. $\operatorname{im} P \cap \ker P = \{\mathbf{o}\}$임을 보이기 위하여 $\mathbf{u} \in \operatorname{im} P \cap \ker P$라고 가정하자. 그러면 $\mathbf{u} \in \operatorname{im} P$이므로 $P(\mathbf{v}) = \mathbf{u}$인 $\mathbf{v} \in \mathbb{E}^n$가 존재하고, 또한 $\mathbf{u} \in \ker P$이므로 $P(\mathbf{u}) = \mathbf{o}$이다. 따라서

$$\mathbf{u} = P(\mathbf{v}) = (P \circ P)(\mathbf{v}) = P(\mathbf{u}) = \mathbf{o}$$

이다. 즉 $\operatorname{im} P \cap \ker P \subseteq \{\mathbf{0}\}$이다. 그런데 $\{\mathbf{0}\} \subseteq \operatorname{im} P \cap \ker P$이므로 $\operatorname{im} P \cap \ker P = \{\mathbf{o}\}$이다. 그리고 $\dim \mathbb{E}^n = \dim \operatorname{im} P + \dim \ker P$이므로 $\mathbb{E}^n = \operatorname{im} P + \ker P$이다.

임의의 벡터 $\mathbf{u} + \mathbf{w} \in \operatorname{im} P \oplus \ker P = \mathbb{E}^n$에 대하여, $P(\mathbf{v}) = \mathbf{u}$인 $\mathbf{v} \in \mathbb{E}^n$가 존재하고 $P = P \circ P$이므로,

$$P(\mathbf{u} + \mathbf{w}) = P(\mathbf{u}) + P(\mathbf{w}) = P(\mathbf{u}) = P(P(\mathbf{v})) = P(\mathbf{v}) = \mathbf{u}$$

이다. □

선형변환 $T\colon \mathbb{E}^n \to \mathbb{E}^n$에 대하여, $S = \operatorname{Id} - T$로 놓자.

(가) 벡터 $\mathbf{v}_1, \mathbf{v}_2 \in \mathbb{E}^n$에 대하여

$$\begin{aligned} S(\mathbf{v}_1 + \mathbf{v}_2) &= (\operatorname{Id} - T)(\mathbf{v}_1 + \mathbf{v}_2) = \mathbf{v}_1 + \mathbf{v}_2 - T(\mathbf{v}_1 + \mathbf{v}_2) \\ &= \mathbf{v}_1 + \mathbf{v}_2 - T(\mathbf{v}_1) - T(\mathbf{v}_2) = (\mathbf{v}_1 - T(\mathbf{v}_1)) + (\mathbf{v}_2 - T(\mathbf{v}_2)) \\ &= S(\mathbf{v}_1) + S(\mathbf{v}_2) \end{aligned}$$

이다.

(나) 벡터 $\mathbf{v} \in \mathbb{E}^n$와 실수 $a \in \mathbb{R}$에 대하여

$$S(a\mathbf{v}) = a\mathbf{v} - T(a\mathbf{v}) = a\mathbf{v} - aT(\mathbf{v}) = a(\mathbf{v} - T(\mathbf{v})) = aS(\mathbf{v})$$

이다.

따라서 사상 $S\colon \mathbb{E}^n \to \mathbb{E}^n$는 선형변환이다. 이때

$$S \circ S = (\operatorname{Id} - T) \circ (\operatorname{Id} - T) = \operatorname{Id} - T - T + T \circ T$$

이므로 다음을 알 수 있다.

보조정리 6.11: 항등변환의 사영 분해

선형변환 $T\colon \mathbb{E}^n \to \mathbb{E}^n$에 대하여, 선형변환 $\operatorname{Id} - T$가 $\mathbb{E}^n$의 사영임은 T가 $\mathbb{E}^3$의 사영이기 위한 필요충분조건이다.

6.3.3 직교여공간

유클리드 내적공간 $(\mathbb{E}^n, \langle \cdot, \cdot \rangle)$의 공집합이 아닌 부분집합 S에 대하여, S에 속하는 모든 벡터와 직교하는 벡터들의 집합을 다음과 같이 정의한다.

정의 6.8: 부분집합의 직교여공간

유클리드 내적공간 $(\mathbb{E}^n, \langle\cdot,\cdot\rangle)$의 공집합이 아닌 부분집합 S에 대하여, 부분집합

$$\{\mathbf{v} \in \mathbb{E}^n \mid \forall \mathbf{w} \in S, \langle \mathbf{v}, \mathbf{w} \rangle = \mathbf{o}\}$$

을 **S의 직교여공간**이라고 하고 $S^\perp$로 나타낸다.

모든 벡터 $\mathbf{v}$에 대하여 $\langle \mathbf{v}, \mathbf{o} \rangle = \mathbf{o}$이므로

$$\{\mathbf{o}\}^\perp = \mathbb{E}^n, \qquad \mathbb{E}^{n\perp} = \{\mathbf{o}\}$$

임을 알 수 있다.

공집합이 아닌 부분집합의 직교여공간의 가장 기본적인 성질은 이 직교여공간이 부분공간이라는 것이다. 이를 다음과 같이 확인할 수 있다.

정리 6.12: 직교여공간의 부분공간성

유클리드 내적공간 $(\mathbb{E}^n, \langle\cdot,\cdot\rangle)$의 공집합이 아닌 부분집합 S에 대하여, 부분집합 S의 직교여공간 $S^\perp$는 $\mathbb{E}^n$의 부분공간이다.

증명. 모든 $\mathbf{w} \in S$에 대하여 $\langle \mathbf{o}, \mathbf{w} \rangle = \mathbf{o}$이므로, $\mathbf{o} \in S^\perp$이다. 따라서 직교여공간 $S^\perp$는 공집합이 아닌다.

벡터 $\mathbf{u}, \mathbf{v} \in S^\perp$와 실수 $a \in \mathbb{R}$에 대하여,

$$\forall \mathbf{w} \in S,\ \langle \mathbf{u} + \mathbf{v}, \mathbf{w} \rangle = \langle \mathbf{u}, \mathbf{w} \rangle + \langle \mathbf{v}, \mathbf{w} \rangle = 0$$

그리고

$$\forall \mathbf{w} \in S,\ \langle a\mathbf{v}, \mathbf{w} \rangle = a\langle \mathbf{v}, \mathbf{w} \rangle = 0$$

이므로 $\mathbf{u} + \mathbf{v} \in S^\perp$ 그리고 $a\mathbf{v} \in S^\perp$이다. 따라서 $S^\perp$는 $\mathbb{E}^n$의 부분공간이다. □

유클리드 벡터공간 $\mathbb{E}^n$의 부분공간 U에 대하여, 부분공간 U의 직교여공간

$$U^\perp = \{\mathbf{v} \in \mathbb{E}^n \mid \forall \mathbf{w} \in U, \langle \mathbf{v}, \mathbf{w} \rangle = \mathbf{o}\}$$

은 부분공간 U에 속하는 모든 벡터와 직교하는 벡터들로 구성된다. 이때 부분공간 $U^\perp$를 구성하는 조건 $\forall \mathbf{w} \in U, \langle \mathbf{v}, \mathbf{w} \rangle = \mathbf{o}$이 다소 방대할 수 있다. 그런데 U가 부분공간이

므로 이 조건을 간단한 조건으로 변경이 가능하다. 즉 부분공간 U의 기저가 주어지면 이를 이용하여 다음과 같이 직교여공간 $U^\perp$를 구성할 수 있다.

보조정리 6.13: 부분공간 기저를 이용한 직교여공간의 조건제시법

유클리드 내적공간 $(\mathbb{E}^n, \langle\cdot,\cdot\rangle)$의 부분공간 U에 대하여, 순서 다중쌍 $\mathcal{A} = (\mathbf{v}_1, \mathbf{v}_2, \ldots, \mathbf{v}_k)$가 부분공간 U의 기저이면

$$U^\perp = \{\mathbf{v} \in \mathbb{E}^n \mid \forall i \in \{1, \ldots, k\}, \langle \mathbf{v}, \mathbf{v}_i \rangle = 0\}$$

이다.

유클리드 내적공간을 다음과 같이 부분공간과 그 직교여공간의 직합으로 나타낼 수 있다.

정리 6.14: 유클리드 내적공간에 대한 부분공간과 그 직교여공간의 직합 표현

유클리드 내적공간 $(\mathbb{E}^n, \langle\cdot,\cdot\rangle)$의 부분공간 U에 대하여,

$$\mathbb{E}^n = U \oplus U^\perp$$

이다.

증명. 순서 다중쌍 $(\mathbf{v}_1, \mathbf{v}_2, \ldots, \mathbf{v}_k)$를 부분공간 U의 기저로 놓자. 그러면

$$\mathcal{A} = (\mathbf{v}_1, \mathbf{v}_2, \ldots, \mathbf{v}_k, \mathbf{v}_{k+1}, \ldots, \mathbf{v}_n)$$

가 $\mathbb{E}^n$의 기저인 벡터 $\mathbf{v}_{k+1}, \ldots, \mathbf{v}_n \in \mathbb{E}^n$가 존재한다. 벡터 $\mathbf{v} = \sum_{j=1}^n x_j \mathbf{v}_j \in \mathbb{E}^n$에 대하여,

$$\forall i \in \{1, 2, \ldots, k\},\ 0 = \langle \mathbf{v}_i, \mathbf{v} \rangle = \sum_{j=1}^n a_{ij} x_j$$

은 $\mathbf{v} \in U^\perp$이기 위한 필요충분조건이다. 여기서 $[a_{ij}]_{n\times n} = [\langle\cdot,\cdot\rangle]$이다. 따라서 직교여공간 $U^\perp$은 행렬 $B = [a_{ij}]_{k\times n}$의 영화공간이다. 그런데 행렬 B의 계수 $\operatorname{rank} B$는 k이므로, $\dim U^\perp = n - k$이다. 그리고 $U \cap U^\perp = \{\mathbf{0}\}$이므로,

$$\dim(U + U^\perp) = \dim(U) + \dim(U^\perp) - \dim(U \cap U^\perp) = k + (n-k) - 0 = n$$

이다. 따라서 $U \oplus U^\perp = \mathbb{E}^n$이다. □

6.3.4 직교정사영

유클리드 내적공간 $(\mathbb{E}^n, \langle\cdot,\cdot\rangle)$에서 부분공간 U에 대하여, $\mathbb{E}^n = U \oplus U^\perp$이므로 직교여공간 $U^\perp$를 따라서 U로의 $\mathbb{E}^n$의 사영이 다음과 같이 정의된다.

정의 6.9: 부분공간으로 유클리드 벡터공간의 직교정사영

유클리드 내적공간 $(\mathbb{E}^n, \langle\cdot,\cdot\rangle)$와 부분공간 U에 대하여, 직교여공간 $U^\perp$를 따라서 부분공간 U로의 $\mathbb{E}^n$의 사영을 **U로 $\mathbb{E}^n$의 직교정사영**이라고 하고 Proj_U로 나타낸다.

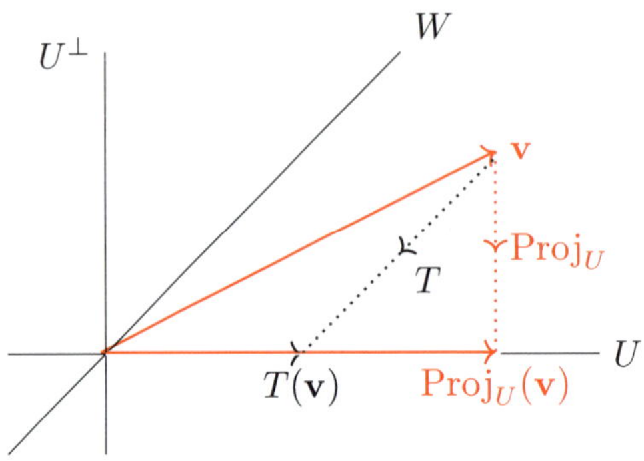

그림 6.3 벡터의 사영과 직교정사영

그림 6.3에서 벡터의 부분공간 W를 따라서 부분공간 U로 사영 T와 벡터의 부분공간 U로 직교정사영 Proj_U를 볼 수 있다.

정리 6.15: 벡터의 부분공간에서 최적근사

유클리드 내적공간 $(\mathbb{E}^n, \langle\cdot,\cdot\rangle)$와 부분공간 U와 벡터 $\mathbf{v} \in \mathbb{E}^n$에 대하여,

$$\forall \mathbf{w} \in U, \|\mathbf{v} - \mathrm{Proj}_U(\mathbf{v})\| \le \|\mathbf{v} - \mathbf{w}\|$$

이다. 이때 $\mathbf{w} = \mathrm{Proj}_U(\mathbf{v})$는 위의 부등식이 등식이기 위한 필요충분조건이다.

증명. $\mathbf{v} = \mathrm{Proj}_U(\mathbf{v}) + \mathrm{Proj}_{U^\perp}(\mathbf{v})$이므로, $\mathbf{v} - \mathrm{Proj}_U(\mathbf{v}) = \mathrm{Proj}_{U^\perp}(\mathbf{v}) \in U^\perp$이다.

따라서 임의의 벡터 $\mathbf{w} \in U$에 대하여 $\mathbf{v} - \mathrm{Proj}_U(\mathbf{v}) \perp \mathrm{Proj}_U(\mathbf{v}) - \mathbf{w}$이므로,

$$\begin{aligned}\|\mathbf{v} - \mathbf{w}\|^2 &= \|(\mathbf{v} - \mathrm{Proj}_U(\mathbf{v})) + (\mathrm{Proj}_U(\mathbf{v}) - \mathbf{w})\|^2 \\ &= \|\mathbf{v} - \mathrm{Proj}_U(\mathbf{v})\|^2 + \|\mathrm{Proj}_U(\mathbf{v}) - \mathbf{w}\|^2 \\ &\geq \|\mathbf{v} - \mathrm{Proj}_U(\mathbf{v})\|^2\end{aligned}$$

이다. 위 식에서 $\mathbf{w} = \mathrm{Proj}_U(\mathbf{v})$는 부등식이 등식이기 위한 필요충분조건이다. □

유클리드 내적공간 $(\mathbb{E}^n, \langle\cdot,\cdot\rangle)$에서 벡터를 부분공간으로 사영할 때, 사영벡터를 구하는 일은 다소 많은 계산이 필요하다. 그런데 이 사영이 직교정사영인 경우는 사영벡터를 구하는 식이 간단하다.

먼저 벡터를 일차원 부분공간으로 직교사영할 때, 사영벡터의 식이 다음과 같음을 알 수 있다.

보조정리 6.16: 일차원 부분공간으로 직교정사형의 표현

유클리드 내적공간 $(\mathbb{E}^n, \langle\cdot,\cdot\rangle)$에 놓인 영벡터가 아닌 벡터 $\mathbf{w} \in \mathbb{E}^n$에 대하여,

$$\forall \mathbf{v} \in \mathbb{E}^n,\ \mathrm{Proj}_{\langle \mathbf{w}\rangle}(\mathbf{v}) = \frac{\langle \mathbf{v}, \mathbf{w}\rangle}{\langle \mathbf{w}, \mathbf{w}\rangle}\mathbf{w}$$

이다.

증명. 벡터 $\mathbf{v} \in \mathbb{E}^n$에 대하여,

$$\left\langle \mathbf{v} - \frac{\langle \mathbf{v}, \mathbf{w}\rangle}{\langle \mathbf{w}, \mathbf{w}\rangle}\mathbf{w}, \mathbf{w} \right\rangle = \langle \mathbf{v}, \mathbf{w}\rangle - \langle \mathbf{v}, \mathbf{w}\rangle = 0$$

이므로

$$\mathbf{v} = \frac{\langle \mathbf{v}, \mathbf{w}\rangle}{\langle \mathbf{w}, \mathbf{w}\rangle}\mathbf{w} + \left(\mathbf{v} - \frac{\langle \mathbf{v}, \mathbf{w}\rangle}{\langle \mathbf{w}, \mathbf{w}\rangle}\mathbf{w}\right) \in \langle \mathbf{w}\rangle \oplus \langle \mathbf{w}\rangle^{\perp}$$

이다. 따라서 $\mathrm{Proj}_{\langle \mathbf{w}\rangle}(\mathbf{v}) = \frac{\langle \mathbf{v}, \mathbf{w}\rangle}{\langle \mathbf{w}, \mathbf{w}\rangle}\mathbf{w}$이다. □

부분공간 U의 직교기저 $(\mathbf{u}_1, \mathbf{u}_2, \ldots, \mathbf{u}_m)$가 주어질 때, 부분공간 U로 직교정사영의 식을 다음과 같이 알 수 있다.

정리 6.17: 직교기저가 주어진 부분공간으로 직교정사영의 표현

유클리드 내적공간 $(\mathbb{E}^n, \langle\cdot,\cdot\rangle)$와 부분공간 U에 대하여, 순서 다중쌍 $(\mathbf{u}_1, \mathbf{u}_2, \ldots, \mathbf{u}_m)$가 U의 직교기저이면 벡터 $\mathbf{v} \in \mathbb{E}^n$에 대하여

$$\mathrm{Proj}_U(\mathbf{v}) = \frac{\langle \mathbf{v}, \mathbf{u}_1\rangle}{\langle \mathbf{u}_1, \mathbf{u}_1\rangle}\mathbf{u}_1 + \frac{\langle \mathbf{v}, \mathbf{u}_2\rangle}{\langle \mathbf{u}_2, \mathbf{u}_2\rangle}\mathbf{u}_2 + \cdots + \frac{\langle \mathbf{v}, \mathbf{u}_m\rangle}{\langle \mathbf{u}_m, \mathbf{u}_m\rangle}\mathbf{u}_m$$

이다.

증명. 순서 다중쌍 $(\mathbf{u}_1, \mathbf{u}_2, \ldots, \mathbf{u}_m)$가 부분공간 U의 직교기저라고 가정하자. 벡터 $\mathbf{v} \in \mathbb{E}^n$에 대하여,

$$\mathbf{w} = \frac{\langle \mathbf{v}, \mathbf{u}_1\rangle}{\langle \mathbf{u}_1, \mathbf{u}_1\rangle}\mathbf{u}_1 + \frac{\langle \mathbf{v}, \mathbf{u}_2\rangle}{\langle \mathbf{u}_2, \mathbf{u}_2\rangle}\mathbf{u}_2 + \cdots + \frac{\langle \mathbf{v}, \mathbf{u}_m\rangle}{\langle \mathbf{u}_m, \mathbf{u}_m\rangle}\mathbf{u}_m$$

로 놓자. 그러면 $\mathbb{E}^n = U \oplus U^\perp$이고 $\mathbf{w} \in U$이므로 $\mathbf{v} - \mathbf{w} \in U^\perp$만 보이면 된다. 각 $j = 1, \ldots, m$에 대하여

$$\langle \mathbf{v} - \mathbf{w}, \mathbf{u}_j\rangle = \langle \mathbf{v}, \mathbf{u}_j\rangle - \langle \mathbf{w}, \mathbf{u}_j\rangle = \langle \mathbf{v}, \mathbf{u}_j\rangle - \langle \mathbf{v}, \mathbf{u}_j\rangle = 0$$

이므로, $\mathbf{v} - \mathbf{w} \in U^\perp$이다. □

위의 정리에서 순서 다중쌍 $(\mathbf{u}_1, \mathbf{u}_2, \ldots, \mathbf{u}_m)$가 U의 정규직교기저이면

$$\langle \mathbf{u}_1, \mathbf{u}_1\rangle = \langle \mathbf{u}_2, \mathbf{u}_2\rangle = \cdots = \langle \mathbf{u}_m, \mathbf{u}_m\rangle = 1$$

이므로 벡터 $\mathbf{v} \in \mathbb{E}^n$에 대하여

$$\boxed{\mathrm{Proj}_U(\mathbf{v}) = \langle \mathbf{v}, \mathbf{u}_1\rangle\mathbf{u}_1 + \langle \mathbf{v}, \mathbf{u}_2\rangle\mathbf{u}_2 + \cdots + \langle \mathbf{v}, \mathbf{u}_m\rangle\mathbf{u}_m}$$

이다.

6.3.5 최소제곱근사

행렬 $A = [a_{ij}]_{m\times n}$와 열행렬 $\mathbf{b} = [b_i]_{m\times 1}$에 대한 연립일차방정식 $A\mathbf{x} = \mathbf{b}$를 다시 생각하자. 편의상 열행렬 $\mathbf{x}$와 $\mathbf{b}$가 나타내는 벡터를 각각 $\mathbf{x}$와 $\mathbf{b}$로 놓자. 벡터 $\mathbf{b} = (b_1, b_2, \ldots, b_m)$가 행렬 A의 열공간 $\mathcal{C}(A)$에 속하는 경우 연립일차방정식 $A\mathbf{x} = \mathbf{b}$의 해가 존재하고 이때 그 해를 찾는 방법을 살펴봤다. 여기서는 벡터 $\mathbf{b}$가 열공간 $\mathcal{C}(A)$에 속하지 않아서 연립일차방정식 $A\mathbf{x} = \mathbf{b}$의 해가 존재하지 않는 경우, 최적의 근사해를 찾는 방법에 대하여 탐구한다.

연립일차방정식$A\mathbf{x} = \mathbf{b}$의 해가 존재하지 않는다고 즉, $\mathbf{b} \notin \mathcal{C}(A)$라고 가정하자. $\text{Proj}_{\mathcal{C}(A)}(\mathbf{b}) \in \mathcal{C}(A)$이므로 행렬 A의 열벡터들이 생성하는 열공간 $\mathcal{C}(A)$에 대한 연립일차방정식

$$A\mathbf{x} = [\text{Proj}_{\mathcal{C}(A)}(\mathbf{b})]$$

의 해 $\mathbf{x}_0$이 존재한다. 정리 6.15에 따라서 모든 $n \times 1$ 열행렬 $\mathbf{x}$에 대하여 $\|\mathbf{b} - A\mathbf{x}_0\| \leq \|\mathbf{b} - A\mathbf{x}\|$ 즉

$$\|\mathbf{b} - A\mathbf{x}_0\|^2 \leq \|\mathbf{b} - A\mathbf{x}\|^2$$

이다. 이때 근사해 $\mathbf{x}_0$을 연립일차방정식 $A\mathbf{x} = \mathbf{b}$의 **최소제곱해**라고 한다.

연립일차방정식 $A\mathbf{x} = \mathbf{b}$의 해 $\mathbf{x}_0$이 존재하는 경우에도 모든 $n \times 1$ 열행렬 $\mathbf{x}$에 대하여 $\|\mathbf{b} - A\mathbf{x}_0\|^2 = 0 \leq \|\mathbf{b} - A\mathbf{x}\|^2$이다. 따라서 연립일차방정식 $A\mathbf{x} = \mathbf{b}$의 해 $\mathbf{x}_0$도 최소제곱해이다.

연립일차방정식 $A\mathbf{x} = \mathbf{b}$의 최소제곱해를 구하기 위해서는

(가) 열공간 $\mathcal{C}(A)$를 구하고,

(나) $\text{Proj}_{\mathcal{C}(A)}(\mathbf{b})$를 구한 후에

(다) 연립일차방정식 $A\mathbf{x} = [\text{Proj}_{\mathcal{C}(A)}\,\mathbf{b}]$를 풀어야 한다.

이를 다음과 같이 더 간편한 방법으로 해결할 수 있다. 연립일차방정식 $A\mathbf{x} = [\text{Proj}_{\mathcal{C}(A)}\,\mathbf{b}]$로부터 $\mathbf{b} - A\mathbf{x} = \mathbf{b} - [\text{Proj}_{\mathcal{C}(A)}\,\mathbf{b}]$이 성립하고 따라서

$$A^T(\mathbf{b} - A\mathbf{x}) = A^T(\mathbf{b} - [\text{Proj}_{\mathcal{C}(A)}\,\mathbf{b}])$$

이다. 이때 $\mathbf{b} - \text{Proj}_{\mathcal{C}(A)}\,\mathbf{b} \in \mathcal{N}(A)$이므로 $A^T(\mathbf{b} - [\text{Proj}_{\mathcal{C}(A)}\,\mathbf{b}]) = \mathbf{0}$이다. 따라서 $A^T(\mathbf{b} - \text{Proj}_{\mathcal{C}(A)}\,\mathbf{b}) = \mathbf{0}$ 즉

$$A^T A\mathbf{x} = A^T\mathbf{b}$$

이다. 위의 방정식을 연립일차방정식 $A\mathbf{x} = \mathbf{b}$의 **정규방정식**이라고 한다.

연립일차방정식의 최소근사해는 정규방정식의 해임을 다음과 같이 확인할 수 있다.

정리 6.18: 연립일차방정식의 최소근사해와 정규방정식의 해

크기가 $m \times n$인 행렬 A와 $m \times 1$ 열행렬 $\mathbf{b}$와 $\mathbf{x}_0$에 대하여, $\mathbf{x}_0$이 연립일차방정식 $A\mathbf{x} = \mathbf{b}$의 최소제곱해임은 $\mathbf{x}_0$이 정규방정식 $A^T A\mathbf{x} = A^T\mathbf{b}$의 해이기 위한 필요충분조건이다.

증명. 앞의 결과에 따라서 역만 증명하면 된다. 열행렬 $\mathbf{x}_0$에 대하여 $A^T A\mathbf{x}_0 = A^T\mathbf{b}$라고 가정하자. 그러면 $A^T(A\mathbf{x}_0 - \mathbf{b}) = \mathbf{0}$이므로 벡터 $A\mathbf{x}_0 - \mathbf{b}$은 영화공간 $\mathcal{N}(A^T)$에 속한다. 벡터 $\mathbf{b}$를

$$\mathbf{b} = \mathbf{b}_c + \mathbf{b}_n \in \mathcal{C}(A) \oplus \mathcal{N}(A^T) = \mathbb{E}^m$$

로 분해하면 벡터 $A\mathbf{x}_0 - \mathbf{b}_c = (A\mathbf{x}_0 - \mathbf{b}) + \mathbf{b}_n$는 $\mathcal{N}(A^T) \cap \mathcal{C}(A) = \{\mathbf{o}\}$에 속한다. 따라서 $A\mathbf{x}_0 = \mathbf{b}_c = [\mathrm{Proj}_{\mathcal{C}(A)}(\mathbf{b})]$이다. □

정규방정식을 풀기 위하여, 정규방정식에 나오는 행렬 $A^T A$의 다음 성질을 확인하자.

보조정리 6.19: 정사각행렬 $A^T A$의 성질

크기가 $m \times n$인 행렬 A에 대하여,

(가) $n \times n$ 행렬 $A^T A$는 대칭행렬이고,

(나) $\mathrm{rank}(A^T A) = \mathrm{rank}\, A$

이다.

증명. (가) $(A^T A)^T = A^T (A^T)^T = A^T A$이므로 $n \times n$ 행렬 $A^T A$는 대칭행렬이다.

(나) 행렬 A와 $A^T A$에 대하여,

$$\mathrm{rank}\, A + \dim \mathcal{N}(A) = n = \mathrm{rank}(A^T A) + \dim \mathcal{N}(A^T A)$$

이므로 $\mathcal{N}(A) = \mathcal{N}(A^T A)$임을 보이면 증명된다. 만약 $\mathbf{x} \in \mathcal{N}(A)$이면 $A[\mathbf{x}] = \mathbf{0}$이므로 $A^T A[\mathbf{x}] = A^T\mathbf{0} = \mathbf{0}$이다. 따라서 $\mathbf{x} \in \mathcal{N}(A^T A)$이다. 역으로 $\mathbf{x} \in \mathcal{N}(A^T A)$이면 $A^T A[\mathbf{x}] = \mathbf{0}$이므로

$$(A[\mathbf{x}])^T (A[\mathbf{x}]) = [\mathbf{x}]^T A^T A[\mathbf{x}] = [\mathbf{x}]^T \mathbf{0} = [0]$$

이므로 $A[\mathbf{x}] = \mathbf{0}$ 즉 $\mathbf{x} \in \mathcal{N}(A)$이다. □

위의 보조정리를 적용하면 열벡터들이 일차독립인 행렬 A에 대한 연립일차방정식 $A\mathbf{x} = [\mathbf{b}]$의 최소제곱근사를 다음과 같이 구할 수 있다.

정리 6.20: 열벡터들이 일차독립인 행렬에 대한 최소제곱근사

연립일차방정식 $A\mathbf{x} = [\mathbf{b}]$에 대하여, A의 열벡터들이 일차독립이면 다음이 성립한다.

(가) 정사각행렬 A^TA는 가역행렬이다.

(나) 열행렬 $\mathbf{x}_0 = (A^TA)^{-1}A^T[\mathbf{b}]$가 연립일차방정식 $A\mathbf{x} = [\mathbf{b}]$의 유일한 최소제곱해이다.

(다) $[\mathrm{Proj}_{\mathcal{C}(A)}(\mathbf{b})] = A\mathbf{x}_0 = A(A^TA)^{-1}A^T[\mathbf{b}]$.

증명. (가) 보조정리 6.19에 따라서, 만약 크기가 $m \times n$인 행렬 A의 열벡터들이 일차독립이면 $\mathrm{rank}(A^TA) = \mathrm{rank}\, A = n$이고 행렬 A^TA가 n차 정사각행렬이므로 A^TA는 가역행렬이다.

(나) 정규방정식 $A^TA\mathbf{x} = A^T[\mathbf{b}]$에 대하여, (가)에 따라서 A^TA가 가역행렬이므로 $\mathbf{x} = (A^TA)^{-1}A^T[\mathbf{b}]$이다.

(다) 열행렬 $(A^TA)^{-1}A^T[\mathbf{b}]$가 연립일차방정식 $A\mathbf{x} = [\mathrm{Proj}_{\mathcal{C}(A)}(\mathbf{b})]$의 해이므로 증명된다. □

예제 6.6 행렬

$$A = \begin{bmatrix} 3 & 1 \\ 1 & 2 \\ 0 & 0 \end{bmatrix}, \qquad \mathbf{x} = \begin{bmatrix} x \\ y \end{bmatrix}, \qquad [\mathbf{b}] = \begin{bmatrix} 3 \\ 1 \\ 4 \end{bmatrix}$$

에 대한 연립일차방정식 $A\mathbf{x} = [\mathbf{b}]$의 최소제곱해와 $\mathrm{Proj}_{\mathcal{C}(A)}(\mathbf{b})$를 구하라.

풀이. 행렬 A의 열벡터 $\mathbf{a}_1 = (3,1,0)$, $\mathbf{a}_2 = (1,2,0)$의 순서쌍 $(\mathbf{a}_1, \mathbf{a}_2)$는 일차독립이므로

$$A^TA = \begin{bmatrix} 3 & 1 & 0 \\ 1 & 2 & 0 \end{bmatrix} \begin{bmatrix} 3 & 1 \\ 1 & 2 \\ 0 & 0 \end{bmatrix} = \begin{bmatrix} 10 & 5 \\ 5 & 5 \end{bmatrix}$$

는 가역행렬이다. 이때 역행렬은

$$(A^TA)^{-1} = \frac{1}{\det A^TA}\begin{bmatrix} 5 & -5 \\ -5 & 10 \end{bmatrix} = \frac{1}{25}\begin{bmatrix} 5 & -5 \\ -5 & 10 \end{bmatrix} = \begin{bmatrix} \frac{1}{5} & -\frac{1}{5} \\ -\frac{1}{5} & \frac{2}{5} \end{bmatrix}$$

이다. 따라서

$$\mathbf{x}_0 = (A^TA)^{-1}A^T[\mathbf{b}] = \begin{bmatrix} \frac{1}{5} & -\frac{1}{5} \\ -\frac{1}{5} & \frac{2}{5} \end{bmatrix}\begin{bmatrix} 3 & 1 & 0 \\ 1 & 2 & 0 \end{bmatrix}\begin{bmatrix} 3 \\ 1 \\ 4 \end{bmatrix} = \begin{bmatrix} \frac{1}{5} & -\frac{1}{5} \\ -\frac{1}{5} & \frac{2}{5} \end{bmatrix}\begin{bmatrix} 10 \\ 5 \end{bmatrix} = \begin{bmatrix} 1 \\ 0 \end{bmatrix}$$

이 유일한 최소제곱해이고

$$[\text{Proj}_{\mathcal{C}(A)}(\mathbf{b})] = A\mathbf{x}_0 = \begin{bmatrix} 3 & 1 \\ 1 & 2 \\ 0 & 0 \end{bmatrix}\begin{bmatrix} 1 \\ 0 \end{bmatrix} = \begin{bmatrix} 3 \\ 1 \\ 0 \end{bmatrix}$$

이다. □

연습문제 6.3

1. 유클리드 벡터공간 $\mathbb{E}^2$에서 $\mathbf{e}_1 = (1,0)$, $\mathbf{e}_2 = (0,1)$, $\mathbf{a} = (2,1)$일 때,

$$U = \langle \mathbf{e}_1 \rangle, \quad W_1 = \langle \mathbf{e}_2 \rangle, \quad W_2 = \langle \mathbf{a} \rangle$$

로 놓으면 $U \oplus W_1 = \mathbb{E}^2 = U \oplus W_2$이다. 다음 물음에 답하라.

(가) 부분공간 W_1을 따라서 U로 $\mathbb{E}^2$의 사영을 P_1로 놓을 때 $P_1(a,b)$를 구하라.

(나) 부분공간 W_2를 따라서 U로 $\mathbb{E}^2$의 사영을 P_2로 놓을 때 $P_2(a,b)$를 구하라.

2. 유클리드 벡터공간 $\mathbb{E}^n = U \oplus W$에 대하여, 부분공간 W를 따라서 U로 $\mathbb{E}^n$의 사영을 P_U로 놓고 부분공간 U를 따라서 W로 $\mathbb{E}^n$의 사영을 P_W로 놓을 때 다음 식이 성립함을 증명하라.

(가) $\mathrm{Id} = P_U + P_W$, (나) $P_W \circ P_U = 0$.

3. 유클리드 내적공간 $(\mathbb{E}^n, \langle \cdot, \cdot \rangle)$의 부분집합 U, V에 대하여, $U \subseteq V$는 $V^\perp \subseteq U^\perp$이기 위한 필요충분조건임을 증명하라.

4. 유클리드 내적공간 $(\mathbb{E}^n, \langle \cdot, \cdot \rangle)$의 부분공간 U, V에 대하여, 다음을 증명하라.

(가) $(U+V)^\perp = U^\perp \cap V^\perp$, (나) $U^\perp + V^\perp = (U \cap V)^\perp$.

5. 행렬

$$A = \begin{bmatrix} 2 & 4 \\ -1 & -2 \\ 1 & 4 \end{bmatrix}, \qquad \mathbf{x} = \begin{bmatrix} x \\ y \end{bmatrix}, \qquad [\mathbf{b}] = \begin{bmatrix} 2 \\ 1 \\ 4 \end{bmatrix}$$

에 대한 연립일차방정식 $A\mathbf{x} = [\mathbf{b}]$의 최소제곱해와 $\mathrm{Proj}_{\mathcal{C}(A)}(\mathbf{b})$를 구하라.

6.4 직교행렬과 선형 등거리사상

6.4.1 직교행렬

이 절에서는 직교행렬을 탐구한다. 먼저 직교행렬을 정의하고 직교행렬의 판별법을 알아본다. 그리고 직교행렬의 간단한 성질을 알아본다.

정사각행렬 중에서 열벡터들이 정규직교하는 행렬을 다음과 같이 정의한다.

정의 6.10: 직교행렬

정사각행렬 A에 대하여, A의 열벡터들이 정규직교하면 A는 **직교행렬**이라고 한다.

직교행렬 A에 대하여, A의 열벡터들을 차례로 $\mathbf{a}_1, \mathbf{a}_2, \ldots, \mathbf{a}_n$으로 놓자. 그러면 A가 직교행렬이므로 $1 \le i, j \le n$일 때 $\mathbf{a}_i \cdot \mathbf{a}_j = \delta_{ij}$이다. 다시 말하면 $A^T A = I_n$이다.

예제 6.7 정사각행렬

$$A = \begin{bmatrix} \frac{1}{\sqrt{2}} & \frac{1}{\sqrt{6}} & \frac{1}{\sqrt{3}} \\ \frac{1}{\sqrt{2}} & -\frac{1}{\sqrt{6}} & -\frac{1}{\sqrt{3}} \\ 0 & \frac{2}{\sqrt{6}} & -\frac{1}{\sqrt{3}} \end{bmatrix}$$

가 직교행렬임을 보이라.

풀이. 정사각행렬 A의 열벡터는 순서대로

$$\mathbf{a}_1 = \left(\frac{1}{\sqrt{2}}, \frac{1}{\sqrt{2}}, 0\right), \qquad \mathbf{a}_2 = \left(\frac{1}{\sqrt{6}}, -\frac{1}{\sqrt{6}}, \frac{2}{\sqrt{6}}\right), \qquad \mathbf{a}_3 = \left(\frac{1}{\sqrt{3}}, -\frac{1}{\sqrt{3}}, -\frac{1}{\sqrt{3}}\right)$$

이다. 이때

$$\begin{aligned} \mathbf{a}_1 \cdot \mathbf{a}_1 &= \frac{1}{2} + \frac{1}{2} + 0 = 1, & \mathbf{a}_1 \cdot \mathbf{a}_2 &= \frac{1}{2\sqrt{3}} - \frac{1}{2\sqrt{3}} + 0 = 0, \\ \mathbf{a}_1 \cdot \mathbf{a}_3 &= \frac{1}{\sqrt{6}} - \frac{1}{\sqrt{6}} + 0 = 0, & \mathbf{a}_2 \cdot \mathbf{a}_2 &= \frac{1}{6} + \frac{1}{6} + \frac{4}{6} = 1, \\ \mathbf{a}_2 \cdot \mathbf{a}_3 &= \frac{1}{3\sqrt{2}} + \frac{1}{3\sqrt{2}} - \frac{2}{3\sqrt{2}} = 0, & \mathbf{a}_3 \cdot \mathbf{a}_3 &= \frac{1}{3} + \frac{1}{3} + \frac{1}{3} = 1 \end{aligned}$$

이므로 $(\mathbf{a}_1, \mathbf{a}_2, \mathbf{a}_3)$은 정규직교한다. 따라서 정사각행렬 A는 직교행렬이다. □

정사각행렬 A에 대하여, $AA^T = I_n$라고 가정하자. 정사각행렬 A의 행벡터들을 차례로 $\mathbf{b}_1, \mathbf{b}_2, \ldots, \mathbf{b}_n$이라고 놓자. 그러면 $1 \le i, j \le n$일 때 $\mathbf{b}_i \cdot \mathbf{b}_j = \delta_{ij}$이다. 다시

말하면 A의 행벡터들이 정규직교한다.

정사각행렬이 직교행렬이기 위한 필요충분조건을 다음과 같이 정리할 수 있다.

정리 6.21: 정사각행렬이 직교행렬이기 위한 필요충분조건

정사각행렬 A에 대하여, 다음은 서로 필요충분조건이다.

(가) 행렬 A의 열벡터들이 정규직교한다. 즉 $A^T A = I_n$이다.

(나) 행렬 A는 가역행렬이고 $A^T = A^{-1}$이다.

(다) 행렬 A의 행벡터들이 정규직교한다. 즉 $AA^T = I_n$이다.

증명. (가) → (나). $A^T A = I_n$이라고 가정하자. 그러면

$$1 = \det(I_n) = \det(A^T A) = \det(A^T)\det(A)$$

이므로 $\det(A) \neq 0$이다. 따라서 A는 가역행렬이다. 그런데

$$\mathbf{0} = I_n - I_n = A^T A - A^{-1}A = (A^T - A^{-1})A$$

이므로 $A^T - A^{-1} = \mathbf{0}A^{-1} = \mathbf{0}$ 즉 $A^T = A^{-1}$이다.

(나) → (가). 행렬 A가 가역행렬이고 $A^T = A^{-1}$이면 $A^T A = A^{-1}A = I_n$이다.

(나) → (다). 행렬 A가 가역행렬이고 $A^T = A^{-1}$이면 $AA^T = AA^{-1} = I_n$이다.

(다) → (나). $AA^T = I_n$이라고 가정하자. 그러면

$$1 = \det(I_n) = \det(AA^T) = \det(A)\det(A^T)$$

이므로 $\det(A) \neq 0$이다. 따라서 A는 가역행렬이다. 그런데

$$\mathbf{0} = I_n - I_n = A^{-1}A - A^T A = (A^{-1} - A^T)A$$

이므로 $A^{-1} - A^T = \mathbf{0}A^{-1} = \mathbf{0}$ 즉 $A^{-1} = A^T$이다. □

예제 6.8 다음 행렬이 직교행렬임을 증명하라.

(가) $A = \begin{bmatrix} \cos\theta & -\sin\theta \\ \sin\theta & \cos\theta \end{bmatrix}$, (나) $B = \begin{bmatrix} \cos\theta & \sin\theta \\ \sin\theta & -\cos\theta \end{bmatrix}$.

풀이. (가) 행렬 A에 대하여,

$$A^T A = \begin{bmatrix} \cos\theta & \sin\theta \\ -\sin\theta & \cos\theta \end{bmatrix} \begin{bmatrix} \cos\theta & -\sin\theta \\ \sin\theta & \cos\theta \end{bmatrix} = \begin{bmatrix} 1 & 0 \\ 0 & 1 \end{bmatrix}$$

이다.

(나) 행렬 B에 대하여,

$$B^T B = \begin{bmatrix} \cos\theta & \sin\theta \\ \sin\theta & -\cos\theta \end{bmatrix} \begin{bmatrix} \cos\theta & \sin\theta \\ \sin\theta & -\cos\theta \end{bmatrix} = \begin{bmatrix} 1 & 0 \\ 0 & 1 \end{bmatrix}$$

이다. □

직교행렬 A에 대하여, A의 열벡터들이 정규직교이고 $\det A$는 열벡터들이 이루는 평행다면체의 부호있는 측도이므로 다음을 알 수 있다.

정리 6.22: 직교행렬의 행렬식

정사각행렬 A에 대하여, A가 직교행렬이면 $\det A = 1$ 또는 $\det A = -1$이다.

증명. 행렬 A가 직교행렬이라고 가정하자. 그러면 $AA^T = I_n$이므로

$$1 = \det(I_n) = \det(AA^T) = \det(A)\det(A^T) = \det(A)\det(A)$$

이다. □

예제 6.9 다음 행렬의 행렬식을 구하라.

(가) $A = \begin{bmatrix} \cos\theta & -\sin\theta \\ \sin\theta & \cos\theta \end{bmatrix}$, (나) $B = \begin{bmatrix} \cos\theta & \sin\theta \\ \sin\theta & -\cos\theta \end{bmatrix}$,

(다) $C = \begin{bmatrix} \frac{1}{\sqrt{2}} & \frac{1}{\sqrt{6}} & \frac{1}{\sqrt{3}} \\ \frac{1}{\sqrt{2}} & -\frac{1}{\sqrt{6}} & -\frac{1}{\sqrt{3}} \\ 0 & \frac{2}{\sqrt{6}} & -\frac{1}{\sqrt{3}} \end{bmatrix}$.

풀이. (가) $\det A = \cos^2\theta + \sin^2\theta = 1$.

(나) $\det B = -\cos^2\theta - \sin^2\theta = -1$.

(다) $\det C = \frac{1}{\sqrt{2}}\left(\frac{1}{3\sqrt{2}} + \frac{2}{3\sqrt{2}}\right) - \frac{1}{\sqrt{2}}\left(-\frac{1}{3\sqrt{2}} - \frac{2}{3\sqrt{2}}\right) = \frac{3}{6} + \frac{3}{6} = 1$. □

직교행렬의 곱은 직교행렬임을 다음에서 알 수 있다.

정리 6.23: 직교행렬 곱의 직교행렬성

n차 정사각행렬 A와 B에 대하여, A와 B가 직교행렬이면 AB도 직교행렬이다.

증명. 행렬 A와 B이 직교행렬이라고 가정하자. 그러면 $AA^T = I_n$와 $BB^T = I_n$이므로

$$(AB)(AB)^T = (AB)(B^T A^T) = A(BB^T)A^T = I_n$$

이다. □

위의 정리에 따라서

n차 정사각행렬 $A_1, A_2, \ldots, A_k$가 모두 직교행렬이면 $A_1 A_2 \cdots A_k$도 직교행렬이다

임을 알 수 있다.

6.4.2 선형 등거리사상

이 절에서는 유클리드 내적공간 사이의 선형사상에 대하여, 선형사상이 내적을 보존하면 벡터의 크기는 내적으로 정의되므로 사상이 벡터의 크기를 보존함을 확인한다. 그런데 유클리드 벡터공간에서는 벡터의 크기로부터 내적을 정의할 수 있으므로 선형사상이 벡터의 크기를 보존하면 선형사상이 내적을 보존함을 확인한다. 다시 말하면, 유클리드 내적공간 사이의 선형사상에 대하여, 이 선형사상이 내적을 보존함은 이 선형사상이 벡터의 크기를 보존하기 위한 필요충분조건임을 확인한다.

유클리드 내적공간 사이의 선형사상 중에서 벡터의 크기를 보존하는 선형사상을 다음과 같이 정의한다.

정의 6.11: 선형 등거리사상

유클리드 내적공간 $(\mathbb{E}^n, \langle\cdot,\cdot\rangle_{\mathbb{E}^n})$에서 $(\mathbb{E}^m, \langle\cdot,\cdot\rangle_{\mathbb{E}^m})$로의 선형사상 $T\colon \mathbb{E}^n \to \mathbb{E}^m$에 대하여,

$$\forall \mathbf{v} \in \mathbb{E}^n,\ \|T(\mathbf{v})\| = \|\mathbf{v}\|$$

이면 T는 **선형 등거리사상**이라고 한다.

유클리드 내적공간 사이의 선형 사상에 대하여, 선형사상이 내적을 보존함은 이 선형사상이 벡터의 크기를 보존하기 위한 필요충분조건임을 다음에서 알 수 있다.

정리 6.24: 선형 등거리사상과 선형사상의 내적 보존성

유클리드 내적공간 $(\mathbb{E}^n, \langle\cdot,\cdot\rangle_{\mathbb{E}^n})$에서 $(\mathbb{E}^m, \langle\cdot,\cdot\rangle_{\mathbb{E}^m})$로의 선형사상 $T\colon \mathbb{E}^n \to \mathbb{E}^m$에 대하여, 벡터 $\mathbf{v}, \mathbf{w} \in V$에 대하여 $\langle T(\mathbf{v}), T(\mathbf{w})\rangle_{\mathbb{E}^m} = \langle \mathbf{v}, \mathbf{w}\rangle_{\mathbb{E}^n}$임은 T가 선형 등거리사상이기 위한 필요충분조건이다.

증명. 선형사상 T가 선형 등거리사상이라고 가정하자. 벡터 $\mathbf{v}, \mathbf{w} \in \mathbb{E}^n$에 대하여, T가 선형 등거리사상이므로

$$\langle T(\mathbf{v}+\mathbf{w}), T(\mathbf{v}+\mathbf{w})\rangle_{\mathbb{E}^m} = \|T(\mathbf{v}+\mathbf{w})\|_{\mathbb{E}^m}{}^2 = \|\mathbf{v}+\mathbf{w}\|_{\mathbb{E}^n}{}^2 = \langle \mathbf{v}+\mathbf{w}, \mathbf{v}+\mathbf{w}\rangle_{\mathbb{E}^n}$$

이다. 한편

$$\langle T(\mathbf{v}+\mathbf{w}), T(\mathbf{v}+\mathbf{w})\rangle_{\mathbb{E}^m} = \langle T(\mathbf{v}), T(\mathbf{v})\rangle_{\mathbb{E}^m} + 2\langle T(\mathbf{v}), T(\mathbf{w})\rangle_{\mathbb{E}^m} + \langle T(\mathbf{w}), T(\mathbf{w})\rangle_{\mathbb{E}^m}$$

이고

$$\langle \mathbf{v}+\mathbf{w}, \mathbf{v}+\mathbf{w}\rangle_{\mathbb{E}^n} = \langle \mathbf{v}, \mathbf{v}\rangle_{\mathbb{E}^n} + 2\langle \mathbf{v}, \mathbf{w}\rangle_{\mathbb{E}^n} + \langle \mathbf{w}, \mathbf{w}\rangle_{\mathbb{E}^n}$$

이며 $\langle T(\mathbf{v}), T(\mathbf{v})\rangle_{\mathbb{E}^m} = \langle \mathbf{v}, \mathbf{v}\rangle_{\mathbb{E}^n}$이고 $\langle T(\mathbf{w}), T(\mathbf{w})\rangle_{\mathbb{E}^m} = \langle \mathbf{w}.\mathbf{w}\rangle_{\mathbb{E}^n}$이므로

$$\langle T(\mathbf{v}), T(\mathbf{w})\rangle_{\mathbb{E}^m} = \langle \mathbf{v}, \mathbf{w}\rangle_{\mathbb{E}^n}$$

이다.

역으로 벡터 $\mathbf{v}, \mathbf{w} \in \mathbb{E}^n$에 대하여 $\langle T(\mathbf{v}), T(\mathbf{w})\rangle_{\mathbb{E}^m} = \langle \mathbf{v}, \mathbf{w}\rangle_{\mathbb{E}^n}$라고 가정하자. 그러면 벡터 $\mathbf{v} \in \mathbb{E}^n$에 대하여

$$\|T(\mathbf{v})\|_{\mathbb{E}^m}{}^2 = \langle T(\mathbf{v}), T(\mathbf{v})\rangle_{\mathbb{E}^m} = \langle \mathbf{v}, \mathbf{v}\rangle_{\mathbb{E}^n} = \|\mathbf{v}\|_{\mathbb{E}^n}{}^2$$

이다. □

앞의 정리에 따라서 유클리드 내적공간에서 선형 등거리사상은 내적을 보존함을 알 수 있다. 따라서 선형 등거리사상은 두 벡터 사잇각의 크기도 유지한다.

따름정리 6.25: 선형 등거리사상의 두 벡터 사잇각의 크기 유지성

유클리드 내적공간 $(\mathbb{E}^n, \langle\cdot,\cdot\rangle_{\mathbb{E}^n})$에서 $(\mathbb{E}^m, \langle\cdot,\cdot\rangle_{\mathbb{E}^m})$로의 선형사상 $T\colon \mathbb{E}^n \to \mathbb{E}^m$에 대하여, T가 선형 등거리사상이면 벡터 $\mathbf{v}, \mathbf{w} \in \mathbb{E}^n$에 대하여 $\mathbf{v}$와 $\mathbf{w}$의 사잇각 크기는 $T(\mathbf{v})$와 $T(\mathbf{w})$의 사잇각 크기와 같다.

증명. 선형사상 T가 선형 등거리사상이라고 가정하자. 그러면 벡터 $\mathbf{v}$와 $\mathbf{w}$에 대하여, θ가 $\mathbf{v}$와 $\mathbf{w}$의 사잇각 크기이고 η가 $T(\mathbf{v})$와 $T(\mathbf{w})$의 사잇각 크기이면

$$\cos\theta = \frac{\langle \mathbf{v}, \mathbf{w}\rangle_{\mathbb{E}^n}}{\|\mathbf{v}\|_{\mathbb{E}^n}\,\|\mathbf{w}\|_{\mathbb{E}^n}} = \frac{\langle T(\mathbf{v}), T(\mathbf{w})\rangle_{\mathbb{E}^m}}{\|T(\mathbf{v})\|_{\mathbb{E}^m}\,\|(\mathbf{w})\|_{\mathbb{E}^m}} = \cos\eta$$

이다. 그런데 $0 \le \theta \le \pi$이고 $0 \le \eta \le \pi$이므로 $\theta = \eta$이다. □

위의 정리의 역은 성립하지 않는다. 왜냐하면 $T(\mathbf{v}) = 2\mathbf{v}$로 정의되는 선형사상 $T\colon \mathbb{E}^n \to \mathbb{E}^n$에 대하여, θ가 두 벡터 $\mathbf{v}$와 $\mathbf{w}$의 사잇각이면 $T(\mathbf{v})$와 $T(\mathbf{w})$의 사잇각은 θ이지만 T가 선형 등거리사상은 아니다.

6.4.3 직교변환과 직교행렬

n차 정사각행렬 A에 대하여, 유클리드 벡터공간 $\mathbb{E}^n$의 표준기저 $\mathcal{E} = \{\mathbf{e}_1, \mathbf{e}_2, \ldots, \mathbf{e}_n\}$에 대하여 $[L]_{\mathcal{E}}^{\mathcal{E}} = A$인 선형변환 $L\colon \mathbb{E}^n \to \mathbb{E}^n$을 L_A로 나타낸다.

정사각행렬 A에 대하여, 행렬 A가 직교행렬이면 열벡터들이 정규직교함을 알고 있다. 직교행렬과 관련하여 다음 변환을 정의하자.

정의 6.12: 직교변환

유클리드 내적공간 $(\mathbb{E}^n, \langle\cdot,\cdot\rangle)$에 대한 선형변환 $L\colon \mathbb{E}^n \to \mathbb{E}^n$에 대하여,

$$\forall \mathbf{v} \in \mathbb{E}^n, \forall \mathbf{w} \in \mathbb{E}^n,\ \langle L(\mathbf{v}), L(\mathbf{w})\rangle = \langle \mathbf{v}, \mathbf{w}\rangle$$

이면 L은 **직교변환**이라고 한다.

예제 6.10 표준내적이 정의된 유클리드 벡터공간 $\mathbb{E}^2$에서 실수 θ에 대한 선형변환 $L(v_1, v_2) = (v_1\cos\theta - v_2\sin\theta, v_1\sin\theta + v_2\cos\theta)$이 직교변환임을 보이라.

풀이. 벡터 $\mathbf{v} = (v_1, v_2)$와 $\mathbf{w} = (w_1, w_2)$에 대하여,

$$\begin{aligned} L(\mathbf{v}) \cdot L(\mathbf{w}) &= (v_1 \cos\theta - v_2 \sin\theta, v_1 \sin\theta + v_2 \cos\theta) \\ &\qquad \cdot (w_1 \cos\theta - w_2 \sin\theta, w_1 \sin\theta + w_2 \cos\theta) \\ &= (v_1 \cos\theta - v_2 \sin\theta)(w_1 \cos\theta - w_2 \sin\theta) \\ &\qquad + (v_1 \sin\theta + v_2 \cos\theta)(w_1 \sin\theta + w_2 \cos\theta) \\ &= v_1 w_1 \cos^2\theta - v_1 w_2 \cos\theta \sin\theta - v_2 w_1 \sin\theta \cos\theta + v_2 w_2 \sin^2\theta \\ &\qquad + v_1 w_1 \sin^2\theta + v_1 w_2 \sin\theta \cos\theta + v_2 w_1 \cos\theta \sin\theta + v_2 w_2 \cos^2\theta \\ &= v_1 w_1 + v_2 w_2 = \mathbf{v} \cdot \mathbf{w} \end{aligned}$$

이다. □

유클리드 내적공간에서 정규직교기저에 대한 직교변환의 행렬표현이 직교행렬임을 다음과 같이 알 수 있다.

> **정리 6.26: 정규직교기저에 대한 직교변환의 행렬표현**
>
> 유클리드 내적공간 $(\mathbb{E}^n, \langle \cdot, \cdot \rangle)$에 대한 선형변환 $L\colon \mathbb{E}^n \to \mathbb{E}^n$와 정규직교기저 $\mathcal{A} = (\mathbf{v}_1, \dots, \mathbf{v}_n)$에 대하여, L이 직교변환임은 행렬표현 $[L]_{\mathcal{A}}^{\mathcal{A}}$이 직교행렬이기 위한 필요충분조건이다.

증명. 행렬표현 $A = [L]_{\mathcal{A}}^{\mathcal{A}}$가 직교행렬이라고 가정하자. 그러면 벡터 $\mathbf{v}, \mathbf{w} \in \mathbb{E}^n$에 대하여

$$(A[\mathbf{v}]^{\mathcal{A}})^T (A[\mathbf{w}]^{\mathcal{A}}) = ([\mathbf{v}]^{\mathcal{A}})^T A^T A [\mathbf{w}]^{\mathcal{A}} = ([\mathbf{v}]^{\mathcal{A}})^T [\mathbf{w}]^{\mathcal{A}}$$

이므로

$$\langle L(\mathbf{v}), L(\mathbf{w}) \rangle = \langle \mathbf{v}, \mathbf{w} \rangle$$

이다.

선형변환 L이 직교변환이라고 가정하자. 그러면 $[L]_{\mathcal{A}}^{\mathcal{A}} = [a_{ij}]$의 열벡터

$$\mathbf{a}_1 = (a_{11}, a_{21}, \dots, a_{n1}), \qquad \dots, \qquad \mathbf{a}_n = (a_{1n}, a_{2n}, \dots, a_{nn})$$

에 대하여

$$\begin{aligned} L(\mathbf{v}_1) &= a_{11}\mathbf{v}_1 + a_{21}\mathbf{v}_2 + \cdots + a_{n1}\mathbf{v}_n, \\ L(\mathbf{v}_2) &= a_{12}\mathbf{v}_1 + a_{22}\mathbf{v}_2 + \cdots + a_{n2}\mathbf{v}_n, \\ &\vdots \\ L(\mathbf{v}_n) &= a_{1n}\mathbf{v}_1 + a_{2n}\mathbf{v}_2 + \cdots + a_{nn}\mathbf{v}_n \end{aligned}$$

이므로,

$$\begin{aligned}\delta_{ij} &= \langle \mathbf{v}_i, \mathbf{v}_j \rangle = \langle L(\mathbf{v}_i), L(\mathbf{v}_j) \rangle \\ &= \left\langle \left(\sum_{k=1}^{n} a_{ki}\mathbf{v}_k \right), \left(\sum_{k=1}^{n} a_{kj}\mathbf{v}_k \right) \right\rangle \\ &= \sum_{k=1}^{n} a_{ki}a_{kj} = \mathbf{a}_i \cdot \mathbf{a}_j\end{aligned}$$

이다. 따라서 $[L]_{\mathcal{A}}^{\mathcal{A}}$는 직교행렬이다. □

6.4.4 대칭행렬의 직교대각화 가능성

이 절에서는 대칭행렬의 대각화 가능성에 대하여 탐구한다. 대칭행렬은 대각화 가능하다. 이때 고유벡터들은 정규직교 벡터들로 구성할 수 있다.

정사각행렬 A와 B에 대하여, $Q^{-1}AQ = B$인 가역행렬 Q가 존재하면 A는 B와 닮은 행렬이라고 함을 알고 있다. 이때 Q가 직교행렬인 경우를 다음과 같이 정의한다.

정의 6.13: 직교닮은 행렬

정사각행렬 A와 B에 대하여, $P^{-1}AP = B$인 직교행렬 P가 존재하면 정사각행렬 A는 B와 **직교닮다**라고 한다.

정의 6.14: 직교대각화 가능한 행렬

정사각행렬 A에 대하여, A가 대각행렬과 직교닮은 행렬이면 정사각행렬 A는 **직교대각화 가능하다**라고 한다.

다음 보조정리를 증명하기 위해서는 복소벡터공간 이론이 필요하다. 여기서 증명을 생략한다.

보조정리 6.27: 대칭행렬 고윳값의 실수성

정사각행렬 A에 대하여, 다음이 성립한다.

(가) A가 대칭행렬이면 A의 모든 고윳값은 실수이다.

(나) (**슈어 보조정리**) A의 모든 고윳값이 실수이면 행렬 A는 위삼각행렬과 직교닮는다.

대칭행렬의 직교대각화 가능성을 다음과 같이 정리할 수 있다.

정리 6.28: 대칭행렬의 직교대각화 가능성

n차 정사각행렬 A에 대하여, 다음은 서로 필요충분조건이다.

(가) A는 대칭행렬이다.

(나) A는 직교대각화 가능하다.

(다) A의 n개의 정규직교 고유벡터가 존재한다.

증명. (가) → (나). A가 대칭행렬이라고 가정하자. 그러면 보조정리 6.27에 따라서 $D = P^T AP$가 위삼각행렬인 직교행렬 P가 존재한다. 그런데 $D^T = (P^T AP)^T = P^T AP = D$이므로 D는 대각행렬이다.

(나) → (가). A가 직교대각화 가능하다고 가정하자. 그러면

$$D = P^T AP = P^{-1}AP$$

가 대각행렬인 직교행렬 P가 존재하므로 $A^T = (PDP^T)^T = PD^T P^T = PDP^T = A$이다. 따라서 A는 대칭행렬이다.

(나) → (다). A가 직교대각화 가능하다고 가정하자. 그러면 $P^T AP = P^{-1}AP$가 대각행렬인 직교행렬 P가 존재한다. 이때 P의 열벡터들이 A의 고유벡터이므로 A의 n개의 정규직교 고유벡터가 존재한다.

(다) → (나). A의 n개의 정규직교 고유벡터가 존재한다. 그러면 이들 n개의 정규직교 고유벡터가 열벡터인 직교행렬 P에 대하여 $P^{-1}AP$가 대각행렬이므로 A는 직교대각화 가능하다. □

예제 6.11 대칭행렬

$$A = \begin{bmatrix} 4 & 2 \\ 2 & 4 \end{bmatrix}$$

를 직교대각화하라.

증명. 대칭행렬 A의 특성다항식이

$$\det(xI_2 - A) = \det \begin{bmatrix} x-4 & -2 \\ -2 & x-4 \end{bmatrix} = (x-4)^2 - 4 = (x-2)(x-6)$$

이므로 2와 6이 행렬 A의 고윳값이다.

고윳값 2에 대한 동형연립일차방정식 $(2I_2 - A)[\mathbf{v}] = [\mathbf{o}]$이

$$\begin{bmatrix} -2 & -2 \\ -2 & -2 \end{bmatrix} \begin{bmatrix} v_1 \\ v_2 \end{bmatrix} = \begin{bmatrix} 0 \\ 0 \end{bmatrix}$$

이므로 $\mathbf{q}_1 = (1/\sqrt{2}, -1/\sqrt{2})$이 크기가 1인 고유벡터이다. 고윳값 6에 대한 동형연립일차방정식 $(6I_2 - A)[\mathbf{v}] = [\mathbf{o}]$이

$$\begin{bmatrix} 2 & -2 \\ -2 & 2 \end{bmatrix} \begin{bmatrix} v_1 \\ v_2 \end{bmatrix} = \begin{bmatrix} 0 \\ 0 \end{bmatrix}$$

이므로 $\mathbf{q}_2 = (1/\sqrt{2}, 1/\sqrt{2})$이 크기가 1인 고유벡터이다.

벡터 $\mathbf{q}_1, \mathbf{q}_2$를 열벡터로 하는 직교행렬

$$P = \begin{bmatrix} \frac{1}{\sqrt{2}} & \frac{1}{\sqrt{2}} \\ -\frac{1}{\sqrt{2}} & \frac{1}{\sqrt{2}} \end{bmatrix}$$

를 적용하면

$$\begin{aligned} P^T A P &= \begin{bmatrix} \frac{1}{\sqrt{2}} & -\frac{1}{\sqrt{2}} \\ \frac{1}{\sqrt{2}} & \frac{1}{\sqrt{2}} \end{bmatrix} \begin{bmatrix} 4 & 2 \\ 2 & 4 \end{bmatrix} \begin{bmatrix} \frac{1}{\sqrt{2}} & \frac{1}{\sqrt{2}} \\ -\frac{1}{\sqrt{2}} & \frac{1}{\sqrt{2}} \end{bmatrix} \\ &= \begin{bmatrix} \frac{1}{\sqrt{2}} & -\frac{1}{\sqrt{2}} \\ \frac{1}{\sqrt{2}} & \frac{1}{\sqrt{2}} \end{bmatrix} \begin{bmatrix} \frac{2}{\sqrt{2}} & \frac{6}{\sqrt{2}} \\ -\frac{2}{\sqrt{2}} & \frac{6}{\sqrt{2}} \end{bmatrix} \\ &= \begin{bmatrix} 2 & 0 \\ 0 & 6 \end{bmatrix} \end{aligned}$$

이다. □

6.4.5 대칭행렬의 양의 정부호성

이 절에서는 내적의 양의 정부호성을 판별할 방법으로서 대칭행렬의 양의 정부호성을 탐구한다. 유클리드 내적공간의 기저에 대한 내적의 행렬표현은 대칭행렬이다. 이 대칭행렬의 고윳값과 행렬식을 이용하여 내적의 양의 정부성을 판별할 수 있다.

유클리드 내적공간 $(\mathbb{E}^n, \langle \cdot, \cdot \rangle)$에서 기저 $\mathcal{A} = (\mathbf{u}_1, \mathbf{u}_2, \ldots, \mathbf{u}_n)$에 대한 내적의 행렬표현을

$$A = [\langle \cdot, \cdot \rangle]^{\mathcal{A}}$$

로 놓자. 벡터 $\mathbf{v} = v_1\mathbf{u}_1 + v_2\mathbf{u}_2 + \cdots + v_n\mathbf{u}_n$와 $\mathbf{w} = w_1\mathbf{u}_1 + w_2\mathbf{u}_2 + \cdots + w_n\mathbf{u}_n$의

내적 $k = \langle \mathbf{v}, \mathbf{w} \rangle$를 행렬식으로 나타내면

$$\left([\mathbf{v}]^{\mathcal{A}}\right)^T A[\mathbf{w}]^{\mathcal{A}} = \begin{bmatrix} v_1 & v_2 & \ldots & v_n \end{bmatrix} A \begin{bmatrix} w_1 \\ w_2 \\ \vdots \\ w_n \end{bmatrix} = [k]$$

이다. 이때

모든 영벡터가 아닌 벡터 $\mathbf{v} \in \mathbb{E}^n$에 대하여, $[\mathbf{v}]^T A[\mathbf{v}]$의 성분이 양수이다

는 내적의 양의 정부호성을 나타낸다. 정칙행렬의 양의 정부호성을 다음과 같이 정의한다.

정의 6.15: 대칭행렬에 대한 양의 정부호성

대칭행렬 A에 대하여,

모든 영벡터가 아닌 벡터 $\mathbf{v} \in \mathbb{E}^n$에 대하여, $[\mathbf{v}]^T A[\mathbf{v}]$의 성분이 양수이다

이면 A는 **양의 정부호**라고 한다.

보조정리 6.27에 따라서 대칭행렬의 모든 고윳값은 실수이다. 이때 모든 고윳값이 양수임이 대칭행렬이 양의 정부호이기 위한 필요충분조건이다.

정리 6.29: 대칭행렬의 양의 정부호성과 양의 고윳값

대칭행렬 A에 대하여, A의 모든 고윳값이 양수임은 A가 양의 정부호이기 위한 필요충분조건이다.

증명. 정리 6.28에 따라서 대칭행렬 A는 직교대각화 가능하므로 $D = P^T AP$가 대각행렬인 직교행렬 P가 존재한다. 따라서 영벡터가 아닌 벡터 $\mathbf{v} \in \mathbb{E}^n$에 대하여, $[\mathbf{w}] = P^T[\mathbf{v}]$로 놓으면 벡터 $\mathbf{w}$는 영벡터가 아니고

$$[\mathbf{v}]^T A[\mathbf{v}] = [\mathbf{v}]^T PDP^T[\mathbf{v}] = \left(P^T[\mathbf{v}]\right)^T D\left(P^T[\mathbf{v}]\right) = [\mathbf{w}]^T D[\mathbf{w}] = \left[\sum_{i=1}^{n} \lambda_i {w_i}^2\right]$$

이다. 여기서 $\lambda_1, \lambda_2, \ldots, \lambda_n$은 대각행렬 D의 대각성분으로서 대칭행렬 A의 고윳값이고 $\mathbf{w} = (w_1, w_2, \ldots, w_n)$이다.

대칭행렬 A의 모든 고윳값 $\lambda_1, \ldots, \lambda_n$이 양수라고 가정하자. 그러면 영벡터가 아닌 벡터 $\mathbf{v} \in \mathbb{E}^n$에 대하여, $[\mathbf{w}] = P^T[\mathbf{v}]$인 벡터 $\mathbf{w}$는 영벡터가 아니므로 $\sum_{i=1}^n \lambda_i {w_i}^2 > 0$이다. 이는 $[\mathbf{v}]^T A[\mathbf{v}]$의 성분이 양수임을 나타낸다. 따라서 행렬 A는 양의 정부호이다.

대칭행렬 A가 양의 정부호라고 가정하자. $k = 1, 2, \ldots, n$일 때, k 성분이 1이고 나머지 성분은 0인 벡터를 $\mathbf{w}$로 놓고 $[\mathbf{v}] = P[\mathbf{w}]$로 놓으면 벡터 $\mathbf{v}$는 영벡터가 아니다. 양의 정부호성에 따라서 $[\mathbf{v}]^T A[\mathbf{v}]$의 성분 $\sum_{i=1}^n \lambda_i {w_i}^2 = \lambda_k$는 양수이다. □

정사각행렬에 대하여 다음과 같은 부분행렬을 정의한다.

정의 6.16: 정사각행렬의 주부분행렬

정사각행렬 $A = [a_{ij}]_{n \times n}$에 대하여,

$$A_1 = [a_{11}], \quad , A_2 = \begin{bmatrix} a_{11} & a_{12} \\ a_{21} & a_{22} \end{bmatrix}, \quad A_3 = \begin{bmatrix} a_{11} & a_{12} & a_{13} \\ a_{21} & a_{22} & a_{23} \\ a_{31} & a_{32} & a_{33} \end{bmatrix}, \quad \ldots, \quad A_n = A$$

을 행렬 A의 **주부분행렬**이라고 한다.

대칭행렬 A의 주부분행렬에 대한 정보를 이용하여 행렬 A의 양의 정부호성을 다음과 같이 판정할 수 있다.

정리 6.30: 주부분행렬의 행렬식을 이용한 대칭행렬의 양의 정부호성 판별법

대칭행렬 A에 대하여, 행렬 A의 모든 주부분행렬의 행렬식이 양수임은 A가 양의 정부호이기 위한 필요충분조건이다.

증명. n차 대칭행렬 A가 양의 정부호라고 가정하자. $k = 1, 2, \ldots, n$일 때 벡터 $\mathbf{v}_k = (v_1, v_2, \ldots, v_k) \in \mathbb{E}^k$에 대하여 $\mathbf{v} = (v_1, v_2, \ldots, v_k, 0, \ldots, 0) \in \mathbb{E}^n$로 놓으면

$$[\mathbf{v}]^T A[\mathbf{v}] = \begin{bmatrix} v_1 & \cdots & v_k & 0 & \cdots & 0 \end{bmatrix} A \begin{bmatrix} v_1 \\ \vdots \\ v_k \\ 0 \\ \vdots \\ 0 \end{bmatrix} = [\mathbf{v}_k]^T A_k [\mathbf{v}_k]$$

이다. 따라서 영벡터가 아닌 벡터 $\mathbf{v}_k \in \mathbb{E}^k$에 대하여, $[\mathbf{v}]^T A[\mathbf{v}]$의 성분이 양수임은

$[\mathbf{v}_k]^T A_k [\mathbf{v}_k]$의 성분이 양수이기 위한 필요충분조건이다. 가정과 정리 6.29에 따라서 주부분행렬 A_k의 모든 고윳값이 양수이다. 행렬식 $\det A_k$는 모든 고윳값의 곱이므로 양수이다.

역으로 n차 대칭행렬 A의 모든 주부분행렬의 행렬식이 양수라고 가정하자. 자연수 n에 대한 수학적 귀납법을 적용하여 행렬 A가 양의 정부호임을 증명하자.

(가) $n = 1$인 경우, $[a] = A$로 놓으면 가정에 따라서 $a > 0$이다. 모든 영이 아닌 벡터 $\mathbf{v} = (v) \in \mathbb{E}^1$에 대하여, $[\mathbf{v}]^T A[\mathbf{v}] = [av^2]$의 성분 av^2은 양수이다.

(나) 모든 n차 대칭행렬에 대하여, 모든 주부분행렬의 행렬식이 양수이면 이 대칭행렬은 양의 정부호라고 가정하자. $(n+1)$차 대칭행렬 A에 대하여, A의 모든 주부분행렬의 행렬식이 양수라고 가정하자.

귀류법을 적용하기 위하여 행렬 A가 양의 정부호가 아니라고 가정하자. 그러면 정리 6.28에 따라서 행렬 A의 고유벡터로 이루어진 $\mathbb{E}^{n+1}$의 정규직교기저 $\mathcal{A} = (\mathbf{q}_1, \mathbf{q}_2, \ldots, \mathbf{q}_{n+1})$와 고윳값 $\lambda_1, \lambda_2, \ldots, \lambda_{n+1}$이 존재한다. 가정에 따라서 $\det A = \lambda_1 \lambda_2 \cdots \lambda_{n+1} > 0$이다. 행렬 A가 양의 정부호가 아니므로 A의 음의 고윳값이 존재하고 또한 모든 고윳값의 곱은 양수이므로 적어도 두 개의 음의 고윳값이 존재한다. 두 개의 음의 고윳값의 고유벡터를

$$\mathbf{q}_i = (u_1, u_2, \ldots, u_{n+1}), \quad \mathbf{q}_j = (v_1, v_2, \ldots, v_{n+1})$$

로 놓자.

$$au_{n+1} + bv_{n+1} = 0 \quad (a \neq 0 \text{ 또는 } b \neq 0)$$

인 실수 a, b를 고정하고 $\mathbf{v} = (v_1, v_2, \ldots, v_n, v_{n+1}) = a\mathbf{q}_i + b\mathbf{q}_j$로 놓자. 벡터 $\mathbf{q}_i, \mathbf{q}_j$가 일차독립이므로 벡터 $\mathbf{v}$는 영벡터가 아니고 $v_{n+1} = au_{n+1} + bv_{n+1} = 0$이므로 벡터 $\mathbf{v}_n = (v_1, v_2, \ldots, v_n)$은 영벡터가 아니고

$$\begin{aligned}\lambda_n[\mathbf{v}_n] = [\mathbf{v}_n]^T A_n [\mathbf{v}_n] &= [\mathbf{v}]^T A[\mathbf{v}] = [\mathbf{v} \cdot L_A(\mathbf{v})] \\ &= [(a\mathbf{q}_i + b\mathbf{q}_j) \cdot (a\lambda_i \mathbf{q}_i + b\lambda_j \mathbf{q}_j)] \\ &= [a^2\lambda_i + b^2\lambda_j]\end{aligned}$$

의 성분은 음수이다. 이는 주부분행렬 A_n이 양의 정부호라는 것에 모순이다. 따라서 대칭행렬 A는 양의 정부호이다. 여기서 선형변환

$$L_A(x_1, x_2, \ldots, x_n) = \left(\sum_{i=1}^n a_{1i}x_i, \sum_{i=1}^n a_{2i}x_i, \ldots, \sum_{i=1}^n a_{ni}x_i \right)$$

는 대칭행렬 $A = [a_{ij}]_{n\times n}$에 대응하는 선형변환이다.

(가)와 (나)에 따라서 대칭행렬 A는 양의 정부호이다. □

보기 6.3 대칭행렬

$$A = \begin{bmatrix} a & b \\ b & d \end{bmatrix}$$

에 대하여, $a > 0$ 그리고 $ad - b^2 > 0$은 행렬 A가 양의 정부호이기 위한 필요충분조건이다.

예제 6.12 다음 대칭행렬이 양의 정부호인지 판별하라.

$$\text{(가) } A = \begin{bmatrix} 2 & 3 & 4 \\ 3 & 1 & 2 \\ 4 & 2 & 5 \end{bmatrix}, \qquad \text{(나) } B = \begin{bmatrix} 2 & 1 & 0 \\ 1 & 2 & 2 \\ 0 & 2 & 4 \end{bmatrix}.$$

풀이. (가) 행렬 A의 주부분행렬 A_2의 행렬식이

$$\det A_2 = 2\cdot 1 - 3\cdot 3 = -7 < 0$$

이므로 행렬 A는 양의 정부호가 아니다.

(나) 행렬 B의 주부분행렬 B_1, B_2, B_3의 행렬식이

$$\begin{aligned} &\det B_1 = 2 > 0, \\ &\det B_2 = 2\cdot 2 - 1\cdot 1 = 3 > 0, \\ &\det B_3 = 2\cdot(2\cdot 4 - 2\cdot 2) - (1\cdot 4 - 0\cdot 2) = 4 > 0 \end{aligned}$$

이므로 행렬 B는 양의 정부호이다. □

연습문제 6.4

1. 다음 정사각행렬이 직교행렬임을 보이고 역행렬을 구하라.

(가) $A = \begin{bmatrix} \frac{3}{5} & \frac{4}{5} \\ \frac{4}{5} & -\frac{3}{5} \end{bmatrix}$, (나) $B = \begin{bmatrix} \frac{\sqrt{2}}{2} & -\frac{\sqrt{2}}{2} \\ \frac{\sqrt{2}}{2} & \frac{\sqrt{2}}{2} \end{bmatrix}$,

(다) $C = \begin{bmatrix} \frac{1}{2} & 0 & \frac{\sqrt{3}}{2} \\ \frac{\sqrt{3}}{2} & 0 & -\frac{1}{2} \\ 0 & 1 & 0 \end{bmatrix}$, (라) $D = \begin{bmatrix} \frac{1}{3} & \frac{2}{3} & -\frac{2}{3} \\ \frac{2}{3} & -\frac{2}{3} & -\frac{1}{3} \\ \frac{2}{3} & \frac{1}{3} & \frac{2}{3} \end{bmatrix}$.

2. 정사각행렬 A에 대하여, A가 직교행렬이면 A^T도 직교행렬임을 증명하라.

3. 다음 선형변환이 직교변환인지 판별하라.

(가) $L(v_1, v_2, v_3) = \left(v_1, \frac{1}{2}v_2 + \frac{\sqrt{3}}{2}v_3, \frac{\sqrt{3}}{2}v_2 - \frac{1}{2}v_3\right)$,

(나) $L(v_1, v_2, v_3) = \left(v_3, \frac{3}{5}v_1 + \frac{4}{5}v_2, \frac{4}{5}v_1 - \frac{3}{5}v_2\right)$.

4. 다음 대칭행렬을 직교대각화하라.

(가) $A = \begin{bmatrix} 1 & 1 \\ 1 & 1 \end{bmatrix}$, (나) $B = \begin{bmatrix} 1 & 2 \\ 2 & 1 \end{bmatrix}$,

(다) $C = \begin{bmatrix} 4 & 2 & 2 \\ 2 & 4 & 2 \\ 2 & 2 & 4 \end{bmatrix}$, (라) $D = \begin{bmatrix} 1 & 0 & 1 \\ 0 & 1 & 0 \\ 1 & 0 & 1 \end{bmatrix}$.

5. 다음 대칭행렬이 양의 정부호인지 판별하라.

(가) $A = \begin{bmatrix} 2 & 3 & 1 \\ 3 & 4 & 2 \\ 1 & 2 & 2 \end{bmatrix}$, (나) $B = \begin{bmatrix} 1 & 0 & 1 \\ 0 & 3 & 1 \\ 1 & 1 & 2 \end{bmatrix}$.

참고문헌

[1] Thomas W. Hungerford, *Algebra*, Springer, 2008.

[2] Jin Ho Kwak and Sungpyo Hong, *Linear Algebra (2nd Edition)*, Birkhäuser Boston, 2012.

[3] 김응태와 박승안, 선형대수학 (제5판), 경문사, 2010.

[4] Howard Anton and Chris Rorres (김태균 · 문은호 · 박미경 · 이호재 · 이희정 · 정정주 · 한광희 옮김), 알기쉬운 선형대수 (개정 11판), (주)한티에듀, 2015.

연습문제 해답

제1장 유클리드 벡터공간

1.1 유클리드 공간

1. $a = a + 0 = 0$. 여기서 첫 번째 등식에서 0이 덧셈에 대한 항등원임을 적용하고 두 번째 등식에서 a가 덧셈에 대한 항등원임을 적용한다.

3. (가) 결합법칙, (나) 덧셈에 대한 2의 역원, (다) 덧셈에 대한 항등원.

1.2 유클리드 벡터공간

1. (가) $\mathbf{v} = (4-1, 1-2) = (3, -1)$.
(나) $\mathbf{v} = (2-(-1), 0-3) = (3, -3)$.
(다) $\mathbf{v} = (3-3, 2-0, 1-(-1)) = (0, 2, 2))$.
(라) $\mathbf{v} = (1-(-2), 2-2, 3-4) = (3, 0, -1)$.

3. (가) 크기: $\sqrt{2^2+4^2} = \sqrt{20} = 2\sqrt{5}$, 방향: $(2/(2\sqrt{5}), 4/(2\sqrt{5})) = (\frac{1}{\sqrt{5}}, \frac{2}{\sqrt{5}})$.
(나) 크기: $\sqrt{(-3)^2+1^2} = \sqrt{10}$, 방향: $(-3/\sqrt{10}, 1/\sqrt{10})$.
(다) 크기: $\sqrt{2^2+1^2+3^2} = \sqrt{14}$, 방향: $(2/\sqrt{14}, 1/\sqrt{14}, 3/\sqrt{14})$.
(라) 크기: $\sqrt{1^2+1^2+4^2} = \sqrt{18} = 3\sqrt{2}$, 방향: $(1/(3\sqrt{2}), 1/(3\sqrt{2}), 4/(3\sqrt{2}))$.

5. (가) $2\mathbf{u}+\mathbf{v} = (4, 0, 6) + (1, -3, 2) = (5, -3, 8)$.
(나) $3\mathbf{u} - 2\mathbf{w} = (6, 0, 9) - (4, 6, -4) = (2, -6, 13)$.
(다) $2(3\mathbf{v} - 4\mathbf{w}) = (6, -18, 12) - (16, 24, -16) = (-10, -42, 28)$.
(라) $2\mathbf{u} - (\mathbf{v} + 3\mathbf{w}) = (4, 0, 6) + (-1, 3, -2) + (-6, -9, 6) = (-3, -6, 10)$.

7. $a = 3$, $b = -1$, $c = 2$.

1.3 벡터의 표준내적

1. (가) $\mathbf{v}\cdot\mathbf{w} = 2\cdot(-1) + 1\cdot 3 = 1$.
(나) $\mathbf{v}\cdot\mathbf{w} = 3\cdot(-2) + (-1)\cdot 1 = -7$.
(다) $\mathbf{v}\cdot\mathbf{w} = 1\cdot 2 + 1\cdot(-1) + 2\cdot 4 = 9$.
(라) $\mathbf{v}\cdot\mathbf{w} = (-2)\cdot 2 + 3\cdot 1 + 1\cdot 3 = 2$.

3. $\mathbf{u}\cdot\mathbf{u} = 4\cdot 4 + 3\cdot 3 + 0\cdot 0 = 25$이고 $\mathbf{v}\cdot\mathbf{u} = 1\cdot 4 + 3\cdot 3 + 2\cdot 0 = 13$이므로 $\mathrm{Proj}_{\mathbf{u}}\,\mathbf{v} = \frac{\mathbf{v}\cdot\mathbf{u}}{\mathbf{u}\cdot\mathbf{u}}\mathbf{u} = \frac{13}{25}(4, 3, 0) = (\frac{52}{25}, \frac{39}{25}, 0)$이다.

5. $|v_1w_2 - v_2w_1|$.

7. 벡터 $\mathbf{v} = (v_1, v_2, \ldots, v_n)$와 $\mathbf{w} = (w_1, w_2, \ldots, w_n)$에 대하여

$$\|\mathbf{v}+\mathbf{w}\|^2 - \|\mathbf{v}-\mathbf{w}\|^2 = \sum_{k=1}^{n}(v_k+w_k)^2 - \sum_{k=1}^{n}(v_k-w_k)^2 = \sum_{k=1}^{n} 4v_k w_k = 4\mathbf{v}\cdot\mathbf{w}$$

이다.

제2장 선형사상과 행렬

2.1 선형사상

1. (가) 모든 성분함수들이 상수항이 없는 일차함수이거나 영함수이므로 사상 F는 선형사상이다.

(나) 첫 번째 성분함수가 2차 함수이므로 사상 F는 선형사상이 아니다.

(다) 첫 번째 성분함수에 상수항이 있으므로 사상 F는 선형사상이 아니다.

(라) 모든 성분함수들이 상수항이 없는 일차함수이므로 사상 F는 선형사상이다.

3. (가) 2차 계수에 상수항 3이 있으므로 사상 F는 선형사상이 아니다.

(나) $F(a_0 + a_1x + a_2x^2) = (a_0 + 2a_1 + 4a_2) + (a_1 + 4a_2)x + a_2x^2$에 대하여, 모든 계수들이 상수항이 없는 일차함수이므로 사상 F는 선형사상이다.

(다) 모든 계수에 상수항 1이 있으므로 사상 F는 선형사상이 아니다.

(라) 모든 계수들이 상수항이 없는 일차함수이므로 사상 F는 선형사상이다.

5. 모든 벡터 $\mathbf{v} \in \mathbb{E}^n$에 대하여 $F(-\mathbf{v}) = F((-1)\mathbf{v}) = (-1)F(\mathbf{v}) = -F(\mathbf{v})$이다.

2.2 행렬

1. (가) 행렬 A의 크기는 2×3이다. (나) 1. (다) $\mathbf{r}_1 = (4, 2, 1)$. (라) $\mathbf{c}_3 = (1, -2)$.

3. (가) 선형사상 L_1과 L_2의 행렬표현은 각각

$$[L_1] = \begin{bmatrix} 1 & -3 \\ 2 & 1 \end{bmatrix}, \quad [L_2] = \begin{bmatrix} -1 & 2 \\ 1 & -1 \end{bmatrix}$$

이다.

(나) 행렬 L_1과 L_2의 합은

$$[L_1] + [L_2] = \begin{bmatrix} 1+(-1) & -3+2 \\ 2+1 & 1+(-1) \end{bmatrix} = \begin{bmatrix} 0 & -1 \\ 3 & 0 \end{bmatrix}$$

이다.

(다) 선형사상 L_1과 L_2의 합은

$$(L_1+L_2)(x,y)=L_1(x,y)+L_2(x,y)=(x-3y,2x+y)+(-x+2y,x-y)=(-y,3x)$$

이다.

(라) 선형사상 L_1+L_2의 행렬표현은

$$[L_1+L_2]=\begin{bmatrix}0 & -1\\ 3 & 0\end{bmatrix}$$

이다.

5. (가) $$\begin{aligned}(L_2\circ L_1)(x,y)&=L_2(x+2y,3x-4y)\\&=(2(x+2y)+(3x-4y),(x+2y)-2(3x-4y))\\&=(5x,-5x+10y).\end{aligned}$$

(나) $$\begin{aligned}(L_2\circ L_1)(x,y)&=L_2(2x-y,x-2y)\\&=((2x-y)+2(x-2y),2(2x-y)-2(x-2y))\\&=(4x-5y,2x+2y).\end{aligned}$$

(다) $$\begin{aligned}(L_2\circ L_1)(x,y)&=L_2(-x+3y,2x+y)\\&=((-x+3y)+(2x+y),2(-x+3y)-(2x+y),\\&\qquad(-x+3y)-2(2x+y))\\&=(x+4y,-4x+5y,-5x+y).\end{aligned}$$

(라) $$\begin{aligned}(L_2\circ L_1)(x,y)&=L_2(x+y,x-y)\\&=((x+y)+2(x-y),2(x-y),3(x+y)-(x-y))\\&=(3x-y,2x-2y,2x+4y).\end{aligned}$$

7. 대우법으로 보이기 위하여 행렬 $A=[a_{ij}]_{m\times n}$이 영행렬이 아니라고 가정하자. 그러면 $a_{k\ell}\neq 0$인 A의 성분이 존재한다. $b_j=\delta_{j\ell}$ $(1\leq j\leq n)$인 열행렬 $\mathbf{x}=[b_j]_{n\times 1}$에 대하여

$$A\mathbf{x}=\begin{bmatrix}a_{11} & a_{12} & \cdots & a_{1n}\\ a_{21} & a_{22} & \cdots & a_{2n}\\ \vdots & \vdots & \ddots & \vdots\\ a_{m1} & a_{m2} & \cdots & a_{mn}\end{bmatrix}\begin{bmatrix}b_1\\ b_2\\ \vdots\\ b_n\end{bmatrix}=\begin{bmatrix}a_{1\ell}\\ a_{2\ell}\\ \vdots\\ a_{k\ell}\\ \vdots\\ a_{m\ell}\end{bmatrix}\neq \mathbf{O}$$

이다.

2.3 쌍대공간과 쌍대사상

1. (가) 함수 f의 표현에서 상수항 2가 나오므로 f는 선형범함수가 아니다.

(나) 함수 f의 표현에서 2차항 xy가 나오므로 f는 선형범함수가 아니다.

(다) 영함수 $0 = 0x + 0y + 0z$는 선형범함수이다.

(라) 함수 f는 동형일차함수이므로 f는 선형범함수이다.

3. (가) $(3f)(x, y, z) = 6x + 9y - 9z$. (나) $(3f)(x, y, z) = 9x - 3y + 6z$.

5. (가) $A^T = \begin{bmatrix} 3 & 2 \\ 1 & -4 \end{bmatrix}$. (나) $A^T = \begin{bmatrix} 2 & 2 \\ -3 & -1 \end{bmatrix}$. (다) $A^T = \begin{bmatrix} 2 & 1 & 4 \\ -3 & -2 & -1 \end{bmatrix}$. (라) $A^T = \begin{bmatrix} 1 & 0 & 2 \\ 4 & 3 & -1 \end{bmatrix}$.

2.4 정사각행렬

1. 행렬 $A = [a_{ij}]$에 대하여, $a_{12} = 1 = a_{21}$, $a_{13} = 2 = a_{31}$, $a_{23} = -3 = a_{32}$이므로 A는 대칭행렬이다. 행렬 $B = [b_{ij}]$에 대하여, $b_{12} = 1 \neq -1 = b_{21}$이므로 행렬 B는 대칭행렬이 아니다. 또한 $b_{33} = 4 \neq -4 = -b_{33}$이므로 행렬 B는 교대행렬도 아니다. 행렬 $C = [c_{ij}]$에 대하여, $c_{12} = 1 = -c_{21}$, $c_{13} = 2 = -a_{31}$, $a_{23} = -3 = -a_{32}$, $c_{11} = 0 = -c_{11}$, $c_{22} = 0 = -c_{22}$, $c_{33} = 0 = -c_{33}$이므로 C는 교대행렬이다.

3. 정사각행렬 A가 가역행렬이라고 가정하자. 그러면 $(cA)(\frac{1}{c}A^{-1}) = AA^{-1} = I_n$ 그리고 $(\frac{1}{c}A^{-1})(cA) = A^{-1}A = I_n$이므로 cA는 가역행렬이고 $(cA)^{-1} = \frac{1}{c}A^{-1}$이다.

5. $\operatorname{tr} A = 1 + 3 + 4 = 8$, $\operatorname{tr} B = 1 + 1 + 8 = 10$, $\operatorname{tr} C = 0 + (-2) + 4 = 2$.

7. 정사각행렬 $A = [a_{ij}]$에 대하여 $[b_{ij}] = A^T$로 놓자. 그러면 $1 \leq i, j \leq n$일 때 $b_{ij} = a_{ji}$이므로

$$\operatorname{tr} A^T = b_{11} + b_{22} + \cdots + b_{nn} = a_{11} + a_{22} + \cdots + a_{nn} = \operatorname{tr} A$$

이다.

9. n차 정사각행렬 $A = [a_{ij}]$와 $B = [b_{ji}]$에 대하여,

$$\begin{aligned} \operatorname{tr} AB &= \sum_{k=1}^{n} a_{1k}b_{k1} + \sum_{k=1}^{n} a_{2k}b_{k2} + \cdots + \sum_{k=1}^{n} a_{nk}b_{kn} \\ &= \sum_{i=1}^{n}\sum_{k=1}^{n} a_{ik}b_{ki} = \sum_{k=1}^{n}\sum_{i=1}^{n} b_{ki}a_{ik} \\ &= \sum_{i=1}^{n} b_{1i}a_{i1} + \sum_{i=1}^{n} b_{2i}a_{i2} + \cdots + \sum_{i=1}^{n} b_{in}a_{ni} \\ &= \operatorname{tr} BA \end{aligned}$$

이다.

제3장 연립일차방정식과 행렬의 LDU 분해

3.1 연립일차방정식과 기본행연산

1. (가) 좌변의 3항 $-xz$가 2차이므로 주어진 방정식은 일차방정식이 아니다.

(나) 좌변의 3항 $-2/z$가 -1차이므로 주어진 방정식은 일차방정식이 아니다.

(다) 주어진 방정식은 일차방정식이다.

(라) 좌변의 2항 $2y^{3/2}$이 $3/2$차이므로 주어진 방정식은 일차방정식이 아니다.

(마) 주어진 방정식은 일차방정식이다.

(바) 주어진 방정식은 일차방정식이다.

3. (가) $\begin{cases} 3x - z = 1, \\ 2x + y + z = 4, \\ x + 4y + 2z = -1. \end{cases}$ (나) $\begin{cases} 2x + 3y = 1, \\ 4x + y = 4, \\ -3y + 2z = 4. \end{cases}$ (다) $\begin{cases} 2x - 2y + 4z = 1, \\ x + 3y - 2z = 1, \\ 2x + 3y + z = 3. \end{cases}$

(라) $\begin{cases} 4x + y = 2, \\ 2x + 3y - z = 0, \\ 3y - 2z = 2. \end{cases}$

5. (가) $\begin{bmatrix} 1 & 0 & 0 & 0 \\ 0 & 0 & 0 & 1 \\ 0 & 0 & 1 & 0 \\ 0 & 1 & 0 & 0 \end{bmatrix}$. (나) $\begin{bmatrix} 1 & 0 & 0 & 0 \\ 0 & 1 & 0 & 0 \\ 0 & 0 & 5 & 0 \\ 0 & 0 & 0 & 1 \end{bmatrix}$. (다) $\begin{bmatrix} 1 & 0 & 0 & 0 \\ 0 & 1 & 4 & 0 \\ 0 & 0 & 1 & 0 \\ 0 & 0 & 0 & 1 \end{bmatrix}$. (라) $\begin{bmatrix} 1 & 0 & 0 & 5 \\ 0 & 1 & 0 & 0 \\ 0 & 0 & 1 & 0 \\ 0 & 0 & 0 & 1 \end{bmatrix}$.

7. (가) 임의의 실수 t에 대하여 $(t+3, -3t-1, t, 2)$이 해이다. (나) 임의의 실수 t에 대하여 $(-2t+1, t, 4, 3)$이 해이다. (다) 3행으로부터 $0 = 3$이 유도되므로 해가 없다. (라) $(3, 0, 5, 4)$가 유일해이다.

9. (가) $(\frac{7}{3}, -\frac{5}{2}, -\frac{49}{6})$. (나) $(\frac{11}{8} - \frac{3}{8}t, \frac{1}{8} + \frac{7}{8}t, t)$ (t는 임의의 실수).

11. $a = 0$인 경우와 $a \neq 0$인 경우로 나누어서 가우스-조단 소거법을 적용하여 보이면 된다.

3.3 행렬의 기본공간

1. 행벡터들: $(3, -1, 2, 0), (2, 1, 3, 4), (-1, 3, 5, 1)$.

열벡터들: $(3, 2, -1), (-1, 1, 3), (2, 3, 5), (0, 4, 1)$.

3. 임의의 벡터 $\mathbf{v} \in \mathcal{C}(A)$와 $\mathbf{w} \in \mathcal{N}(A^T)$에 대하여, $\mathbf{v} \cdot \mathbf{w} = 0$임을 보이면 $\mathcal{C}(A) \perp \mathcal{N}(A^T)$가 증명된다. 행렬 A의 모든 열벡터를 $\mathbf{c}_1, \mathbf{c}_2, \ldots, \mathbf{c}_n$으로 놓자. $\mathbf{w} \in \mathcal{N}(A^T)$

이므로 $A^T[\mathbf{w}] = \mathbf{0}$이다. 이 행렬 식은

$$[\mathbf{c}_1]^T[\mathbf{w}] = \mathbf{0},\ [\mathbf{c}_2]^T[\mathbf{w}] = \mathbf{0},\ \ldots,\ [\mathbf{c}_n]^T[\mathbf{w}] = \mathbf{0}$$

즉

$$\mathbf{c}_1 \cdot \mathbf{w} = 0,\ \mathbf{c}_2 \cdot \mathbf{w} = 0,\ \ldots,\ \mathbf{c}_n \cdot \mathbf{w} = 0$$

이기 위한 필요충분조건이다. 한편 $\mathbf{v} \in \mathcal{C}(A)$이므로 $\mathbf{v} = b_1\mathbf{c}_1 + b_2\mathbf{c}_2 + \cdots + b_n\mathbf{c}_n$인 실수 $b_1, b_2, \ldots, b_n$이 존재한다. 따라서

$$\mathbf{v} \cdot \mathbf{w} = b_1\mathbf{c}_1 \cdot \mathbf{w} + b_2\mathbf{c}_2 \cdot \mathbf{w} + \cdots + b_n\mathbf{c}_n \cdot \mathbf{w} = 0$$

이다.

5. (가) $\text{rank}(A) = 3, \text{nullity}(A) = 0$. (나) $\text{rank}(B) = 2, \text{nullity}(B) = 1$.
(다) $\text{rank}(C) = 1, \text{nullity}(C) = 3$. (라) $\text{rank}(D) = 2, \text{nullity}(D) = 2$.

제4장 행렬식

4.1 벡터의 부호있는 길이와 평행사변형의 부호있는 넓이

1. (가) $M^1(\mathbf{v}) = 4$. (나) $M^1(\mathbf{w}) = -2$.

3. (가) $M^2(\mathbf{v}, \mathbf{w}) = 4 \cdot 3 - 1 \cdot 2 = 10$. (나) $M^2(\mathbf{v}, \mathbf{w}) = 1 \cdot 2 - 3 \cdot 3 = -7$.
(다) $M^2(\mathbf{v}, \mathbf{w}) = (-1) \cdot (-3) - 3 \cdot 1 = 0$. (라) $M^2(\mathbf{v}, \mathbf{w}) = 1 \cdot 1 - 3 \cdot (-3) = 10$.

5. (가) 함수 L은 $L(\mathbf{e}_1, \mathbf{e}_1) = 1,\ L(\mathbf{e}_1, \mathbf{e}_2) = 0,\ L(\mathbf{e}_2, \mathbf{e}_1) = 0,\ L(\mathbf{e}_1, \mathbf{e}_1) = -1$인 이중선형함수이다.

(나) 첫 성분이 1차이므로 함수 L은 이중선형함수가 아니다.

(다) 고정된 벡터 $(a, b) \in \mathbb{E}^2$에 대하여, 함수 $L((x_1, y_1), (a, b)) = x_1y_1 + ab + bx_1y_1$은 동형일차함수가 아니므로 함수 L은 이중선형함수가 아니다.

(라) 고정된 벡터 $(a, b) \in \mathbb{E}^2$에 대하여, 함수 $L((x_1, y_1), (a, b)) = abx_1y_1$은 동형일차함수가 아니므로 함수 L은 이중선형함수가 아니다.

7. 벡터 $\mathbf{e}_1 = (1, 0)$와 $\mathbf{e}_2 = (0, 1)$에 대하여,

$$\begin{aligned} L((x_1, y_1), (x_2, y_2)) &= L(x_1\mathbf{e}_1 + y_1\mathbf{e}_2, x_2\mathbf{e}_1 + y_2\mathbf{e}_2) \\ &= x_1x_2L(\mathbf{e}_1, \mathbf{e}_1) + x_1y_2L(\mathbf{e}_1, \mathbf{e}_2) \\ &\quad\ y_1x_2L(\mathbf{e}_2, \mathbf{e}_1) + y_1y_2L(\mathbf{e}_2, \mathbf{e}_2) \\ &= 3x_1y_2 - 3y_1x_2 \end{aligned}$$

이다.

4.2 평행육면체의 부호있는 부피

1. $\mathbf{v} = a\mathbf{u}$ 또는 $\mathbf{u} = a\mathbf{v}$인 실수 a가 존재한다고 가정하자. 그러면 $a\mathbf{u} + (-1)\mathbf{v} = \mathbf{o}$이고 $-1 \neq 0$ 또는 $(-1)\mathbf{u} + a\mathbf{v} = \mathbf{o}$이고 $-1 \neq 0$이다. 따라서 $(\mathbf{u}, \mathbf{v})$는 일차종속이다.

$(\mathbf{u}, \mathbf{v})$는 일차종속이라고 가정하자. 그러면 $a\mathbf{u} + b\mathbf{v} = \mathbf{o}$이고 $(a, b) \neq (0, 0)$인 실수 a와 b가 존재한다. 만약 $a \neq 0$이면 $\mathbf{u} = (-b/a)\mathbf{v}$이고 만약 $b \neq 0$이면 $\mathbf{v} = (-a/b)\mathbf{u}$이다.

3. (가) $\mathbf{u} \times \mathbf{v} = (3 \cdot 1 - (-2) \cdot (-1), (-2) \cdot 3 - 1 \cdot 1, 1 \cdot (-1) - 3 \cdot 3) = (1, -7, -10)$.

(나) $\mathbf{u} \times \mathbf{v} = ((-2) \cdot (-3) - 1 \cdot 1, 1 \cdot 1 - 2 \cdot (-3), 2 \cdot 1 - (-2) \cdot 1) = (5, 7, 4)$.

(다) $\mathbf{u} \times \mathbf{v} = ((-2) \cdot 1 - 1 \cdot (-3), 1 \cdot 1 - 1 \cdot 1, 1 \cdot (-3) - (-2) \cdot 1) = (1, 0, -1)$.

(라) $\mathbf{u} \times \mathbf{v} = (3 \cdot 1 - (-1) \cdot 3, (-1) \cdot 3 - 2 \cdot 1, 2 \cdot 3 - 3 \cdot 3) = (6, -5, -3)$.

5. (가) $M^3(\mathbf{u}, \mathbf{v}, \mathbf{w}) = (1 \cdot 3 - 1 \cdot 1) \cdot (-1) + (1 \cdot 2 - 1 \cdot 3) \cdot 1 + (1 \cdot 1 - 1 \cdot 2) \cdot 3 = -2 - 1 - 3 = -6$.

(나) $\mathbf{w} = 2\mathbf{u}$이므로 $M^3(\mathbf{u}, \mathbf{v}, \mathbf{w}) = 2M^3(\mathbf{u}, \mathbf{v}, \mathbf{u}) = 0$이다.

(다) $\mathbf{w} = \mathbf{u} + \mathbf{v}$이므로 $M^3(\mathbf{u}, \mathbf{v}, \mathbf{w}) = M^3(\mathbf{u}, \mathbf{v}, \mathbf{u}) + M^3(\mathbf{u}, \mathbf{v}, \mathbf{v}) = 0 + 0 = 0$이다.

(라) $M^3(\mathbf{u}, \mathbf{v}, \mathbf{w}) = (1 \cdot 4 - 1 \cdot (-1)) \cdot 3 + (1 \cdot 2 - 1 \cdot 4) \cdot 4 + (1 \cdot (-1) - 1 \cdot 2) \cdot (-1) = 15 - 8 + 3 = 10$.

4.3 대칭군

1. (가) σ_0, (나) σ_1, (다) σ_1, (라) σ_0.

3. (가) $\langle 4, 3, 2, 1 \rangle$, (나) $\langle 3, 1, 2, 4 \rangle$, (다) $\langle 2, 3, 4, 1 \rangle$, (라) $\langle 4, 1, 2, 3 \rangle$.

5. (가) $\sigma = (2, 3) \circ (2, 4)$이므로 $\mathrm{sgn}(\sigma) = (-1)^2 = 1$이다.

(나) $\sigma = (1, 4) \circ (1, 3)$이므로 $\mathrm{sgn}(\sigma) = (-1)^2 = 1$이다.

(다) $\sigma = (1, 3) \circ (1, 2)$이므로 $\mathrm{sgn}(\sigma) = (-1)^2 = 1$이다.

(라) $\sigma = (1, 4) \circ (1, 3) \circ (1, 2)$이므로 $\mathrm{sgn}(\sigma) = (-1)^3 = -1$이다.

4.4 평행다면체의 부호있는 측도

1. (가) $L(\mathbf{e}_2, \mathbf{e}_1, \mathbf{e}_3) = L((0, 1, 0), (1, 0, 0), (0, 0, 1)) = 3$.

(나) $L(\mathbf{e}_2, \mathbf{e}_3, \mathbf{e}_2) = L((0, 1, 0), (0, 0, 1), (0, 1, 0)) = 0$.

(다) $L(\mathbf{e}_1, \mathbf{e}_1, \mathbf{e}_3) = L((1, 0, 0), (1, 0, 0), (0, 0, 3)) = 0$.

(라) $L(\mathbf{e}_1, \mathbf{e}_3, \mathbf{e}_3) = L((1, 0, 0), (0, 0, 1), (0, 0, 1)) = 4$.

3. (가) $L(\mathbf{e}_2, \mathbf{e}_1, \mathbf{e}_4, \mathbf{e}_3) = -L(\mathbf{e}_1, \mathbf{e}_2, \mathbf{e}_4, \mathbf{e}_3) = L(\mathbf{e}_1, \mathbf{e}_2, \mathbf{e}_3, \mathbf{e}_4) = 2$.

(나) $L(\mathbf{e}_3, \mathbf{e}_1, \mathbf{e}_2, \mathbf{e}_4) = -L(\mathbf{e}_1, \mathbf{e}_3, \mathbf{e}_2, \mathbf{e}_4) = L(\mathbf{e}_1, \mathbf{e}_2, \mathbf{e}_3, \mathbf{e}_4) = 2$.

(다) $L(\mathbf{e}_2, \mathbf{e}_4, \mathbf{e}_3, \mathbf{e}_1) = -L(\mathbf{e}_1, \mathbf{e}_4, \mathbf{e}_3, \mathbf{e}_2) = L(\mathbf{e}_1, \mathbf{e}_2, \mathbf{e}_3, \mathbf{e}_4) = 2$.

(라) $L(\mathbf{e}_4, \mathbf{e}_2, \mathbf{e}_1, \mathbf{e}_3) = -L(\mathbf{e}_1, \mathbf{e}_2, \mathbf{e}_4, \mathbf{e}_3) = L(\mathbf{e}_1, \mathbf{e}_2, \mathbf{e}_3, \mathbf{e}_4) = 2$.

5. (가) 제3열이 제1열의 2배이므로$\det A = 0$이다.

(나) 제1열과 제2열의 합이 제3열이므로 $\det B = 0$이다.

(다) $\det C = M^3(2\mathbf{e}_1 + \mathbf{e}_2 + 4\mathbf{e}_3, \mathbf{e}_1 + 3\mathbf{e}_2 + \mathbf{e}_3, 3\mathbf{e}_1 - \mathbf{e}_2 + \mathbf{e}_3)$

$$= 6M^3(\mathbf{e}_1, \mathbf{e}_2, \mathbf{e}_3) - 2M^3(\mathbf{e}_1, \mathbf{e}_3, \mathbf{e}_2) + M^3(\mathbf{e}_2, \mathbf{e}_1, \mathbf{e}_3)$$
$$+ 3M^3(\mathbf{e}_2, \mathbf{e}_3, \mathbf{e}_1) - 4M^3(\mathbf{e}_3, \mathbf{e}_1, \mathbf{e}_2) + 36M^3(\mathbf{e}_3, \mathbf{e}_2, \mathbf{e}_1)$$
$$= 8 + 2 - 40 = -30.$$

(라) $\det D = M^3(3\mathbf{e}_2, 3\mathbf{e}_1 + 2\mathbf{e}_2 + \mathbf{e}_3, -\mathbf{e}_1 - \mathbf{e}_2 + 3\mathbf{e}_3) = 27M^3(\mathbf{e}_2, \mathbf{e}_1, \mathbf{e}_3) - 3M^3(\mathbf{e}_2, \mathbf{e}_3, \mathbf{e}_1) = -27 - 3 = -30.$

4.5 행렬식의 기본 성질

1. (가) $\det E_1 = -1 \cdot \det I_4 = -1$. (나) $\det E_2 = 4 \det I_4 = 4$. (다) $\det E_3 = 1$. (라) $\det E_4 = 1$.

3. (가) $\det A = M^3(2\mathbf{e}_1 + \mathbf{e}_2, -\mathbf{e}_1 + \mathbf{e}_2 + \mathbf{e}_3, 3\mathbf{e}_1 - 2\mathbf{e}_2) = -4M^3(\mathbf{e}_1, \mathbf{e}_3, \mathbf{e}_2) + 3\det(\mathbf{e}_2, \mathbf{e}_3, \mathbf{e}_1) = 4 + 3 = 7.$

(나) $\det B = M^3(\mathbf{e}_1 - 2\mathbf{e}_2 + 3\mathbf{e}_3, \mathbf{e}_2 + \mathbf{e}_3, 3\mathbf{e}_1 + 2\mathbf{e}_2 + 2\mathbf{e}_3) = 2M^3(\mathbf{e}_1, \mathbf{e}_2, \mathbf{e}_3) + 2M^3(\mathbf{e}_1, \mathbf{e}_3, \mathbf{e}_2) - 6M^3(\mathbf{e}_2, \mathbf{e}_3, \mathbf{e}_1) + 9M^3(\mathbf{e}_3, \mathbf{e}_2, \mathbf{e}_1) = 2 - 2 - 6 - 9 = -15.$

(다) $\det(A^2B) = (\det A)^2(\det B) = 49 \cdot (-15) = -735.$

(라) $\det(B^{-1}A^2) = (\det B)^{-1}(\det A)^2 = -49/15.$

(마) $A^T = \begin{bmatrix} 2 & 1 & 0 \\ -1 & 1 & 1 \\ 3 & -2 & 0 \end{bmatrix}.$

(바) $\det A^T = M^3(2\mathbf{e}_1 - \mathbf{e}_2 + 3\mathbf{e}_3, \mathbf{e}_1 + \mathbf{e}_2 - 2\mathbf{e}_3, \mathbf{e}_2) = -4M^3(\mathbf{e}_1, \mathbf{e}_3, \mathbf{e}_2) + 3M^3(\mathbf{e}_3, \mathbf{e}_1, \mathbf{e}_2) = 4 + 3 = 7.$

4.6 행렬식의 라플라스 전개

1. (가) $\det_{21} A = \begin{vmatrix} 3 & -1 \\ -3 & 3 \end{vmatrix} = 3 \cdot 3 - (-1) \cdot (-3) = 6.$

(나) $A_{23} = (-1)^{2+3} \begin{vmatrix} 2 & 3 \\ 2 & -3 \end{vmatrix} = -(2 \cdot (-3) - 3 \cdot 2) = 12.$

(다) $\det_{22} A = \begin{vmatrix} 2 & -1 \\ 2 & 3 \end{vmatrix} = 2 \cdot 3 - (-1) \cdot 2 = 8.$

(라) $A_{32} = (-1)^{3+2} \begin{vmatrix} 2 & -1 \\ 3 & 1 \end{vmatrix} = -(2 \cdot 1 - (-1) \cdot 3) = -5.$

3. 제1열에 대한 행렬식의 라플라스 전개에 따라서 $\det A = (k-3)\begin{vmatrix} k-2 & 3 \\ 1 & k \end{vmatrix} = (k-3)((k-2)k-3\cdot 1) = (k-3)(k^2-2k-3) = (k-3)^2(k+1)$이므로, $k=-1$와 $k=3$일 때 $\det A = 0$이다.

5. (가) 제1행에 대한 행렬식의 라플라스 전개에 따라서

$$\det A = (-1)^{1+1}\cdot 2\begin{vmatrix} -2 & 1 \\ 0 & 1 \end{vmatrix} = 2\cdot((-2)\cdot 1 - 1\cdot 0) = -4$$

이다.

(나) $A_{11} = (-1)^{1+1}\begin{vmatrix} -2 & 1 \\ 0 & 1 \end{vmatrix} = ((-2)\cdot 1 - 1\cdot 0) = -2$, $A_{12} = (-1)^{1+2}\begin{vmatrix} 2 & 1 \\ 1 & 1 \end{vmatrix} = -(2\cdot 1 - 1\cdot 1) = -1$, $A_{13} = (-1)^{1+3}\begin{vmatrix} 2 & -2 \\ 1 & 0 \end{vmatrix} = (2\cdot 0 - (-2)\cdot 1) = 2$, $A_{21} = (-1)^{2+1}\begin{vmatrix} 0 & 0 \\ 0 & 1 \end{vmatrix} = 0$, $A_{22} = (-1)^{2+2}\begin{vmatrix} 2 & 0 \\ 1 & 1 \end{vmatrix} = (2\cdot 1 - 0\cdot 1) = 2$, $A_{23} = (-1)^{2+3}\begin{vmatrix} 2 & 0 \\ 1 & 0 \end{vmatrix} = -(2\cdot 0 - 0\cdot 1) = 0$, $A_{31} = (-1)^{3+1}\begin{vmatrix} 0 & 0 \\ -2 & 1 \end{vmatrix} = 0$, $A_{32} = (-1)^{3+2}\begin{vmatrix} 2 & 0 \\ 2 & 1 \end{vmatrix} = -(2\cdot 1 - 0\cdot 2) = -2$, $A_{33} = (-1)^{3+3}\begin{vmatrix} 2 & 0 \\ 2 & -2 \end{vmatrix} = (2\cdot(-2) - 0\cdot 2) = -4$이므로 $\operatorname{Adj} A = [A_{ij}]^T = \begin{bmatrix} -2 & 0 & 0 \\ -1 & 2 & -2 \\ 2 & 0 & -4 \end{bmatrix}$이다.

(다) $A^{-1} = \frac{1}{\det A}\operatorname{Adj} A = \begin{bmatrix} 1/2 & 0 & 0 \\ 1/4 & -1/2 & 1/2 \\ -1/2 & 0 & 1 \end{bmatrix}$.

7. 조건 $M^2(\overrightarrow{AB}, \overrightarrow{AC}) = 0$은 점 A, B, C가 일직선에 놓이기 위한 필요충분조건이다. 그런데 제3열에 대한 행렬식의 라플라스 전개에 따라서

$$\begin{aligned}\det\begin{bmatrix} x_1 & y_1 & 1 \\ x_2 & y_2 & 1 \\ x_3 & y_3 & 1 \end{bmatrix} &= \begin{vmatrix} x_2 & y_2 \\ x_3 & y_3 \end{vmatrix} - \begin{vmatrix} x_1 & y_1 \\ x_3 & y_3 \end{vmatrix} + \begin{vmatrix} x_1 & y_1 \\ x_2 & y_2 \end{vmatrix} \\ &= (x_2y_3 - x_3y_2) + (x_3y_1 - x_1y_3) + (x_1y_2 - x_2y_1) \\ &= (x_2 - x_1)(y_3 - y_1) - (y_2 - y_1)(x_3 - x_1) \\ &= M^2(\overrightarrow{AB}, \overrightarrow{AC})\end{aligned}$$

이므로 증명이 끝난다.

제5장 행렬의 대각화

5.1 선형사상의 기저에 대한 행렬표현

1. (가) $\mathbf{w}_1 = (2,3) = (-1)(1,0) + 3(1,1) = (-1)\mathbf{v}_1 + 3\mathbf{v}_2$이므로

$$[\mathbf{w}_1]^{\mathcal{A}} = \begin{bmatrix} -1 \\ 3 \end{bmatrix}$$

이다.

(나) $\mathbf{w}_2 = (2,1) = (1,0) + (1,1) = \mathbf{v}_1 + \mathbf{v}_2$이므로

$$[\mathbf{w}_2]^{\mathcal{A}} = \begin{bmatrix} 1 \\ 1 \end{bmatrix}$$

이다.

(다) $\mathbf{w}_3 = (0,3) = -3(1,0) + 3(1,1) = -3\mathbf{v}_1 + 3\mathbf{v}_2$이므로

$$[\mathbf{w}_3]^{\mathcal{A}} = \begin{bmatrix} -3 \\ 3 \end{bmatrix}$$

이다.

(라) $\mathbf{w}_4 = (2,-2) = 4(1,0) + (-2)(1,1) = 4\mathbf{v}_1 + (-2)\mathbf{v}_2$이므로

$$[\mathbf{w}_4]^{\mathcal{A}} = \begin{bmatrix} 4 \\ -2 \end{bmatrix}$$

이다.

3. (가) 기저 $\mathcal{A}$에 대하여,

$$\begin{aligned} L_1(\mathbf{v}_1) &= L_1(1,0,0) = (2,2) = (-2)(1,0) + 2(2,1) = (-2)\mathbf{w}_1 + 2\mathbf{w}_2, \\ L_1(\mathbf{v}_2) &= L_1(1,1,0) = (1,0) = 1(1,0) + 0(2,1) = 1\mathbf{w}_1 + 0\mathbf{w}_2, \\ L_1(\mathbf{v}_3) &= L_1(1,0,1) = (5,3) = (-1)(1,0) + 3(2,1) = (-1)\mathbf{w}_1 + 3\mathbf{w}_2 \end{aligned}$$

이므로

$$[L_1]^{\mathcal{B}}_{\mathcal{A}} = \begin{bmatrix} -2 & 1 & -1 \\ 2 & 0 & 3 \end{bmatrix}$$

이다.

(나) 기저 $\mathcal{A}$에 대하여,

$$
\begin{aligned}
L_2(\mathbf{v}_1) &= L_2(1,0,0) = (3,1) = 1(1,0) + 1(2,1) = 1\mathbf{w}_1 + 1\mathbf{w}_2, \\
L_2(\mathbf{v}_2) &= L_2(1,1,0) = (2,3) = (-4)(1,0) + 3(2,1) = (-4)\mathbf{w}_1 + 3\mathbf{w}_2, \\
L_2(\mathbf{v}_3) &= L_2(1,0,1) = (5,1) = 3(1,0) + 1(2,1) = 3\mathbf{w}_1 + 1\mathbf{w}_2
\end{aligned}
$$

이므로

$$
[L_2]_{\mathcal{A}}^{\mathcal{B}} = \begin{bmatrix} 1 & -4 & 3 \\ 1 & 3 & 1 \end{bmatrix}
$$

이다.

5. (가) 항등변환 Id에 대하여

$$
\begin{aligned}
\mathbf{v}_1 &= \mathrm{Id}(\mathbf{v}_1) = (1,0) = (1,1) - (0,1) = \mathbf{w}_1 - \mathbf{w}_2, \\
\mathbf{v}_2 &= \mathrm{Id}(\mathbf{v}_2) = (1,1) = (1,1) + 0(0,1) = \mathbf{w}_1 + 0\mathbf{w}_2
\end{aligned}
$$

이므로

$$
[\mathrm{Id}]_{\mathcal{A}}^{\mathcal{B}} = \begin{bmatrix} 1 & 1 \\ -1 & 0 \end{bmatrix}
$$

이다.

(나) 벡터 $\mathbf{v}$에 대하여,

$$
[\mathbf{v}]^{\mathcal{B}} = [\mathrm{Id}]_{\mathcal{A}}^{\mathcal{B}}[\mathbf{v}]^{\mathcal{A}} = \begin{bmatrix} 1 & 1 \\ -1 & 0 \end{bmatrix} \begin{bmatrix} 2 \\ 3 \end{bmatrix} = \begin{bmatrix} 5 \\ -2 \end{bmatrix}
$$

이므로 $\mathbf{v} = 5\mathbf{w}_1 - 2\mathbf{w}_2$이다.

7. 정사각행렬 A가 B와 닮은 행렬이라고 가정하자. 그러면 $B = Q^{-1}AQ$인 가역행렬 Q가 존재한다. 따라서 $B^2 = Q^{-1}AQQ^{-1}AQ = Q^{-1}A^2Q$이므로 정사각행렬 A^2은 B^2과 닮은 행렬이다.

5.2 정사각행렬의 고윳값과 고유벡터

1. (가) 정사각행렬 A의 특성다항식이

$$
\det(xI_2 - A) = \det \begin{bmatrix} x-2 & -2 \\ 0 & x-1 \end{bmatrix} = (x-2)(x-1)
$$

이므로 1과 2가 정사각행렬 A의 고윳값이다. 고윳값 1에 대한 동형연립일차방정식

$$\begin{bmatrix} -1 & -2 \\ 0 & 0 \end{bmatrix} \begin{bmatrix} v_1 \\ v_2 \end{bmatrix} = \begin{bmatrix} 0 \\ 0 \end{bmatrix}$$

의 해집합으로서 $E_{A,1} = \{t(2,-1) \in \mathbb{E}^2 \,|\, t \in \mathbb{R}\}$이다. 고윳값 2에 대한 동형연립일차방정식

$$\begin{bmatrix} 0 & -2 \\ 0 & 1 \end{bmatrix} \begin{bmatrix} v_1 \\ v_2 \end{bmatrix} = \begin{bmatrix} 0 \\ 0 \end{bmatrix}$$

의 해집합으로서 $E_{A,2} = \{t(1,0) \in \mathbb{E}^2 \,|\, t \in \mathbb{R}\}$이다.

(나) 정사각행렬 B의 특성다항식이

$$\det(xI_2 - B) = \det \begin{bmatrix} x-6 & 6 \\ -2 & x+1 \end{bmatrix} = (x-6)(x+1)+12 = x^2-5x+6 = (x-2)(x-3)$$

이므로 2과 3이 정사각행렬 B의 고윳값이다. 고윳값 2에 대한 동형연립일차방정식

$$\begin{bmatrix} -4 & 6 \\ -2 & 3 \end{bmatrix} \begin{bmatrix} v_1 \\ v_2 \end{bmatrix} = \begin{bmatrix} 0 \\ 0 \end{bmatrix}$$

의 해집합으로서 $E_{B,2} = \{t(3,2) \in \mathbb{E}^2 \,|\, t \in \mathbb{R}\}$이다. 고윳값 3에 대한 동형연립일차방정식

$$\begin{bmatrix} -3 & 6 \\ -2 & 4 \end{bmatrix} \begin{bmatrix} v_1 \\ v_2 \end{bmatrix} = \begin{bmatrix} 0 \\ 0 \end{bmatrix}$$

의 해집합으로서 $E_{B,3} = \{t(2,1) \in \mathbb{E}^2 \,|\, t \in \mathbb{R}\}$이다.

(다) 정사각행렬 C의 특성다항식이

$$\det(xI_3 - C) = \det \begin{bmatrix} x-5 & -1 & 5 \\ 0 & x-2 & 0 \\ -3 & -1 & x+3 \end{bmatrix} = (x-2)((x-5)(x+3)+15) = x(x-2)^2$$

이므로 0과 2가 정사각행렬 C의 고윳값이다. 고윳값 0에 대한 동형연립일차방정식

$$\begin{bmatrix} -5 & -1 & 5 \\ 0 & -2 & 0 \\ -3 & -1 & 3 \end{bmatrix} \begin{bmatrix} v_1 \\ v_2 \\ v_3 \end{bmatrix} = \begin{bmatrix} 0 \\ 0 \\ 0 \end{bmatrix}$$

의 해집합으로서 $E_{C,0} = \{t(1,0,1) \in \mathbb{E}^2 \,|\, t \in \mathbb{R}\}$이다. 고윳값 2에 대한 동형연립일차

방정식

$$\begin{bmatrix} -3 & -1 & 5 \\ 0 & 0 & 0 \\ -3 & -1 & 5 \end{bmatrix} \begin{bmatrix} v_1 \\ v_2 \\ v_3 \end{bmatrix} = \begin{bmatrix} 0 \\ 0 \\ 0 \end{bmatrix}$$

의 해집합으로서 $E_{C,2} = \{s(1,-3,0) + t(0,5,1) \in \mathbb{E}^2 \mid s,t \in \mathbb{R}\}$이다.

(라) 정사각행렬 D의 특성다항식이

$$\det(xI_3 - D) = \det \begin{bmatrix} x-2 & 1 & -2 \\ 0 & x-1 & -2 \\ 0 & 0 & x-3 \end{bmatrix} = (x-1)(x-2)(x-3)$$

이므로 1과 2와 3이 정사각행렬 D의 고윳값이다. 고윳값 1에 대한 동형연립일차방정식

$$\begin{bmatrix} -1 & 1 & -2 \\ 0 & 0 & -2 \\ 0 & 0 & -2 \end{bmatrix} \begin{bmatrix} v_1 \\ v_2 \\ v_3 \end{bmatrix} = \begin{bmatrix} 0 \\ 0 \\ 0 \end{bmatrix}$$

의 해집합으로서 $E_{D,1} = \{t(1,1,0) \in \mathbb{E}^2 \mid t \in \mathbb{R}\}$이다. 고윳값 2에 대한 동형연립일차방정식

$$\begin{bmatrix} 0 & 1 & -2 \\ 0 & 1 & -2 \\ 0 & 0 & -1 \end{bmatrix} \begin{bmatrix} v_1 \\ v_2 \\ v_3 \end{bmatrix} = \begin{bmatrix} 0 \\ 0 \\ 0 \end{bmatrix}$$

의 해집합으로서 $E_{D,2} = \{t(1,0,0) \in \mathbb{E}^2 \mid t \in \mathbb{R}\}$이다. 고윳값 3에 대한 동형연립일차방정식

$$\begin{bmatrix} 1 & 1 & -2 \\ 0 & 2 & -2 \\ 0 & 0 & 0 \end{bmatrix} \begin{bmatrix} v_1 \\ v_2 \\ v_3 \end{bmatrix} = \begin{bmatrix} 0 \\ 0 \\ 0 \end{bmatrix}$$

의 해집합으로서 $E_{D,3} = \{t(1,1,1) \in \mathbb{E}^2 \mid t \in \mathbb{R}\}$이다.

3. 실수 λ가 A의 고윳값이고 $\mathbf{w}$가 λ에 대한 A의 고유벡터라고 가정하자. 그러면 $A[\mathbf{w}] = \lambda[\mathbf{w}]$이므로

$$A^m[\mathbf{w}] = A^{m-1}(\lambda[\mathbf{w}]) = \lambda A^{m-2}(\lambda[\mathbf{w}]) = \cdots = \lambda^m[\mathbf{w}]$$

이다.

5. 상수 0이 n차 정사각행렬 A의 고윳값이면 $0 = \det(0I_n - A) = (-1)^n \det A$이므로 정사각행렬 A는 특이행렬이다. 역으로 정사각행렬 A가 특이행렬이면 $0 = \det A = (-1)^n \det(0I_n - A)$이므로 상수 0이 정사각행렬 A의 특이행렬이다.

7. $\operatorname{tr} A = 2 + 1 + 2 = 5$이고 $\operatorname{tr} B = 3 - 2 + 2 = 3$이므로 $\operatorname{tr} A \neq \operatorname{tr} B$이다. 따라서

A는 B와 닮은 행렬이 아니다.

5.3 대각화 가능한 행렬

1. 정사각행렬 A의 특이다항식이

$$\det(xI_3 - A) = \det\begin{bmatrix} x-\lambda & -1 & 0 \\ 0 & x-\lambda & -1 \\ 0 & 0 & x-\lambda \end{bmatrix} = (x-\lambda)^3$$

이므로 λ가 정사각행렬 A의 유일한 고윳값이다. 고윳값 λ에 대한 동형연립일차방정식이

$$\begin{bmatrix} 0 & -1 & 0 \\ 0 & 0 & -1 \\ 0 & 0 & 0 \end{bmatrix}\begin{bmatrix} v_1 \\ v_2 \\ v_3 \end{bmatrix} = \begin{bmatrix} 0 \\ 0 \\ 0 \end{bmatrix}$$

이므로 $E_{A,\lambda} = \{t(1,0,0)\,|\,t \in \mathbb{R}\}$이다. $\deg E_{A,\lambda} = 1 < 3 = \dim \mathbb{E}^3$이므로 정사각행렬 A는 대각화 가능하지 않다.

3. 정사각행렬 A의 특성다항식이

$$\det\begin{bmatrix} x-2 & 0 & 0 \\ 0 & x-2 & 0 \\ -1 & 1 & x-3 \end{bmatrix} = (x-2)^2(x-3)$$

이므로 2와 3이 정사각행렬 A의 고윳값이다. 고윳값 2에 대한 동형연립일차방정식이

$$\begin{bmatrix} 0 & 0 & 0 \\ 0 & 0 & 0 \\ -1 & 1 & -1 \end{bmatrix}\begin{bmatrix} v^1 \\ v^2 \\ v^3 \end{bmatrix} = \begin{bmatrix} 0 \\ 0 \\ 0 \end{bmatrix}$$

이므로 $E_{A,2} = \{s(1,1,0) + t(0,1,1)\,|\,s,t \in \mathbb{R}\}$이다. 고윳값 3에 대한 동형연립일차방정식이

$$\begin{bmatrix} 1 & 0 & 0 \\ 0 & 1 & 0 \\ -1 & 1 & 0 \end{bmatrix}\begin{bmatrix} v^1 \\ v^2 \\ v^3 \end{bmatrix} = \begin{bmatrix} 0 \\ 0 \\ 0 \end{bmatrix}$$

이므로 $E_{A,3} = \{t(0,0,1)\,|\,t \in \mathbb{R}\}$이다. 따라서

$$Q = \begin{bmatrix} 1 & 0 & 0 \\ 1 & 1 & 0 \\ 0 & 1 & 1 \end{bmatrix}$$

일 때

$$A = Q\begin{bmatrix}2&0&0\\0&2&0\\0&0&3\end{bmatrix}Q^{-1} = \begin{bmatrix}1&0&0\\1&1&0\\0&1&1\end{bmatrix}\begin{bmatrix}2&0&0\\0&2&0\\0&0&3\end{bmatrix}\begin{bmatrix}1&0&0\\-1&1&0\\1&-1&1\end{bmatrix}$$

이다. 따라서

$$\begin{aligned}A^{100} &= \begin{bmatrix}1&0&0\\1&1&0\\0&1&1\end{bmatrix}\begin{bmatrix}2^{100}&0&0\\0&2^{100}&0\\0&0&3^{100}\end{bmatrix}\begin{bmatrix}1&0&0\\-1&1&0\\1&-1&1\end{bmatrix}\\ &= \begin{bmatrix}1&0&0\\1&1&0\\0&1&1\end{bmatrix}\begin{bmatrix}2^{100}&0&0\\-2^{100}&2^{100}&0\\3^{100}&-3^{100}&3^{100}\end{bmatrix} = \begin{bmatrix}2^{100}&0&0\\0&2^{100}&0\\-2^{100}+3^{100}&2^{100}-3^{100}&3^{100}\end{bmatrix}\end{aligned}$$

이다.

제6장 유클리드 내적공간

6.1 내적

1. (가) 고정된 벡터 $\mathbf{a} = (a_1, a_2)$에 대하여, $f(\mathbf{x}, \mathbf{a})$는 2차함수므로 동형일차함수가 아니다. 따라서 f는 내적이 아니다.

(나) 영벡터가 아닌 벡터 $\mathbf{x} = (1, 0)$에 대하여, $g(\mathbf{x}, \mathbf{x}) = 0$이므로 g에 대한 양의 정부호성이 성립하지 않는다. 따라서 g는 내적이 아니다.

(다) 벡터 $\mathbf{v}_1 = (1, 0)$와 $\mathbf{v}_2 = (0, 2)$에 대한 기저 $(\mathbf{v}_1, \mathbf{v}_2)$에 대하여, $h(\mathbf{x}, \mathbf{y}) = (x_1\mathbf{v}_1 + x_2\mathbf{v}_2) \cdot (y_1\mathbf{v}_1 + y_2\mathbf{v}_2)$ 이다. 따라서 h는 내적이다.

3. (가) $\|\mathbf{x}+\mathbf{y}\|^2 - \|\mathbf{x}-\mathbf{y}\|^2 = \langle \mathbf{x}+\mathbf{y}, \mathbf{x}+\mathbf{y}\rangle - \langle \mathbf{x}-\mathbf{y}, \mathbf{x}-\mathbf{y}\rangle = 2\langle \mathbf{x}, \mathbf{y}\rangle + 2\langle \mathbf{x}, \mathbf{y}\rangle = 4\langle \mathbf{x}, \mathbf{y}\rangle$.

(나) $\|\mathbf{x}+\mathbf{y}\|^2 + \|\mathbf{x}-\mathbf{y}\|^2 = \langle \mathbf{x}+\mathbf{y}, \mathbf{x}+\mathbf{y}\rangle + \langle \mathbf{x}-\mathbf{y}, \mathbf{x}-\mathbf{y}\rangle = 2\langle \mathbf{x}, \mathbf{x}\rangle + 2\langle \mathbf{y}, \mathbf{y}\rangle = 2(\|\mathbf{x}\|^2 + \|\mathbf{y}\|^2)$.

5. (가) 표준기저 $\mathcal{E} = (\mathbf{e}_1, \mathbf{e}_2)$에 대하여,

$$\langle \mathbf{e}_1, \mathbf{e}_1\rangle = 2, \quad \langle \mathbf{e}_1, \mathbf{e}_2\rangle = 3, \quad \langle \mathbf{e}_2, \mathbf{e}_1\rangle = 3, \quad \langle \mathbf{e}_2, \mathbf{e}_2\rangle = 5$$

이므로 표준기저에 대한 내적의 행렬표현은

$$[\langle \cdot, \cdot \rangle]^{\mathcal{E}} = \begin{bmatrix}2&3\\3&5\end{bmatrix}$$

이다.

(나) 기저 $\mathcal{A} = (\mathbf{a}, \mathbf{e}_2)$에 대하여,

$$\begin{aligned}\langle \mathbf{a}, \mathbf{a} \rangle &= \langle (1,1), (1,1) \rangle = 2 \cdot 1 \cdot 1 + 3 \cdot 1 \cdot 1 + 3 \cdot 1 \cdot 1 + 5 \cdot 1 \cdot 1 = 13, \\ \langle \mathbf{a}, \mathbf{e}_2 \rangle &= \langle (1,1), (0,1) \rangle = 2 \cdot 1 \cdot 0 + 3 \cdot 1 \cdot 1 + 3 \cdot 1 \cdot 0 + 5 \cdot 1 \cdot 1 = 8, \\ \langle \mathbf{e}_2, \mathbf{a} \rangle &= \langle (0,1), (1,1) \rangle = 2 \cdot 0 \cdot 1 + 3 \cdot 0 \cdot 1 + 3 \cdot 1 \cdot 1 + 5 \cdot 1 \cdot 1 = 8, \\ \langle \mathbf{e}_2, \mathbf{e}_2 \rangle &= \langle (0,1), (0,1) \rangle = 2 \cdot 0 \cdot 0 + 3 \cdot 0 \cdot 1 + 3 \cdot 1 \cdot 0 + 5 \cdot 1 \cdot 1 = 5\end{aligned}$$

이므로 기저 $\mathcal{A}$에 대한 내적의 행렬표현은

$$[\langle \cdot, \cdot \rangle]^{\mathcal{A}} = \begin{bmatrix} 13 & 8 \\ 8 & 5 \end{bmatrix}$$

이다.

6.2 벡터의 직교성

1. (가) $\mathbf{v} \cdot \mathbf{w} = 1 \cdot 4 + 2 \cdot 2 + 2 \cdot (-4) = 0$이므로 $\mathbf{v} \perp \mathbf{w}$이다.

(나) $\mathbf{v} \cdot \mathbf{w} = 2 \cdot 0 + 0 \cdot 2 + 1 \cdot 2 = 2$이므로 $\mathbf{v} \not\perp \mathbf{w}$이다.

(다) $\mathbf{v} \cdot \mathbf{w} = 0 \cdot 3 + 0 \cdot 2 + 0 \cdot (-4) = 0$이므로 $\mathbf{v} \perp \mathbf{w}$이다.

(라) $\mathbf{v} \cdot \mathbf{w} = 2 \cdot 3 + (-1) \cdot 2 + 2 \cdot (-2) = 0$이므로 $\mathbf{v} \perp \mathbf{w}$이다.

3. $\langle \mathbf{v}+\mathbf{w}, \mathbf{v}-\mathbf{w} \rangle = \langle \mathbf{v}, \mathbf{v} \rangle - \langle \mathbf{w}, \mathbf{w} \rangle = \|\mathbf{v}\|^2 - \|\mathbf{w}\|^2$이므로 $\|\mathbf{v}\| = \|\mathbf{w}\|$은 $(\mathbf{v}+\mathbf{w}) \perp (\mathbf{v}-\mathbf{w})$이기 위한 필요충분조건이다.

5. 기저 $(\mathbf{e}_1, \mathbf{e}_2)$에 대한 그람-슈미트 직교화 과정에 따라서

$$\mathbf{v}_1 = \mathbf{e}_1 = (1,0), \qquad \mathbf{v}_2 = \mathbf{e}_2 - \frac{\langle \mathbf{e}_2, \mathbf{v}_1 \rangle}{\langle \mathbf{v}_1, \mathbf{v}_1 \rangle}\mathbf{v}_1 = \mathbf{e}_2 = (0,1)$$

인 순서쌍 $(\mathbf{v}_1, \mathbf{v}_2)$은 $\mathbb{E}^2$의 직교기저이고,

$$\mathbf{w}_1 = \frac{\mathbf{v}_1}{\|\mathbf{v}_1\|} = \frac{1}{\sqrt{2}}(1,0) = \left(\frac{1}{\sqrt{2}}, 0\right), \qquad \mathbf{w}_2 = \frac{\mathbf{v}_2}{\|\mathbf{v}_2\|} = \frac{1}{\sqrt{5}}(0,1) = \left(0, \frac{1}{\sqrt{5}}\right)$$

인 순서쌍 $(\mathbf{w}_1, \mathbf{w}_2)$은 $\mathbb{E}^2$의 정규직교기저이다.

6.3 직교정사영

1. (가) 벡터 $(a,b) \in \mathbb{E}^2$에 대하여, $(a,b) = a\mathbf{e}_1 + b\mathbf{e}_2$이므로 $P_1(a,b) = a\mathbf{e}_1 = (a,0)$이다.

(나) 벡터 $(a,b) \in \mathbb{E}^2$에 대하여, $(a,b) = (a-2b)(1,0) + b(2,1) = (a-2b)\mathbf{e}_1 + b\mathbf{a}$이므로 $P_2(a,b) = (a-2b)\mathbf{e}_1 = (a-2b, 0)$이다.

3. $U \subseteq V$라고 가정하자. $\mathbf{w} \in V^{\perp}$이면 $\forall \mathbf{v} \in V, \mathbf{w} \perp \mathbf{v}$이고 $U \subseteq V$이므로 $\forall \mathbf{v} \in U, \mathbf{w} \perp \mathbf{v}$ 즉 $\mathbf{w} \in U^{\perp}$이다. 따라서 $V^{\perp} \subseteq U^{\perp}$이다. 역으로 $V^{\perp} \subseteq U^{\perp}$이라고 가정하자. 그러면 앞의 결과에 따라서 $U = (U^{\perp})^{\perp} \subseteq (V^{\perp})^{\perp} = V$이다.

5. 행렬 A의 열벡터 $\mathbf{a}_1 = (2, -1, 1)$, $\mathbf{a}_2 = (4, -2, 4)$의 순서쌍 $(\mathbf{a}_1, \mathbf{a}_2)$은 일차독립이므로

$$A^T A = \begin{bmatrix} 2 & -1 & 1 \\ 4 & -2 & 4 \end{bmatrix} \begin{bmatrix} 2 & 4 \\ -1 & -2 \\ 1 & 4 \end{bmatrix} = \begin{bmatrix} 6 & 14 \\ 14 & 36 \end{bmatrix}$$

는 가역행렬이다. 이때 역행렬은

$$(A^T A)^{-1} = \frac{1}{\det A^T A} \begin{bmatrix} 36 & -14 \\ -14 & 6 \end{bmatrix} = \frac{1}{20} \begin{bmatrix} 36 & -14 \\ -14 & 6 \end{bmatrix} = \begin{bmatrix} \frac{18}{10} & -\frac{7}{10} \\ -\frac{7}{10} & \frac{3}{10} \end{bmatrix}$$

이다. 따라서

$$\begin{aligned} \mathbf{x}_0 = (A^T A)^{-1} A^T [\mathbf{b}] &= \begin{bmatrix} \frac{18}{10} & -\frac{7}{10} \\ -\frac{7}{10} & \frac{3}{10} \end{bmatrix} \begin{bmatrix} 2 & -1 & 1 \\ 4 & -2 & 4 \end{bmatrix} \begin{bmatrix} 2 \\ 1 \\ 4 \end{bmatrix} \\ &= \begin{bmatrix} \frac{18}{10} & -\frac{7}{10} \\ -\frac{7}{10} & \frac{3}{10} \end{bmatrix} \begin{bmatrix} 7 \\ 22 \end{bmatrix} = \begin{bmatrix} -\frac{28}{10} \\ \frac{17}{10} \end{bmatrix} \end{aligned}$$

이 유일한 최소제곱해이고

$$[\mathrm{Proj}_{\mathcal{C}(A)}(\mathbf{b})] = A\mathbf{x}_0 = \begin{bmatrix} 2 & 4 \\ -1 & -2 \\ 1 & 4 \end{bmatrix} \begin{bmatrix} -\frac{28}{10} \\ \frac{17}{10} \end{bmatrix} = \begin{bmatrix} \frac{12}{10} \\ -\frac{6}{10} \\ 4 \end{bmatrix} = \begin{bmatrix} \frac{6}{5} \\ -\frac{3}{5} \\ 4 \end{bmatrix}$$

이다.

6.4 직교행렬과 선형 등거리사상

1. (가) 정사각행렬 A에 대하여

$$A^T A = \begin{bmatrix} \frac{3}{5} & \frac{4}{5} \\ \frac{4}{5} & -\frac{3}{5} \end{bmatrix} \begin{bmatrix} \frac{3}{5} & \frac{4}{5} \\ \frac{4}{5} & -\frac{3}{5} \end{bmatrix} = \begin{bmatrix} 1 & 0 \\ 0 & 1 \end{bmatrix}$$

이므로 A는 직교행렬이고

$$A^{-1} = A^T = \begin{bmatrix} \frac{3}{5} & \frac{4}{5} \\ \frac{4}{5} & -\frac{3}{5} \end{bmatrix}$$

이다.

(나) 정사각행렬 B에 대하여

$$B^TB = \begin{bmatrix} \frac{\sqrt{2}}{2} & \frac{\sqrt{2}}{2} \\ -\frac{\sqrt{2}}{2} & \frac{\sqrt{2}}{2} \end{bmatrix} \begin{bmatrix} \frac{\sqrt{2}}{2} & -\frac{\sqrt{2}}{2} \\ \frac{\sqrt{2}}{2} & \frac{\sqrt{2}}{2} \end{bmatrix} = \begin{bmatrix} 1 & 0 \\ 0 & 1 \end{bmatrix}$$

이므로 B는 직교행렬이고

$$B^{-1} = B^T = \begin{bmatrix} \frac{\sqrt{2}}{2} & \frac{\sqrt{2}}{2} \\ -\frac{\sqrt{2}}{2} & \frac{\sqrt{2}}{2} \end{bmatrix}$$

이다.

(다) 정사각행렬 C에 대하여

$$C^TC = \begin{bmatrix} \frac{1}{2} & \frac{\sqrt{3}}{2} & 0 \\ 0 & 0 & 1 \\ \frac{\sqrt{3}}{2} & -\frac{1}{2} & 0 \end{bmatrix} \begin{bmatrix} \frac{1}{2} & 0 & \frac{\sqrt{3}}{2} \\ \frac{\sqrt{3}}{2} & 0 & -\frac{1}{2} \\ 0 & 1 & 0 \end{bmatrix} = \begin{bmatrix} 1 & 0 & 0 \\ 0 & 1 & 0 \\ 0 & 0 & 1 \end{bmatrix}$$

이므로 C는 직교행렬이고

$$C^{-1} = C^T = \begin{bmatrix} \frac{1}{2} & \frac{\sqrt{3}}{2} & 0 \\ 0 & 0 & 1 \\ \frac{\sqrt{3}}{2} & -\frac{1}{2} & 0 \end{bmatrix}$$

이다.

(라) 정사각행렬 D에 대하여

$$D^TD = \begin{bmatrix} \frac{1}{3} & \frac{2}{3} & \frac{2}{3} \\ \frac{2}{3} & -\frac{2}{3} & \frac{1}{3} \\ -\frac{2}{3} & -\frac{1}{3} & \frac{2}{3} \end{bmatrix} \begin{bmatrix} \frac{1}{3} & \frac{2}{3} & -\frac{2}{3} \\ \frac{2}{3} & -\frac{2}{3} & -\frac{1}{3} \\ \frac{2}{3} & \frac{1}{3} & \frac{2}{3} \end{bmatrix} = \begin{bmatrix} 1 & 0 & 0 \\ 0 & 1 & 0 \\ 0 & 0 & 1 \end{bmatrix}$$

이므로 D는 직교행렬이고

$$D^{-1} = D^T = \begin{bmatrix} \frac{1}{3} & \frac{2}{3} & \frac{2}{3} \\ \frac{2}{3} & -\frac{2}{3} & \frac{1}{3} \\ -\frac{2}{3} & -\frac{1}{3} & \frac{2}{3} \end{bmatrix}$$

이다.

3. (가) 표준기저 $\mathcal{E} = (\mathbf{e}_1, \mathbf{e}_2, \mathbf{e}_3)$에 대한 선형변환 L의 행렬표현은

$$A = \begin{bmatrix} 1 & 0 & 0 \\ 0 & \frac{1}{2} & \frac{\sqrt{3}}{2} \\ 0 & \frac{\sqrt{3}}{2} & -\frac{1}{2} \end{bmatrix}$$

이다. 이때

$$A^T A = \begin{bmatrix} 1 & 0 & 0 \\ 0 & \frac{1}{2} & \frac{\sqrt{3}}{2} \\ 0 & \frac{\sqrt{3}}{2} & -\frac{1}{2} \end{bmatrix} \begin{bmatrix} 1 & 0 & 0 \\ 0 & \frac{1}{2} & \frac{\sqrt{3}}{2} \\ 0 & \frac{\sqrt{3}}{2} & -\frac{1}{2} \end{bmatrix} = \begin{bmatrix} 1 & 0 & 0 \\ 0 & 1 & 0 \\ 0 & 0 & 1 \end{bmatrix}$$

이므로 A는 직교행렬이다. 따라서 선형변환 L은 직교변환이다.

(나) 표준기저 $\mathcal{E} = (\mathbf{e}_1, \mathbf{e}_2, \mathbf{e}_3)$에 대한 선형변환 L의 행렬표현은

$$B = \begin{bmatrix} 0 & 0 & 1 \\ \frac{3}{5} & \frac{4}{5} & 0 \\ \frac{4}{5} & -\frac{3}{5} & 0 \end{bmatrix}$$

이다. 이때

$$B^T B = \begin{bmatrix} 0 & \frac{3}{5} & \frac{4}{5} \\ 0 & \frac{4}{5} & -\frac{3}{5} \\ 1 & 0 & 0 \end{bmatrix} \begin{bmatrix} 0 & 0 & 1 \\ \frac{3}{5} & \frac{4}{5} & 0 \\ \frac{4}{5} & -\frac{3}{5} & 0 \end{bmatrix} = \begin{bmatrix} 1 & 0 & 0 \\ 0 & 1 & 0 \\ 0 & 0 & 1 \end{bmatrix}$$

이므로 B는 직교행렬이다. 따라서 선형변환 L은 직교변환이다.

5. (가) 행렬 A의 주부분행렬 A_2의 행렬식이

$$\det A_2 = 2 \cdot 4 - 3 \cdot 3 = -1 < 0$$

이므로 행렬 A는 양의 정부호가 아니다.

(나) 행렬 B의 주부분행렬 B_1, B_2, B_3의 행렬식이

$$\begin{aligned} \det B_1 &= 1 > 0, \\ \det B_2 &= 1 \cdot 3 - 0 \cdot 0 = 3 > 0, \\ \det B_3 &= 1 \cdot (3 \cdot 2 - 1 \cdot 1) + 1 \cdot (0 \cdot 1 - 1 \cdot 3) = 2 > 0 \end{aligned}$$

이므로 행렬 B는 양의 정부호이다.

찾아보기

저자와의
합의하에
인지를
생략합니다

기초선형대수

지은이 이선홍
펴낸이 조경희
펴낸곳 경문사
펴낸날 2023년 10월 20일 1판 1쇄
등 록 1979년 11월 9일 제1979-000023호
주 소 04057, 서울특별시 마포구 와우산로 174
전 화 (02)332-2004 팩스 (02)336-5193
이메일 kyungmoon@kyungmoon.com

값 22,000원

ISBN 979-11-6073-657-1